江苏省高等教育教学成果二等奖

应用高等数学

（第四版）

第一册

主编　刘志林
主审　翟向阳

上海交通大學出版社

内 容 提 要

本书介绍微积分的原理与应用,内容包括:一元函数的极限与连续、一元函数微分、导数的应用、一元函数积分、微分方程、数学建模初步和数学软件应用等。

本书以应用为目的,重视学生数学概念的建立、数学基本方法的掌握和数学应用能力的培养;以学生受益为宗旨,内容阐述清晰,简捷直观,通俗易懂,不仅强调数学学习方法的引导,而且特别注重融入数学的思想和应用;以能力训练为基础,每节配有习题,每章配有自测题,并附有参考答案,便于教师和学生学习。为了便于教学和自学,附录四配有 Mathematica 软件应用,加强学生数学基本知识的掌握和应用能力的提高。

本书可作为高职高专院校、成人高校和独立学院各专业的教材,也可供相关科技人员和数学爱好者参考。

图书在版编目(CIP)数据

应用高等数学. 第1册/刘志林主编.—4版.—上海:上海交通大学出版社,2014(2022重印)

ISBN 978-7-313-11726-7

Ⅰ.①应… Ⅱ.①刘… Ⅲ.①高等数学—高等职业教育—教材 Ⅳ.①O13

中国版本图书馆CIP数据核字(2014)第153195号

应用高等数学

(第四版)

第一册

主　　编:刘志林

出版发行:上海交通大学出版社　　地　　址:上海市番禺路951号

邮政编码:200030　　电　　话:021-64071208

印　　制:常熟市文化印刷有限公司　　经　　销:全国新华书店

开　　本:880mm×1230mm　1/32　　印　　张:8.5

字　　数:233千字

版　　次:1999年6月第1版　2014年7月第4版　　印　　次:2022年7月第29次印刷

书　　号:ISBN 978-7-313-11726-7

定　　价:32.00元

前　言

高职教育的人才培养目标是培养具有一定理论知识和较强实践能力的高端技能型专门人才。数学作为一门公共基础理论课程，应以应用为目的，以必需、够用为度。本教材结合高职院校应用高等数学的教学特点和当前高职高等数学课程改革，以强化数学应用为导向，以培养学生创新能力为目标，本着“必需够用”的基本原则，淡化严格的数学论证，注重培养学生严谨的思维习惯，提升职业素质。通过教学实践，我们所编内容能更好地适应当前高职高等数学教育教学的改革要求，同时能有效解决学时少与专业需求多样的问题。

本书介绍了一元函数的极限与连续、一元函数微分、导数的应用、一元函数积分、微分方程、数学建模初步和数学软件应用等内容。

本册书由刘志林担任主编，端木南珂、潘敏担任副主编，翟向阳担任主审。参加本册书编写的还有章朝庆、廖为鲲、李晓瑾等。

本教材的编写得到了泰州职业技术学院领导的大力支持，在此深表感谢。

本书是在第三版基础上修订而成。限于编者水平，教材中存在不妥之处，敬请广大读者批评和指正。

编　者

2012 年 7 月

目　录

第一章 一元函数的极限与连续

在研究和解决实际问题时，通常需要首先找出问题中变量之间的关系，即列出函数关系式，然后再进行分析和计算。在建立变量之间的函数关系基础上，利用函数极限解决变量的增量之间变化关系。例如，在医学上利用函数极限可以得到 X 射线的吸收规律。

第一节　函数的概念和性质

函数是微积分研究的主要对象，本节将在复习函数概念和性质的基础上，进一步介绍复合函数、初等函数和几种特殊函数等内容。

一、函数的基本概念

1. 邻域

定义 1　设 x_0，δ 为两个任意实数，其中 $\delta>0$，把开区间 $(x_0-\delta, x_0+\delta)$ 称为点 x_0 的 δ 邻域，记作 $U(x_0, \delta)$ 或 $U(x_0)$，其中 x_0 称为该邻域的中心，δ 称为该邻域的半径。

$(x_0-\delta, x_0)\cup(x_0, x_0+\delta)$ 称为点 x_0 的空心 δ 邻域（或点 x_0 的去心 δ 邻域），记作 $\mathring{U}(x_0, \delta)$ 或 $\mathring{U}(x_0)$，即 $\mathring{U}(x_0)=\{x \mid 0<|x-x_0|<\delta\}$。

$(x_0-\delta, x_0)$ 和 $(x_0, x_0+\delta)$ 分别称为点 x_0 的左邻域和右邻域。

2. 函数的定义

定义 2　设有一非空数集 D，如果存在对应法则 f，使得对于每

一个 $x \in D$，都有唯一确定的实数 y 与之对应，则称对应法则 f 是定义在 D 上的一个函数，记作 $y = f(x)$。其中 x 为自变量，y 为因变量，习惯上称 y 是 x 的函数，D 称为函数的定义域。

当自变量 x 取定义域 D 内的某一定值 x_0 时，按对应法则 f 所得的对应值 y_0，称为函数 $y = f(x)$ 在 $x = x_0$ 时的函数值，记作 $f(x_0)$，即 $y_0 = f(x_0)$。当自变量取遍 D 中的数，所有对应的函数值 y 构成的集合称为函数的值域，记作 M，即

$$M = \{y \mid y = f(x),\ x \in D\}。$$

例 1-1-1 已知 $f(-x) = x^2 + x - 1$，求 $f(x)$。

解 设 $-x = t$，则 $x = -t$，$f(t) = t^2 + (-t) - 1$，$f(x) = x^2 - x - 1$。

例 1-1-2 求下列函数的定义域。

(1) $y = \dfrac{4}{x^2 - 1}$， (2) $y = \sqrt{6 + x - x^2} + \ln(x+1)$。

解 (1) $x^2 - 1 \neq 0$，$x \neq \pm 1$，所以定义域为 $(-\infty, -1) \cup (-1, 1) \cup (1, +\infty)$。

(2) $\begin{cases} 6 + x - x^2 \geqslant 0 \\ x + 1 > 0 \end{cases} \Rightarrow \begin{cases} -2 \leqslant x \leqslant 3 \\ x > -1 \end{cases}$，所以定义域为 $(-1, 3]$。

由函数定义知，定义域与对应法则一旦确定，则函数随之唯一确定。**如果两个函数的定义域、对应法则均相同，那么认为这两个函数是相同的；反之，如果两个函数的定义域、对应法则有一个不同，则认为这两个函数就不同。**

例如，$f(x) = \sqrt[3]{x^3}$ 与 $g(x) = x$，因为 $f(x) = \sqrt[3]{x^3} = x$，即这两个函数的对应法则相同，而且定义域均为 $\mathbf{R}$，所以它们是相同的函数。

又如，$f(x) = \dfrac{x^2 - 1}{x - 1}$ 与 $g(x) = x + 1$，虽然 $f(x) = \dfrac{x^2 - 1}{x - 1} = x + 1\ (x \neq 1)$，但由于这两个函数的定义域不同，所以这两个函数不同。

二、基本初等函数

常值函数、幂函数、指数函数、对数函数、三角函数、反三角函数，这六类函数统称为基本初等函数，基本初等函数的图像和性质如表 1-1 所示。

表 1-1

种类	函数	定义域与值域	图　像	特　性
常值函数	$y=c$	$x\in(-\infty,+\infty)$ $y\in\{y\mid y=c\}$	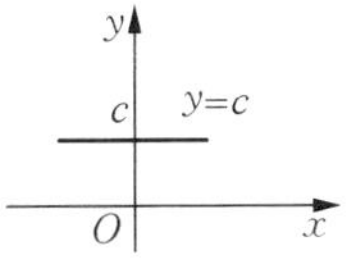	偶函数 有界
幂函数	$y=x$	$x\in(-\infty,+\infty)$ $y\in(-\infty,+\infty)$	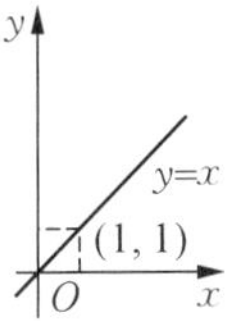	奇函数 单调增加
	$y=x^2$	$x\in(-\infty,+\infty)$ $y\in[0,+\infty)$	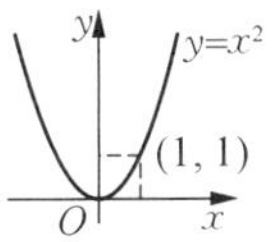	偶函数 在 $(-\infty,0)$ 内单调减少 在 $(0,+\infty)$ 内单调增加
	$y=x^3$	$x\in(-\infty,+\infty)$ $y\in(-\infty,+\infty)$	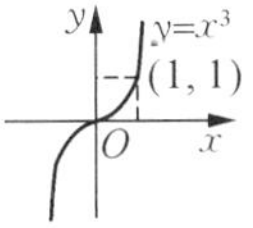	奇函数 单调增加
	$y=x^{-1}$	$x\in(-\infty,0)\cup(0,+\infty)$ $y\in(-\infty,0)\cup(0,+\infty)$	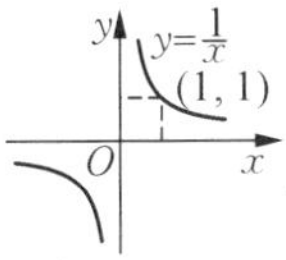	奇函数 在 $(-\infty,0)$ 内单调减少 在 $(0,+\infty)$ 内单调减少
	$y=x^{\frac{1}{2}}$	$x\in[0,+\infty)$ $y\in[0,+\infty)$	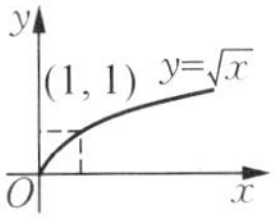	单调增加

(续表)

种类	函数	定义域与值域	图 像	特 性
指数函数	$y=a^x$ $(a>1)$	$x\in(-\infty,+\infty)$ $y\in(0,+\infty)$	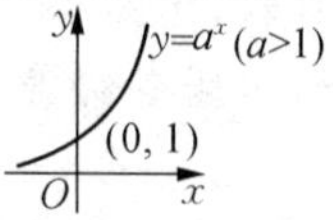 $y=a^x\ (a>1)$, $(0,1)$, O, x, y	单调增加
	$y=a^x$ $(0<a<1)$	$x\in(-\infty,+\infty)$ $y\in(0,+\infty)$	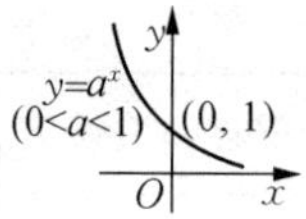 $y=a^x$ $(0<a<1)$, $(0,1)$, O, x, y	单调减少
对数函数	$y=\log_a x$ $(a>1)$	$x\in(0,+\infty)$ $y\in(-\infty,+\infty)$	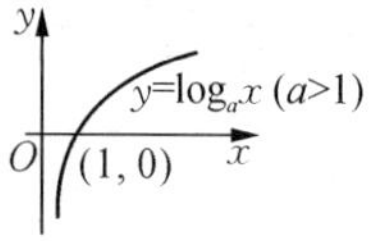 $y=\log_a x\ (a>1)$, $(1,0)$, O, x, y	单调增加
	$y=\log_a x$ $(0<a<1)$	$x\in(0,+\infty)$ $y\in(-\infty,+\infty)$	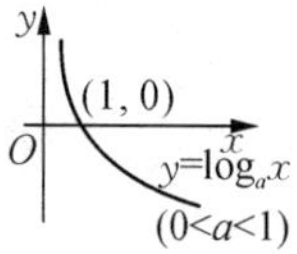 $(1,0)$, $y=\log_a x$ $(0<a<1)$, O, x, y	单调减少
三角函数	$y=\sin x$	$x\in(-\infty,+\infty)$ $y\in[-1,1]$	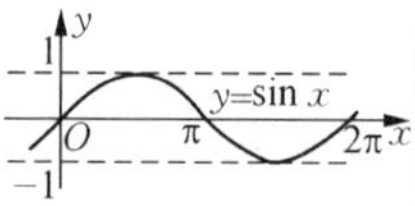 $y=\sin x$, 1, -1, O, π, 2π, x, y	奇函数,周期 2π,有界,在 $\left(2k\pi-\frac{\pi}{2},\ 2k\pi+\frac{\pi}{2}\right)$ 内单调增加,在 $\left(2k\pi+\frac{\pi}{2},\ 2k\pi+\frac{3\pi}{2}\right)$ 内单调减少 $(k\in\mathbf{Z})$
	$y=\cos x$	$x\in(-\infty,+\infty)$ $y\in[-1,1]$	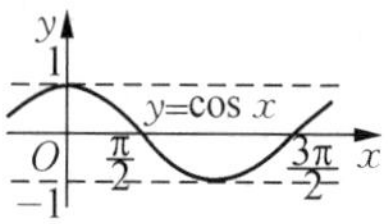 $y=\cos x$, 1, -1, O, $\frac{\pi}{2}$, $\frac{3\pi}{2}$, x, y	偶函数,周期 2π,有界,在 $(2k\pi,\ 2k\pi+\pi)$ 内单调减少,在 $(2k\pi+\pi,\ 2k\pi+2\pi)$ 内单调增加 $(k\in\mathbf{Z})$

（续表）

种类	函数	定义域与值域	图　像	特　性
三角函数	$y=\tan x$	$x\neq k\pi+\frac{\pi}{2}$ $(k\in\mathbf{Z})$ $y\in(-\infty,+\infty)$	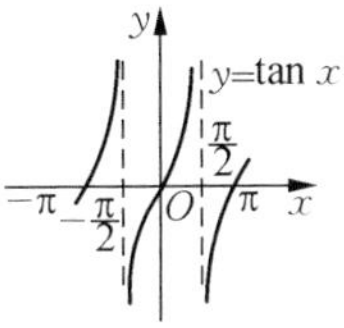	奇函数，周期 π，在 $\left(k\pi-\frac{\pi}{2},k\pi+\frac{\pi}{2}\right)$ 内单调增加($k\in\mathbf{Z}$)
	$y=\cot x$	$x\neq k\pi$ $(k\in\mathbf{Z})$ $y\in(-\infty,+\infty)$	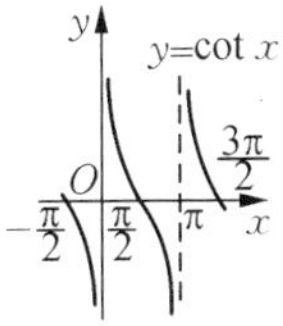	奇函数，周期 π，在 $(k\pi,k\pi+\pi)$ 内单调减少($k\in\mathbf{Z}$)
反三角函数	$y=\arcsin x$	$x\in[-1,1]$ $y\in\left[-\frac{\pi}{2},\frac{\pi}{2}\right]$	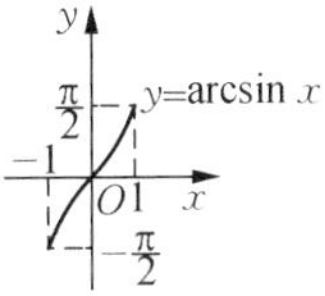	奇函数，单调增加，有界
	$y=\arccos x$	$x\in[-1,1]$ $y\in[0,\pi]$	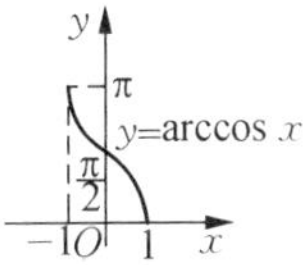	单调减少，有界
	$y=\arctan x$	$x\in(-\infty,+\infty)$ $y\in\left(-\frac{\pi}{2},\frac{\pi}{2}\right)$	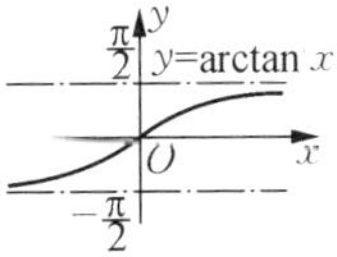	奇函数，单调增加，有界
	$y=\text{arccot}\, x$	$x\in(-\infty,+\infty)$ $y\in(0,\pi)$	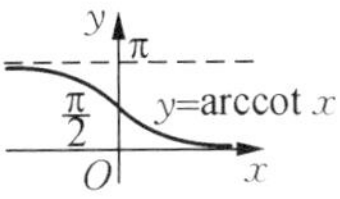	单调减少，有界

三、复合函数

1. 函数的复合

定义 3 **如果 $y=f(u)$, $u=g(x)$,并且函数 g 的值域包含在函数 f 的定义域中,则 $y=f(g(x))$ 称为 f 和 g 这两个函数的复合函数,u 称为中间变量。**

例 1-1-3 设 $y=\ln u$, $u=2+\cos x$,因为 $u=2+\cos x$ 的值域 $[1, 3]$ 包含在 $y=\ln u$ 的定义域 $(0, +\infty)$ 中,则 $y=\ln(2+\cos x)$ 可看作 $y=\ln u$, $u=2+\cos x$ 的复合函数。

例 1-1-4 设 $y=f(u)=\arcsin u$, $u=g(x)=x^2+2$,因为 $g(x)$ 的值域 $[2, +\infty)$, $f(u)$ 的定义域 $[-1, 1]$,则 $f(u)$ 与 $u=g(x)$ 不能构成复合函数。

例 1-1-5 设 $f(x)=3^x$, $g(x)=x-1$,则 $f(g(x))=f(x-1)=3^{x-1}$, $g(f(x))=g(3^x)=3^x-1$。

注意 一般来说,$f(g(x))\neq g(f(x))$。

2. 复合函数的分解

复合函数可分解成若干个简单函数。

例 1-1-6 $y=e^{x^2}$ 可分解为 $y=e^u$, $u=x^2$;

$y=(\arctan\sqrt{x})^2$ 可分解为 $y=u^2$, $u=\arctan v$, $v=\sqrt{x}$;

$y=\ln\tan^2(1+x^2)$ 可分解为 $y=\ln u$, $u=v^2$, $v=\tan w$, $w=1+x^2$。

必须指出,熟练掌握复合函数的分解对后续内容的学习相当重要,有助于以后熟练掌握微积分的方法和技巧。

四、初等函数

定义 4 **由基本初等函数经过有限次四则运算和复合过程构成,并且能用一个数学式子表示的函数称为初等函数。**例如,$y=A\sin(\omega x+\phi)$, $y=\ln(\sqrt{x^2+1}-x)$ 等都是初等函数;而 $y=1+x+x^2+\cdots+x^n+\cdots$, $y=|x|=\begin{cases}x, & x\geqslant 0\\ -x, & x<0\end{cases}$ 都不是初等函数。

五、几种特殊的函数

1. 分段函数

在定义域的不同部分用不同表达式表示的函数称为分段函数。

例如，$y=|x|=\begin{cases}x, & x\geqslant 0\\ -x, & x<0\end{cases}$，和符号函数 $y=\operatorname{sgn} x=\begin{cases}1, & x>0\\ 0, & x=0\\ -1, & x<0\end{cases}$ 都是分段函数，它们的图像如图 1-1、图 1-2 所示。

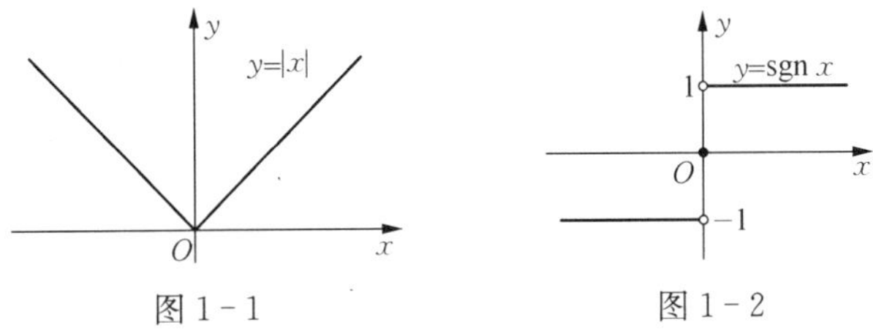

图 1-1　　图 1-2

2. 显函数和隐函数

前面所讨论的函数，其自变量 x 与因变量 y 之间的关系可以表示成 $y=f(x)$，如 $y=\sin(x+2)$，$y=\ln x+\sqrt{1-x^2}$。**把形如 $y=f(x)$ 这种方式表达的函数称为显函数。**有些函数的表达式不是这样，例如方程 $y+x-e^{xy}=0$，在区间 $(-\infty, +\infty)$ 内任给一个值 x，可相应地确定一个 y 值，因此，根据函数的定义，该方程在区间 $(-\infty, +\infty)$ 内也确定了一个 y 关于 x 的函数，由于 y 没有明显地用 x 的算式表示出来，故称这样的函数为隐函数。**把由 $F(x, y)=0$ 确定的函数 $y(x)$ 或 $x(y)$ 称为隐函数。**

注意　有些隐函数可以转化为显函数，有些隐函数不能转化为显函数。

例如，方程 $2x-y^3+1=0$ 确定的隐函数 $y(x)$ 可以转化为显函数 $y=\sqrt[3]{2x+1}$；

而方程 $\frac{x}{y}=\ln(xy)$ 确定的隐函数 $y(x)$ 就不可以转化为显函数。

3. 幂指函数

形如 $y=[u(x)]^{v(x)}$ $(u(x)>0,\ v(x)\neq 1)$ 的函数称为幂指函数。 例如,$y=x^{\sin x}$, $y=x^x$ 等都是幂指函数,其实,幂指函数也可以化为初等函数,因为 $y=[u(x)]^{v(x)}=\mathrm{e}^{v(x)\ln(u(x))}$。

4. 参数方程所确定的函数

在解析几何中,我们学过参数方程,它的一般形式为

$$\begin{cases}x=\varphi(t)\\ y=\psi(t)\end{cases}\ (\alpha\leqslant t\leqslant\beta)。$$

一般地,y 通过参数 t 与 x 也能建立函数关系 $y=y(x)$,称之为参数方程所确定的函数。例如,由参数方程 $\begin{cases}x=\cos t-\sin t\\ y=3\sin 2t\end{cases}$,可以确定的一个 y 关于 x 的函数 $y=3-3x^2$。

六、函数的性质

1. 有界性

定义 5 **设函数 $y=f(x)$ 在区间 $(a,\ b)$ 上有定义,如果存在正数 M,对于任意 $x\in(a,\ b)$,恒有 $|f(x)|\leqslant M$,则称函数 $y=f(x)$ 在 $(a,\ b)$ 上是有界的,若不存在这样的正数 M,则称 $y=f(x)$ 在 $(a,\ b)$ 上是无界的。**

从几何上看,有界函数的图形被限制在两条平行于 x 轴的直线 $y=M$ 与 $y=-M$ 所确定的带形区域内。如,$y=\sin x$ 在 $(-\infty,\ +\infty)$ 上是有界的,$|\sin x|\leqslant 1$。

$y=x^3$ 在 $(-\infty,\ +\infty)$ 上是无界的,因为找不到这样的正数 M,使得对任意 $x\in R$,$|x^3|\leqslant M$ 恒成立,而 $y=x^3$ 在 $(-10,\ 1)$ 上是有界的,$|x^3|<10^3$。

注意 M 不唯一。

2. 奇偶性

定义 6　设函数 $y=f(x)$ 的定义域 D 关于原点对称，若对任意的 $x\in D$，都有 $f(-x)=-f(x)$ 恒成立，则称 $y=f(x)$ 是奇函数；如果对任意 $x\in D$，都有 $f(-x)=f(x)$ 恒成立，则称 $y=f(x)$ 是偶函数，否则，称 $y=f(x)$ 是非奇非偶函数。

在直角坐标系中，偶函数的图像关于 y 轴对称，奇函数的图像关于原点对称。

例 1-1-7　判断下列函数的奇偶性。

(1) $f(x)=x\sin x$；　(2) $f(x)=\ln(x+\sqrt{x^2+1})$；　(3) $f(x)=x+\cos x$。

解　(1) 在定义域 $(-\infty,+\infty)$ 内有 $f(-x)=(-x)\sin(-x)=x\sin x=f(x)$，所以 $f(x)=x\sin x$ 是偶函数。

(2) 在定义域 $(-\infty,+\infty)$ 内有

$$f(-x)=\ln[-x+\sqrt{(-x)^2+1}]=\ln(\sqrt{x^2+1}-x)$$

$$=\ln\frac{(\sqrt{x^2+1}-x)(\sqrt{x^2+1}+x)}{\sqrt{x^2+1}+x}=\ln\frac{1}{\sqrt{x^2+1}+x}$$

$$=-\ln(x+\sqrt{x^2+1})=-f(x)$$，所以 $f(x)=\ln(x+\sqrt{x^2+1})$ 是奇函数。

(3) 在定义域 $(-\infty,+\infty)$ 内有 $f(-x)=-x+\cos(-x)=-x+\cos x$，所以 $f(x)=x+\cos x$ 是非奇非偶函数。

3. 单调性

定义 7　设函数 $y=f(x)$ 在 (a,b) 内有定义，对任意的 x_1，$x_2\in(a,b)$，若 $x_1<x_2$ 时，$f(x_1)<f(x_2)$ 恒成立，则称函数 $y=f(x)$ 在区间 (a,b) 内是单调增加的；若 $x_1<x_2$ 时，$f(x_1)>f(x_2)$ 恒成立，则称函数 $y=f(x)$ 在区间 (a,b) 内是单调减少的。

4. 周期性

定义 8　设函数 $y=f(x)$ 在区间 (a,b) 内有定义，若存在非零常数 T，对任意 $x\in(a,b)$ 与 $x+T\in(a,b)$，都有 $f(x+T)=f(x)$

恒成立,则称 $y=f(x)$ 是以 T 为周期的周期函数,满足这个等式的最小正数 T 称为函数的最小正周期,简称周期。

$y=\sin x$, $y=\cos x$ 的周期是 2π, $y=\tan x$, $y=\cot x$ 的周期是 π。

$y=A\sin(\omega x+\varphi)+y_0$ 的周期 $T=\dfrac{2\pi}{|\omega|}$, $y=A\tan(\omega x+\varphi)+y_0$ 的周期 $T=\dfrac{\pi}{|\omega|}$。

例 1-1-8 求 $y=\sin^2 x$ 的周期。

解 因为 $y=\sin^2 x=\dfrac{1}{2}-\dfrac{\cos 2x}{2}$,所以函数的周期 $T=\dfrac{2\pi}{|\omega|}=\dfrac{2\pi}{2}=\pi$。

习题 1-1

1. 求下列函数的定义域:

(1) $y=\sqrt{3x+2}$; (2) $y=\dfrac{1}{1-x^2}$;

(3) $y=\dfrac{1}{x}-\sqrt{1-x^2}$; (4) $y=\dfrac{1}{\sqrt{4-x^2}}$;

(5) $y=\sin\sqrt{x}$; (6) $y=\tan(x+1)$,

(7) $y=\arcsin(x-3)$; (8) $y=\sqrt{3-x}+\arctan\dfrac{1}{x}$。

2. 下列各题中,函数 $f(x)$和 $g(x)$是否相同?

(1) $f(x)=\lg x^2$, $g(x)=2\lg x$;

(2) $f(x)=x$, $g(x)=\sqrt{x^2}$;

(3) $f(x)=\sqrt[3]{x^4-x^3}$, $g(x)=x\sqrt[3]{x-1}$;

(4) $f(x)=1$, $g(x)=\sec^2 x-\tan^2 x$。

3. 已知函数 $f(x+1)=x^2+5x+5$,求 $f(x)$。

4. 将下列复合函数分解成简单函数:

(1) $y=(3x-7)^{12}$; (2) $y=\sin^2 2x$;

(3) $y=(\arccos\sqrt{x})^2$；　　(4) $y=e^{-\sqrt[3]{x^2-1}}$；

(5) $y=\sqrt{1+\sin(x+1)^2}$；　　(6) $y=\ln\tan^2(1+x^2)$。

5. 下列函数中哪些是偶函数，哪些是奇函数，哪些既非偶函数又非奇函数？

(1) $y=x^2(1-x^2)$；　　(2) $y=3x^2-x^3$；

(3) $y=\dfrac{1-x^2}{1+x^2}$；　　(4) $y=x(x-1)(x+1)$；

(5) $y=\sin x-\cos x+1$；　　(6) $y=\dfrac{a^x+a^{-x}}{2}$。

6. 设下面所考虑的函数都是定义在区间上的，证明：

(1) 两个偶函数的和是偶函数，两个奇函数的和是奇函数；

(2) 两个偶函数的乘积是偶函数，两个奇函数的乘积是偶函数，偶函数与奇函数的乘积是奇函数。

7. 下列各函数中哪些是周期函数？对于周期函数，指出其周期：

(1) $y=\cos(x-2)$；　　(2) $y=\cos 4x$；

(3) $y=1+\sin\pi x$；　　(4) $y=x\cos x$；

(5) $y=\cos^2 x$；　　(6) $y=\tan 2x$。

第二节　函数的极限

极限是微积分中最基本、最重要的概念之一，极限的思想与理论是整个高等数学的基础，连续、微分、积分等重要概念都归结于极限。因此掌握极限的思想是学好高等数学的前提，本节将在上一节函数的基础上，介绍极限概念。

一、当 $x\to+\infty$，$x\to-\infty$，$x\to\infty$ 时，函数 $f(x)$ 的极限

1. 当 $x\to+\infty$ 时，函数 $f(x)$ 的极限

定义 1　设 $f(x)$ 在 $(a,+\infty)$ 内有定义，若当 $x\to+\infty$ 时，对应的函数值 $f(x)$ 无限接近于某一常数 A，则称 A 为函数 $f(x)$ 当 $x\to+\infty$ 时的极限。记作 $\lim\limits_{x\to+\infty}f(x)=A$，或当 $x\to+\infty$ 时，$f(x)\to A$。

例 1-2-1 求 $\lim\limits_{x\to+\infty}\left(\frac{1}{2}\right)^x$。

解 由函数图像(见图 1-3)可以观察到,当 x 无限增大时,对应的函数值 $\left(\frac{1}{2}\right)^x$ 无限接近于 0,因此,根据定义 1,得 $\lim\limits_{x\to+\infty}\left(\frac{1}{2}\right)^x=0$。

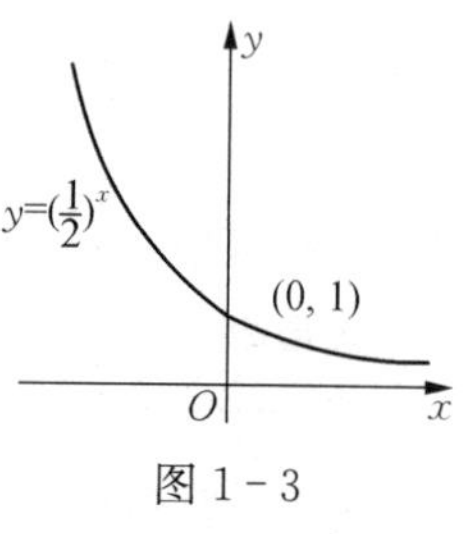

图 1-3

一般地,$\lim\limits_{x\to+\infty}a^x=0\ (0<a<1)$。

数列$\{x_n\}$是定义在自然数集上的函数,可以设 $x_n=f(n)$,$n\in N$,$n\to+\infty$ 其实是$x\to+\infty$ 的一种特殊情形,即 x 按照正整数点无限增大,因此 $\lim\limits_{n\to+\infty}x_n=\lim\limits_{n\to+\infty}f(n)$ 就是 $\lim\limits_{x\to+\infty}f(x)$ 的一种特殊情况。

对于数列$\{x_n\}$,当 $n\to+\infty$时,通项 x_n 无限接近于某一常数 A,则称 A 为当 $n\to+\infty$时数列$\{x_n\}$的极限,记作 $\lim\limits_{n\to+\infty}x_n=A$,或当 $n\to+\infty$ 时,$x_n\to A$。

例 1-2-2 求 $\lim\limits_{n\to+\infty}\frac{1}{n^2}$,$\lim\limits_{n\to+\infty}\frac{n}{n+1}$。

解 通过列表,观察当 n 无限增加时,数列$\frac{1}{n^2}$和$\frac{n}{n+1}$的变化趋势(见表 1-2)。

表 1-2

n	$\frac{1}{n^2}$	$\frac{n}{n+1}$
1	1	$\frac{1}{2}=0.5$
2	$\frac{1}{4}=0.25$	$\frac{2}{3}\approx0.667$
3	$\frac{1}{9}\approx0.111$	$\frac{3}{4}=0.75$
4	$\frac{1}{16}=0.0625$	$\frac{4}{5}=0.8$

（续表）

n	$\frac{1}{n^2}$	$\frac{n}{n+1}$
10	$\frac{1}{100}=0.01$	$\frac{10}{11}\approx0.909$
100	$\frac{1}{10\,000}=0.000\,1$	$\frac{100}{101}\approx0.990$
⋮	⋮	⋮

由表 1－2 可见，当 n 无限增加时，$\frac{1}{n^2}$ 逐步减小，且无限接近于 0，所以 $\lim\limits_{n\to+\infty}\frac{1}{n^2}=0$；当 n 无限增加时，$\frac{n}{n+1}$ 逐步增大，且无限接近于 1，所以 $\lim\limits_{n\to+\infty}\frac{n}{n+1}=1$。

2. 当 $x\to-\infty$ 时，函数 $f(x)$ 的极限

定义 2　设 $f(x)$ 在 $(-\infty, b)$ 内有定义，若当 $x\to-\infty$ 时，对应的函数值 $f(x)$ 无限接近于某一常数 A，则称 A 为函数 $f(x)$ 在 $x\to-\infty$ 时的极限。记作 $\lim\limits_{x\to-\infty}f(x)=A$，或当 $x\to-\infty$ 时，$f(x)\to A$。

例 1－2－3　求 $\lim\limits_{x\to-\infty}2^x$。

解　由函数图像（见图 1－4）可以观察到，当 $x\to-\infty$ 时，对应的函数值 2^x 无限接近于 0，因此根据定义 2，得 $\lim\limits_{x\to-\infty}2^x=0$。

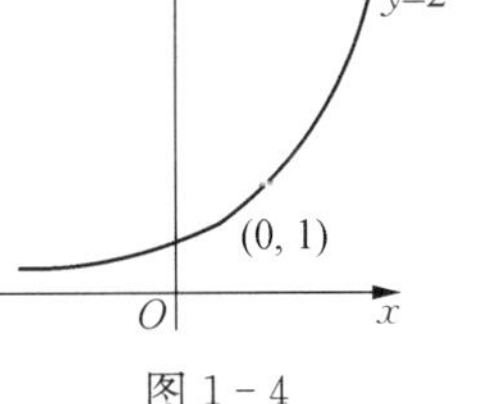

图 1－4

一般地，$\lim\limits_{x\to-\infty}a^x=0\ (a>1)$。

3. 当 $x\to\infty$ 时，函数 $f(x)$ 的极限

定义 3　设 $f(x)$ 在 $(-\infty, b)\cup(a, +\infty)$ 内有定义，若当 $x\to\infty$ 时，对应的函数值 $f(x)$ 都无限接近于某一常数 A，则称 A 为函数 $f(x)$ 在 $x\to\infty$ 时的极限。记作 $\lim\limits_{x\to\infty}f(x)=A$，或当 $x\to\infty$ 时，$f(x)\to A$。

例 1－2－4　求 $\lim\limits_{x\to\infty}\frac{1}{x}$。

解　由函数图像(见图 1-5)可以观察到,当 $|x|\to\infty$ 时,对应的函数值 $\frac{1}{x}$ 都无限接近于 0,因此,根据定义 3,得 $\lim\limits_{x\to\infty}\frac{1}{x}=0$。

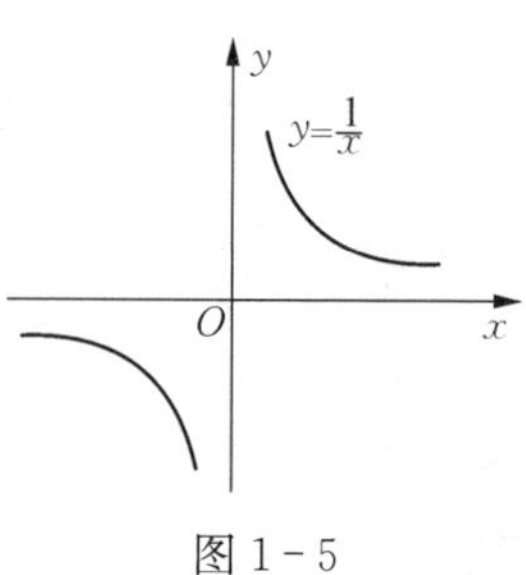

图 1-5

例 1-2-5　讨论 $\lim\limits_{x\to\infty}\arctan x$ 是否存在。

解　由函数图像(见图 1-6)可以观察到,当 x 无限减小时,对应的函数值 $\arctan x$ 无限接近于 $-\frac{\pi}{2}$,即 $\lim\limits_{x\to-\infty}\arctan x=-\frac{\pi}{2}$;当 x 无限增大时,对应的函数值 $\arctan x$ 无限接近于 $\frac{\pi}{2}$,即 $\lim\limits_{x\to+\infty}\arctan x=\frac{\pi}{2}$;因此根据定义 3,$\lim\limits_{x\to\infty}\arctan x$ 不存在。

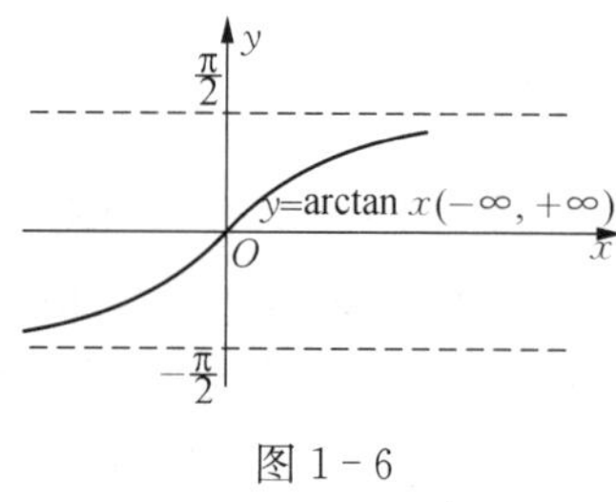

图 1-6

同理可得 $\lim\limits_{x\to\infty}\text{arccot}\, x$ 也不存在。

由定义 3、例 4 和例 5,得到下面定理:

定理 1　$\lim\limits_{x\to\infty}f(x)=A$ 的充要条件是 $\lim\limits_{x\to+\infty}f(x)=\lim\limits_{x\to-\infty}f(x)=A$。

常用的函数极限:$\lim\limits_{x\to\infty}C=C$, $\lim\limits_{x\to+\infty}C=C$, $\lim\limits_{x\to-\infty}C=C$

二、当 $x\to x_0^+$, $x\to x_0^-$, $x\to x_0$ 时,函数 $f(x)$ 的极限

$x\to x_0^+$ 表示 x 从 x_0 的右侧无限接近于 x_0;

$x\to x_0^-$ 表示 x 从 x_0 的左侧无限接近于 x_0;

$x\to x_0$ 表示 x 从 x_0 的左、右两侧无限接近于 x_0。

1. 当 $x\to x_0^+$, $x\to x_0^-$ 时,函数 $f(x)$ 的极限

定义 4　**设 $y=f(x)$ 在 $\mathring{U}(x_0)$ 内有定义,若当 x 从 x_0 的右侧无限接近于 x_0 时,对应的函数值 $f(x)$ 无限接近于某一常数 A,则称 A 为函数 $f(x)$ 在 $x\to x_0$ 时的右极限。记作 $\lim\limits_{x\to x_0^+}f(x)=A$,或当 $x\to x_0^+$**

时，$f(x) \to A$。

定义 5　**设 $y = f(x)$ 在 $\mathring{U}(x_0)$ 内有定义，若当 x 从 x_0 的左侧无限接近于 x_0 时，对应的函数值 $f(x)$ 无限接近于某一常数 A，则称 A 为函数 $f(x)$ 在 $x \to x_0$ 时的左极限。记作 $\lim\limits_{x \to x_0^-} f(x) = A$，或当 $x \to x_0^-$ 时，$f(x) \to A$。**

左、右极限统称为单侧极限。

例 1-2-6　设 $f(x) = \begin{cases} x+1, & x < 0 \\ x, & x \geqslant 0 \end{cases}$，求 $\lim\limits_{x \to 0^+} f(x)$，$\lim\limits_{x \to 0^-} f(x)$。

解　由函数图像（见图 1-7）可以观察到，当 x 从右侧无限接近于 0 时，对应的函数值 $f(x)$ 无限接近于 0，所以 $\lim\limits_{x \to 0^+} f(x) = 0$；当 x 从左侧无限接近于 0 时，对应的函数值 $f(x)$ 无限接近于 1，所以 $\lim\limits_{x \to 0^-} f(x) = 1$。

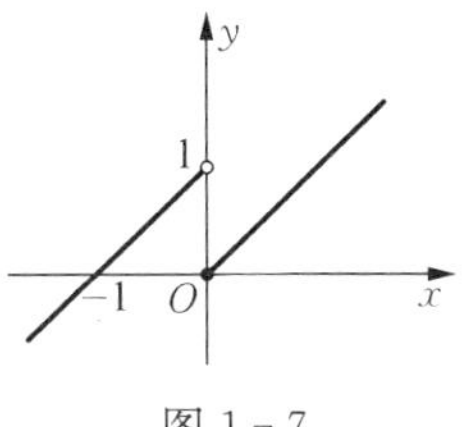

图 1-7

2. 当 $x \to x_0$ 时，函数 $f(x)$ 的极限

定义 6　**设 $y = f(x)$ 在 $\mathring{U}(x_0)$ 内有定义，若当 x 从 x_0 的左、右两侧无限接近于 x_0 时，对应的函数值 $f(x)$ 都无限接近于某一常数 A，则称 A 为函数 $f(x)$ 在 $x \to x_0$ 时的极限。记作 $\lim\limits_{x \to x_0} f(x) = A$，或当 $x \to x_0$ 时，$f(x) \to A$。**

例 1-2-7　设 $f(x) = \begin{cases} x+1, & -\infty < x < 0 \\ x^2, & 0 \leqslant x < 1 \\ 2-x, & 1 \leqslant x < +\infty \end{cases}$，讨论 $\lim\limits_{x \to 0} f(x)$，$\lim\limits_{x \to 1} f(x)$。

解　由函数图像（图 1-8）可以观察到，当 x 从左侧无限接近于 0 时，对应的函数值 $f(x)$ 无限接近于 1，即 $\lim\limits_{x \to 0^-} f(x) = 1$；当 x 从右侧无限接近于 0 时，对应的函数值 $f(x)$ 无限接近于 0，即 $\lim\limits_{x \to 0^+} f(x) = 0$，所以 $\lim\limits_{x \to 0} f(x)$ 不存在。

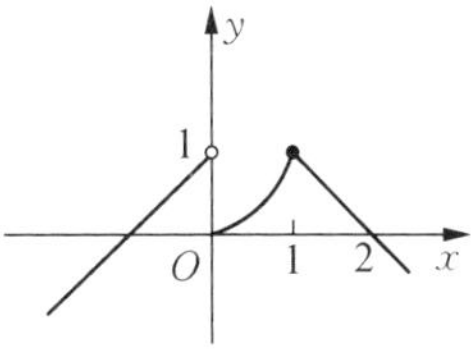

图 1-8

当 x 从左、右两侧无限接近于 1 时,对应的函数值 $f(x)$ 都无限接近于 1,所以 $\lim\limits_{x\to1}f(x)=1$。

由定义 5 和例 7,得到下面定理:

定理 2 $\lim\limits_{x\to x_0}f(x)=A$ **的充要条件是** $\lim\limits_{x\to x_0^+}f(x)=\lim\limits_{x\to x_0^-}f(x)=A$。

常用的函数极限:$\lim\limits_{x\to x_0}C=C$,$\lim\limits_{x\to x_0}x=x_0$。

例 1-2-8 求 $\lim\limits_{x\to1}(x+2)$ 和 $\lim\limits_{x\to1}\dfrac{x^2+x-2}{x-1}$。

解 由这两个函数图像(图 1-9、图 1-10)可以观察到,当 x 从左、右侧无限接近于 1 时,对应的函数值都无限接近于 3,所以 $\lim\limits_{x\to1}(x+2)=3$,$\lim\limits_{x\to1}\dfrac{x^2+x-2}{x-1}=3$。

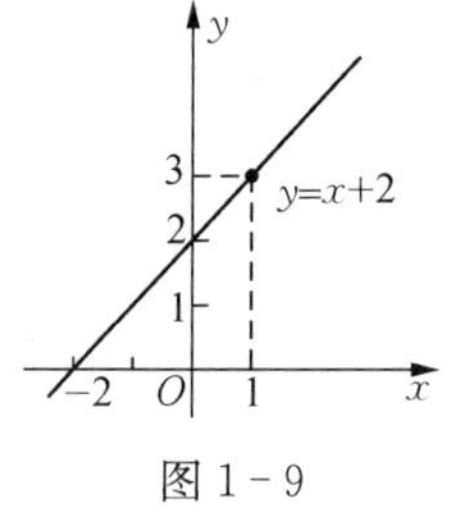

图 1-9

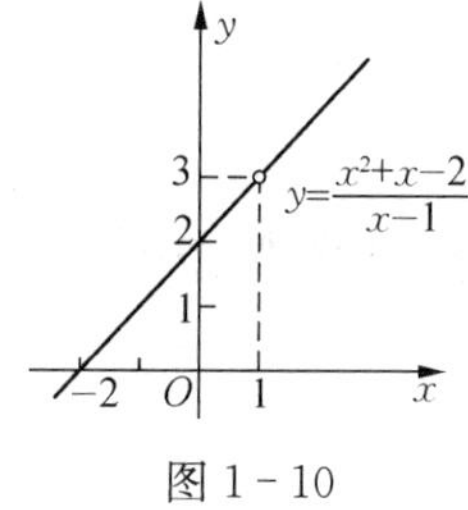

图 1-10

由这两个函数图像可以观察到,虽然在 $x=1$ 处,$y=x+2$ 有定义,而 $y=\dfrac{x^2+x-2}{x-1}$ 没有定义,但是这两个函数在 $x=1$ 处的极限都存在。因此,可以得到以下结论:

$\lim\limits_{x\to x_0}f(x)$的极限值与 $f(x_0)$是否存在没有关系。

三、函数极限运算法则

在利用函数极限定义求函数极限时,需要画出函数图像,因此在求比较复杂的函数极限时,就不能利用函数极限定义来求函数极限。下面介绍函数极限运算法则,利用函数极限运算法则以及常用的函数极限,可以计算比较复杂的函数极限。

设 $\lim\limits_{x\to\square}f(x)=A$，$\lim\limits_{x\to\square}g(x)=B$ 都存在($x\to\square$表示为具有相同的变化趋势)。则:

(1) $\lim\limits_{x\to\square}(f(x)\pm g(x))=\lim\limits_{x\to\square}f(x)\pm\lim\limits_{x\to\square}g(x)=A\pm B$;

(2) $\lim\limits_{x\to\square}(f(x)\cdot g(x))=\lim\limits_{x\to\square}f(x)\cdot\lim\limits_{x\to\square}g(x)=A\cdot B$;

(3) $\lim\limits_{x\to\square}\dfrac{f(x)}{g(x)}=\lim\limits_{x\to\square}f(x)/\lim\limits_{x\to\square}g(x)=\dfrac{A}{B}\ (B\neq 0)$。

推论 1　$\lim\limits_{x\to\square}[C\cdot f(x)]=C\cdot\lim\limits_{x\to\square}f(x)$;

推论 2　$\lim\limits_{x\to\square}[f(x)]^n=(\lim\limits_{x\to\square}f(x))^n=A^n$。

例 1-2-9　求 $\lim\limits_{x\to+\infty}\dfrac{x^4+x^2-1}{3x^5-4x+2}$。

解　原式

$$=\lim_{x\to+\infty}\frac{\frac{1}{x}+\frac{1}{x^3}-\frac{1}{x^5}}{3-\frac{4}{x^4}+\frac{2}{x^5}}=\frac{\lim\limits_{x\to+\infty}\left(\frac{1}{x}+\frac{1}{x^3}-\frac{1}{x^5}\right)}{\lim\limits_{x\to+\infty}\left(3-\frac{4}{x^4}+\frac{2}{x^5}\right)}$$

$$=\frac{\lim\limits_{x\to+\infty}\frac{1}{x}+\lim\limits_{x\to+\infty}\frac{1}{x^3}-\lim\limits_{x\to+\infty}\frac{1}{x^5}}{\lim\limits_{x\to+\infty}3-4\lim\limits_{x\to+\infty}\frac{1}{x^4}+2\lim\limits_{x\to+\infty}\frac{1}{x^5}}$$

$$=\frac{0+0-0}{3-4\cdot 0+2\cdot 0}=0。$$

例 1-2-10　求 $\lim\limits_{x\to-\infty}\dfrac{x^3+x-1}{3x^3+x^2}$。

解　原式 $=\lim\limits_{x\to-\infty}\dfrac{1+\frac{1}{x^2}-\frac{1}{x^3}}{3+\frac{1}{x}}=\dfrac{1+0-0}{3+0}=\dfrac{1}{3}$。

例 1-2-11　求 $\lim\limits_{x\to\infty}\dfrac{2x^2-x-1}{3x^2-2x-1}$。

解　原式 $=\lim\limits_{x\to\infty}\dfrac{2-\frac{1}{x}-\frac{1}{x^2}}{3-\frac{2}{x}-\frac{1}{x^2}}=\dfrac{2}{3}$。

一般地,对于有理分式函数 $f(x)=\dfrac{a_nx^n+a_{n-1}x^{n-1}+\cdots+a_1x+a_0}{b_mx^m+b_{m-1}x^{m-1}+\cdots+b_1x+b_0}$

$(a_n \neq 0, b_m \neq 0)$,

求$\lim\limits_{x\to\infty} f(x)$的方法是:分子分母同除以 x 的最高次幂。

因此,$\lim\limits_{x\to\infty} f(x)=\begin{cases}0, & m>n\\ \dfrac{a_n}{b_m}, & m=n\text{。}\\ \infty, & m<n\end{cases}$

例 1-2-12　求 $\lim\limits_{x\to\infty}\dfrac{(3x-2)^5-(x+1)^5}{(x+2)^5+(2x-1)^5}$。

解　原式$=\lim\limits_{x\to\infty}\dfrac{\dfrac{(3x-2)^5-(x+1)^5}{x^5}}{\dfrac{(x+2)^5+(2x-1)^5}{x^5}}$

$$=\lim_{x\to\infty}\frac{\left(3-\dfrac{2}{x}\right)^5-\left(1+\dfrac{1}{x}\right)^5}{\left(1+\dfrac{2}{x}\right)^5+\left(2-\dfrac{1}{x}\right)^5}=\frac{3^5-1^5}{1^5+2^5}=\frac{22}{3}\text{。}$$

例 1-2-13　求 $\lim\limits_{x\to+\infty}(\sqrt{x(x+4)}-\sqrt{x^2-2})$。

解　原式$=\lim\limits_{x\to+\infty}\dfrac{(\sqrt{x(x+4)}-\sqrt{x^2-2})(\sqrt{x(x+4)}+\sqrt{x^2-2})}{\sqrt{x(x+4)}+\sqrt{x^2-2}}$

$$=\lim_{x\to+\infty}\frac{4x+2}{\sqrt{x^2+4x}+\sqrt{x^2-2}}$$

$$=\lim_{x\to+\infty}\frac{4+\dfrac{2}{x}}{\sqrt{1+\dfrac{4}{x}}+\sqrt{1-\dfrac{2}{x^2}}}$$

$$=\frac{4+0}{\sqrt{1+0}+\sqrt{1-0}}=2\text{。}$$

思考:若把此题 $x\to+\infty$换为 $x\to-\infty$,其极限为多少?

例 1-2-14　求 $\lim\limits_{x\to1}(x^3+2x-1)$。

解　原式$=\lim\limits_{x\to1}x^3+\lim\limits_{x\to1}2x-\lim\limits_{x\to1}1$

$$=(\lim_{x\to1}x)^3+2\lim_{x\to1}x-1=1^3+2\cdot1-1=2\text{。}$$

从解题过程中可以看出，在计算此极限时，其实也就是把 $x=1$ 代入 $f(x)=x^3+2x-1$，求出 $f(1)$ 即得函数的极限。

一般地，对于有理整式函数（多项式）

$$f(x)=a_nx^n+a_{n-1}x^{n-1}+\cdots+a_1x+a_0\text{，有}\lim_{x\to x_0}f(x)=f(x_0)\text{。}$$

例 1-2-15　求 $\lim\limits_{x\to 2}(2x^4-3x^2-6)$。

解　原式 $=2\cdot 2^4-3\cdot 2^2-6=14$。

对于有理分式函数

$$f(x)=\frac{P(x)}{Q(x)}\ (P(x),\ Q(x)\ \text{均为多项式}),$$

(1) 当 $\lim\limits_{x\to x_0}Q(x)=Q(x_0)\neq 0$ 时，$\lim\limits_{x\to x_0}f(x)=\dfrac{\lim\limits_{x\to x_0}P(x)}{\lim\limits_{x\to x_0}Q(x)}=\dfrac{P(x_0)}{Q(x_0)}=f(x_0)$。

例 1-2-16　求 $\lim\limits_{x\to 1}\dfrac{3x+2}{2x^2+x+1}$。

解　原式 $=\dfrac{3\cdot 1+2}{2\cdot 1^2+1+1}=\dfrac{5}{4}$。

(2) 当 $\lim\limits_{x\to x_0}P(x)=P(x_0)\neq 0$，$\lim\limits_{x\to x_0}Q(x)=Q(x_0)=0$ 时，

$$\lim_{x\to x_0}f(x)=\frac{\lim\limits_{x\to x_0}P(x)}{\lim\limits_{x\to x_0}Q(x)}=\infty\text{。}$$

例 1-2-17　求 $\lim\limits_{x\to 2}\dfrac{x+1}{2x^2-3x-2}$。

解　$\lim\limits_{x\to 2}\dfrac{2x^2-3x-2}{x+1}=\lim\limits_{x\to 2}\dfrac{(3x+1)(x-3)}{x+1}$，

所以原式 $=\infty$。

(3) 当 $\lim\limits_{x\to x_0}P(x)=P(x_0)=0$，$\lim\limits_{x\to x_0}Q(x)=Q(x_0)=0$ 时，称 $\lim\limits_{x\to x_0}\dfrac{P(x)}{Q(x)}$ 为“$\dfrac{0}{0}$”型极限，需要寻找其它方法求此极限。

例 1-2-18 求 $\lim\limits_{x\to1}\dfrac{2x^2-x-1}{3x^2-2x-1}$。

解 原式 $=\lim\limits_{x\to1}\dfrac{(x-1)(2x+1)}{(x-1)(3x+1)}=\lim\limits_{x\to1}\dfrac{2x+1}{3x+1}=\dfrac{2\cdot1+1}{3\cdot1+1}=\dfrac{3}{4}$。

例 1-2-19 求 $\lim\limits_{x\to0}\dfrac{\sqrt{x+1}-1}{x}$。

解 $\lim\limits_{x\to0}\dfrac{(x+1)-1}{x(\sqrt{x+1}+1)}=\lim\limits_{x\to0}\dfrac{1}{\sqrt{x+1}+1}=\dfrac{1}{2}$。

例 1-2-20 求 $\lim\limits_{x\to\pi^+}\dfrac{\sin x}{\sqrt{1+\cos x}}$。

解 原式 $=\lim\limits_{x\to\pi^+}\dfrac{\sin x\sqrt{1-\cos x}}{\sqrt{1-\cos^2 x}}$

$$=\lim\limits_{x\to\pi^+}\frac{\sin x\sqrt{1-\cos x}}{-\sin x}=-\lim\limits_{x\to\pi^+}\sqrt{1-\cos x}=-\sqrt{2}。$$

通过例 1-2-18、1-2-19、1-2-20 可知,在求"$\dfrac{0}{0}$"型极限时,先对分子、分母进行因式分解或其它恒等变形(如分子或分母有理化,三角恒等变形等),消去零因子,再求极限。

例 1-2-21 求 $\lim\limits_{x\to0}\left(\dfrac{1}{x(x+1)}-\dfrac{1}{x}\right)$。

解 原式 $=\lim\limits_{x\to0}\dfrac{1-(x+1)}{x(x+1)}=\lim\limits_{x\to0}\dfrac{-1}{x+1}=-1$。

例 1-2-22 设 $f(x)=\begin{cases}x^3-x^2, & 0<x\leqslant1\\ \sqrt{x-1}, & 1<x\leqslant2\\ 2x-4, & 2<x<4\end{cases}$,求 $\lim\limits_{x\to1}f(x)$,$\lim\limits_{x\to2}f(x)$。

因为分段函数 $f(x)$ 在分界点 $x=1$ 和 $x=2$ 处左、右两边的表达式不一样,所以不好直接计算 $\lim\limits_{x\to1}f(x)$ 和 $\lim\limits_{x\to2}f(x)$,只有通过定理 2,即利用左、右极限计算它们。

解 因为 $\lim\limits_{x\to1^-}f(x)=\lim\limits_{x\to1^-}(x^3-x^2)=1^3-1^2=0$,

$\lim\limits_{x\to1^+}f(x)=\lim\limits_{x\to1^+}\sqrt{x-1}=\sqrt{1-1}=0$，所以，根据定理 2 知，$\lim\limits_{x\to1}f(x)=0$。

因为 $\lim\limits_{x\to2^-}f(x)=\lim\limits_{x\to2^-}\sqrt{x-1}=\sqrt{2-1}=1$，

$\lim\limits_{x\to2^+}f(x)=\lim\limits_{x\to2^+}(2x-4)=2\cdot2-4=0$，$\lim\limits_{x\to2^-}f(x)\neq\lim\limits_{x\to2^+}f(x)$，

所以，根据定理 2 知，$\lim\limits_{x\to2}f(x)$ 不存在。

注意　当分段函数在分界点处左、右两边表达式不一样时，一般利用左、右极限求分段函数在分界点处的极限。

习题 1－2

1. 求下列函数极限：

(1) $\lim\limits_{x\to\infty}\dfrac{3x^4+x^3-x^2}{6x^4+2x-1}$；　(2) $\lim\limits_{x\to1}\dfrac{2x^2-x+4}{x^2+x}$；

(3) $\lim\limits_{x\to\infty}\dfrac{(2x-1)^{10}(3x-2)^5}{(5-2x)^{15}}$；　(4) $\lim\limits_{x\to\infty}\left(\dfrac{x^3}{3x^2-1}-\dfrac{x^2}{3x+1}\right)$；

(5) $\lim\limits_{x\to\infty}(\sqrt{x^2+1}-x)$；　(6) $\lim\limits_{x\to1}\dfrac{\sqrt[3]{x}-1}{\sqrt{x}-1}$；

(7) $\lim\limits_{x\to2}\left(\dfrac{1}{x-2}-\dfrac{4}{x^2-4}\right)$；　(8) $\lim\limits_{x\to\frac{1}{2}}\dfrac{8x^3-1}{6x^2-5x+1}$；

(9) $\lim\limits_{n\to+\infty}\dfrac{7n^2+5n-9}{9n^2-n+3}$；　(10) $\lim\limits_{n\to+\infty}\dfrac{(n+1)^4-(2n-1)^4}{(3n-1)^4+(n-2)^4}$；

(11) $\lim\limits_{n\to+\infty}\dfrac{\sqrt[3]{n^2}}{n^2+1}$；　(12) $\lim\limits_{n\to+\infty}\left(\dfrac{1+2+\cdots+n}{n+2}-\dfrac{n}{2}\right)$。

2. 已知 $\lim\limits_{x\to1}\dfrac{x^2+ax+b}{1-x}=5$，求 a，b。

3. 设 $f(x)=\begin{cases}2x, & 0\leqslant x<1\\ a-x, & 1\leqslant x\leqslant 2\end{cases}$，求 a 使 $\lim\limits_{x\to1}f(x)$ 存在。

4. 设 $f(x)=\begin{cases}x^2-x, & x\leqslant 0\\ x, & 0<x<2\\ x-2, & 2\leqslant x\end{cases}$，求 $\lim\limits_{x\to0}f(x)$，$\lim\limits_{x\to1}f(x)$，$\lim\limits_{x\to2}f(x)$。

第三节 两个重要的极限

我们不加证明地给出以下两个极限存在定理

定理 1 (夹逼定理):如果函数 $f(x)$, $g(x)$, $h(x)$ 在点 x_0 的某一空心领域内(或在 $|x|>N$ 时,其中 $N>0$),有 $g(x)\leqslant f(x)\leqslant h(x)$

且
$$\lim_{\substack{x\to x_0\\(x\to\infty)}} g(x)=\lim_{\substack{x\to x_0\\(x\to\infty)}} h(x)=A。$$

则 $\lim\limits_{\substack{x\to x_0\\(x\to\infty)}} f(x)=A$。

定理 2 (单调有界定理)如果数列 $\{x_n\}$ 单调有界,则 $\lim\limits_{n\to\infty}x_n$ 一定存在。

一、$\lim\limits_{x\to 0}\dfrac{\sin x}{x}=1$

这个极限可以用定理 1 证明。这里,我们仅列表考察当 $x\to 0$ 时,$\dfrac{\sin x}{x}$的变化趋势。

x	± 1	± 0.5	± 0.1	± 0.01	± 0.001	$\cdots\to 0$
$\dfrac{\sin x}{x}$	0.841 471 0	0.958 851 1	0.998 334 2	0.999 983 3	0.999 999 8	$\cdots\to 1$

从上表可以看出,当 $x\to 0$ 时,$\dfrac{\sin x}{x}$的值无限趋近于 1,所以

$$\lim_{x\to 0}\frac{\sin x}{x}=1$$

$\lim\limits_{x\to 0}\dfrac{\sin x}{x}=1$ 的推广形式:当 $\lim\limits_{\substack{x\to x_0\\(x\to\infty)}}\varphi(x)=0$ 时,$\lim\limits_{\substack{x\to x_0\\(x\to\infty)}}\dfrac{\sin[\varphi(x)]}{\varphi(x)}=1$。

证明 令 $u=\varphi(x)$,因为 $\lim\limits_{\substack{x\to x_0\\(x\to\infty)}}\varphi(x)=0$,即当 $x\to x_0$(或 $x\to\infty$)

时，$u \to 0$。变量替换得，$\lim\limits_{u \to 0} \dfrac{\sin(u)}{u} = 1$，所以当 $\lim\limits_{\substack{x \to x_0 \\ (x \to \infty)}} \varphi(x) = 0$ 时，$\lim\limits_{\substack{x \to x_0 \\ (x \to \infty)}} \dfrac{\sin[\varphi(x)]}{\varphi(x)} = 1$。

利用这一重要极限的推广形式，可求一些含有三角函数的极限。

例 1-3-1　求 $\lim\limits_{x \to 0} \dfrac{\sin 2x}{3x}$。

解　原式 $= \lim\limits_{x \to 0} \left(\dfrac{\sin 2x}{2x} \cdot \dfrac{2}{3} \right) = \dfrac{2}{3} \lim\limits_{x \to 0} \dfrac{\sin 2x}{2x} = \dfrac{2}{3}$。

例 1-3-2　求 $\lim\limits_{x \to \infty} x \sin \dfrac{1}{x}$。

解　原式 $= \lim\limits_{x \to \infty} \dfrac{\sin \dfrac{1}{x}}{\dfrac{1}{x}} = 1$。

例 1-3-3　求 $\lim\limits_{x \to \pi} \dfrac{\sin x}{\pi - x}$。

解　原式 $= \lim\limits_{x \to \pi} \dfrac{\sin(\pi - x)}{\pi - x} = 1$。

例 1-3-4　求 $\lim\limits_{x \to 0} \dfrac{1 - \cos x}{x^2}$。

解　原式 $= \lim\limits_{x \to 0} \dfrac{2\sin^2 \dfrac{1}{2}x}{x^2} = \dfrac{1}{2} \lim\limits_{x \to 0} \dfrac{\left(\sin \dfrac{1}{2}x \right)^2}{\left(\dfrac{x}{2} \right)^2} = \dfrac{1}{2} \lim\limits_{x \to 0} \left(\dfrac{\sin \dfrac{x}{2}}{\dfrac{x}{2}} \right)^2 = \dfrac{1}{2}$。

例 1-3-5　求 $\lim\limits_{x \to 0} \dfrac{\sin 5x}{\tan 3x}$。

解　原式 $= \lim\limits_{x \to 0} \dfrac{5 \times \dfrac{\sin 5x}{5x}}{3 \times \dfrac{\tan 3x}{3x}} = \dfrac{5}{3} \lim\limits_{x \to 0} \dfrac{\dfrac{\sin 5x}{5x}}{\dfrac{\tan 3x}{3x}} = \dfrac{5}{3} \lim\limits_{x \to 0} \dfrac{\dfrac{\sin 5x}{5x}}{\dfrac{\sin 3x}{3x}} \cdot \cos 3x = \dfrac{5}{3}$。

二、$\lim\limits_{x\to\infty}\left(1+\frac{1}{x}\right)^x=\mathrm{e}$

这个极限可用定理 2 来证明，仅列表考察当 $x\to\infty$ 时，函数 $\left(1+\frac{1}{x}\right)^x$ 的变化趋势。

x	10	100	1 000	10 000	100 000	1 000 000	$\cdots\to+\infty$
$\left(1+\frac{1}{x}\right)^x$	2. 593 74	2. 704 81	2. 716 92	2. 718 15	2. 718 27	2. 718 28	$\cdots\to\mathrm{e}$

x	−10	−100	−1 000	−10 000	−100 000	−1 000 000	$\cdots\to-\infty$
$\left(1+\frac{1}{x}\right)^x$	2. 867 97	2. 732 00	2. 719 64	2. 718 42	2. 718 30	2. 718 28	$\cdots\to\mathrm{e}$

从上表可以看出，当 $x\to+\infty$ 或 $x\to-\infty$ 时，$\left(1+\frac{1}{x}\right)^x$ 的值无限趋近于无理数 $\mathrm{e}=2.718\,281\,828\,459\,045\cdots$，所以 $\lim\limits_{x\to\infty}\left(1+\frac{1}{x}\right)^x=\mathrm{e}$。

若令 $\frac{1}{x}=t$，则当 $x\to\infty$ 时，$t\to0$，所以上式也可改写成：

$$\lim_{t\to0}(1+t)^{\frac{1}{t}}=\mathrm{e}，即\lim_{x\to0}(1+x)^{\frac{1}{x}}=\mathrm{e}。$$

$\lim\limits_{x\to\infty}\left(1+\frac{1}{x}\right)^x=\mathrm{e}$ 的推广形式：当 $\lim\limits_{\substack{x\to x_0\\(x\to\infty)}}\varphi(x)=\infty$ 时，$\lim\limits_{\substack{x\to x_0\\(x\to\infty)}}\left(1+\frac{1}{\varphi(x)}\right)^{\varphi(x)}=\mathrm{e}$。

证明 令 $u=\varphi(x)$，因为 $\lim\limits_{\substack{x\to x_0\\(x\to\infty)}}\varphi(x)=\infty$，即当 $x\to x_0$（或 $x\to\infty$）时，$u\to\infty$。变量替换得，$\lim\limits_{u\to\infty}\left(1+\frac{1}{u}\right)^u=\mathrm{e}$，所以当 $\lim\limits_{\substack{x\to x_0\\(x\to\infty)}}\varphi(x)=\infty$ 时，$\lim\limits_{\substack{x\to x_0\\(x\to\infty)}}\left(1+\frac{1}{\varphi(x)}\right)^{\frac{1}{\varphi(x)}}=\mathrm{e}$。

$\lim\limits_{x\to 0}(1+x)^{\frac{1}{x}}=\mathrm{e}$ 的推广形式：当 $\lim\limits_{\substack{x\to x_0\\(x\to\infty)}}\varphi(x)=0$ 时，$\lim\limits_{\substack{x\to x_0\\(x\to\infty)}}(1+\varphi(x))^{\frac{1}{\varphi(x)}}=\mathrm{e}$。

例 1－3－6　求 $\lim\limits_{x\to\infty}\left(1+\dfrac{2}{x}\right)^{x}$。

解　原式 $=\lim\limits_{x\to\infty}\left(1+\dfrac{2}{x}\right)^{\frac{x}{2}\cdot 2}=\mathrm{e}^{2}$。

例 1－3－7　求 $\lim\limits_{x\to 0}(1-x)^{\frac{3}{x}+5}$。

解　原式 $=\lim\limits_{x\to 0}\{[1+(-x)]^{\frac{1}{-x}\cdot(-3)}\cdot(1-x)^{5}\}=\lim\limits_{x\to 0}[1+(-x)]^{\frac{1}{-x}\cdot(-3)}\cdot\lim\limits_{x\to 0}(1-x)^{5}=\mathrm{e}^{-3}$。

例 1－3－8　求 $\lim\limits_{x\to\infty}\left(\dfrac{x+1}{x-1}\right)^{x+2}$。

解法一　原式 $=\lim\limits_{x\to\infty}\left(1+\dfrac{2}{x-1}\right)^{x+2}=\lim\limits_{x\to\infty}\left[\left(1+\dfrac{2}{x-1}\right)^{\frac{x-1}{2}\cdot 2}\cdot\left(1+\dfrac{2}{x-1}\right)^{3}\right]$

$$=\lim_{x\to\infty}\left(1+\frac{2}{x-1}\right)^{\frac{x-1}{2}\cdot 2}\cdot\lim_{x\to\infty}\left(1+\frac{2}{x-1}\right)^{3}=\mathrm{e}^{2}。$$

解法二　原式 $=\lim\limits_{x\to\infty}\left(\dfrac{1+\dfrac{1}{x}}{1-\dfrac{1}{x}}\right)^{x+2}=\lim\limits_{x\to\infty}\dfrac{\left(1+\dfrac{1}{x}\right)^{x+2}}{\left(1-\dfrac{1}{x}\right)^{x+2}}$

$$=\lim_{x\to\infty}\frac{\left(1+\frac{1}{x}\right)^{x}\cdot\left(1+\frac{1}{x}\right)^{2}}{\left(1+\frac{1}{-x}\right)^{-x\cdot(-1)}\cdot\left(1-\frac{1}{x}\right)^{2}}$$

$$=\frac{\mathrm{e}}{\mathrm{e}^{-1}}=\mathrm{e}^{2}。$$

例 1－3－9　求 $\lim\limits_{x\to 0}(1-\tan x)^{2\cot x}$。

解　原式 $=\lim\limits_{x\to 0}[(1-\tan x)^{\frac{1}{-\tan x}}]^{-2}=\mathrm{e}^{-2}$。

习题1-3

1. 求下列函数极限:

(1) $\lim\limits_{x\to 1}\dfrac{\tan(x-1)}{x^2-1}$,

(2) $\lim\limits_{x\to \pi}\dfrac{\sin 3x}{x-\pi}$,

(3) $\lim\limits_{x\to 0}x\cot 2x$,

(4) $\lim\limits_{x\to 0}\dfrac{1-\cos 2x}{x\sin 2x}$,

(5) $\lim\limits_{x\to \infty}\left(1-\dfrac{2}{x}\right)^{x+1}$,

(6) $\lim\limits_{x\to 0}(1-x)^{\frac{1}{2x}}$,

(7) $\lim\limits_{x\to \infty}\left(\dfrac{x}{x-1}\right)^{x}$,

(8) $\lim\limits_{x\to \infty}\left(\dfrac{3-2x}{1-2x}\right)^{x}$,

(9) $\lim\limits_{x\to 1}x^{\frac{1}{x-1}}$,

(10) $\lim\limits_{x\to \infty}\left(\dfrac{x^2-1}{x^2}\right)^{x}$。

2. 已知 $\lim\limits_{x\to \infty}\left(\dfrac{x+c}{x-c}\right)^{x}=4$,求 c。

第四节 无穷小与无穷大

一、无穷小的概念及其性质

定义1 **如果当 $x\to x_0$ 或 $x\to\infty$ 时,函数 $f(x)$ 的极限为零,即 $\lim\limits_{\substack{x\to x_0\\(x\to\infty)}}f(x)=0$,则称函数 $f(x)$ 为 $x\to x_0$(或 $x\to\infty$) 时的无穷小量,简称无穷小。**

例1-4-1 由于 $\lim\limits_{x\to 1}(x-1)^2=0$,故 $(x-1)^2$ 为 $x\to 1$ 时的无穷小。

由于 $\lim\limits_{x\to\infty}\dfrac{1}{x}=0$,故 $\dfrac{1}{x}$ 为 $x\to\infty$ 时的无穷小;

由于 $\lim\limits_{x\to+\infty}\left(\dfrac{1}{2}\right)^x=0$,故 $\left(\dfrac{1}{2}\right)^x$ 为 $x\to+\infty$ 时的无穷小。

注意 (1) 无穷小是以 0 为极限的函数。

(2) 常数中只有“0”可以看成为无穷小,其他无论绝对值多么小的常数都不是无穷小,如 $10^{-1\,000}$ 虽然很小,但其极限仍是这个常数本身，所以它就不是无穷小。

(3) 无穷小是变量，必须与自变量的某一变化过程相联系。如函数 $f(x)=1-\cos x$，当 $x\to 0$ 时为无穷小，当 $x\to\frac{\pi}{2}$ 时就不是无穷小。

无穷小具有如下性质：

性质 1　有限个无穷小的代数和仍为无穷小。

性质 2　有界函数与无穷小的乘积为无穷小。

例 1-4-2　求 $\lim\limits_{x\to\infty}\frac{\sin x}{x}$。

解　因为 $\lim\limits_{x\to\infty}\frac{1}{x}=0$，即当 $x\to\infty$ 时，$\frac{1}{x}$ 是无穷小；$|\sin x|\leqslant 1$，即 $\sin x$ 是有界函数，所以根据无穷小的性质知，$\frac{1}{x}\sin x$ 仍为 $x\to\infty$ 时的无穷小，则 $\lim\limits_{x\to\infty}\frac{\sin x}{x}=0$。

推论 1　常数与无穷小的乘积仍为无穷小。

推论 2　有限个无穷小的乘积仍为无穷小。

注意　无限个无穷小的积不一定是无穷小。

二、无穷小的比较

两个无穷小的和、差及乘积仍是无穷小。但是，对于两个无穷小的商，却会出现不同的情况，例如，当 $x\to 0$ 时，$2x$、x^2、$\sin x$ 都是无穷小，而

$$\lim_{x\to 0}\frac{x^2}{2x}=0,\ \lim_{x\to 0}\frac{2x}{x^2}=\infty,\ \lim_{x\to 0}\frac{\sin x}{2x}=\frac{1}{2}。$$

两个无穷小之比的极限的各种不同情况，反映了不同的无穷小趋于零的“快慢”程度。就上面几个例子来说，在 $x\to 0$ 的过程中，$x^2\to 0$ 比 $2x\to 0$“快些”，而 $\sin x\to 0$ 与 $2x\to 0$“快慢相当”。

下面，就无穷小之比的极限的不同情况，来说明两个无穷小之间的比较。

定义 2 **设 α 和 β 都是自变量在同一变化过程中的两个无穷小，**

(1) 若 $\lim \frac{\alpha}{\beta}=0$，则称 α 是比 β 的高阶无穷小，记作 $\alpha=o(\beta)$，或 β 是比 α 的低阶无穷小；

(2) 若 $\lim \frac{\alpha}{\beta}=C$ (C 为非零常数)，则称 α 和 β 是同阶无穷小；特别地，若 $\lim \frac{\alpha}{\beta}=1$，则称 α 和 β 是等价无穷小，记作 $\alpha \sim \beta$。显然，当 $x \to 0$ 时，$\sin x \sim x$。

例 1-4-3 下列函数是当 $x\to 1$ 时的无穷小，试与 $x-1$ 相比较，哪个是高阶无穷小？哪个是同阶无穷小？哪个是等价无穷小？

(1) $2(\sqrt{x}-1)$，(2) x^3-1，(3) x^3-3x+2。

解 因为 $\lim\limits_{x\to 1}\frac{2(\sqrt{x}-1)}{x-1}=\lim\limits_{x\to 1}\frac{2}{\sqrt{x}+1}=1$；$\lim\limits_{x\to 1}\frac{x^3-1}{x-1}=\lim\limits_{x\to 1}(x^2+x+1)=3$；$\lim\limits_{x\to 1}\frac{x^3-3x+2}{x-1}=\lim\limits_{x\to 1}\frac{x^3-1-3x+3}{x-1}=\lim\limits_{x\to 1}\frac{(x-1)(x^2+x+1)-3(x-1)}{x-1}=\lim\limits_{x\to 1}(x^2+x-2)=0$。所以，当 $x\to 1$ 时，$2(\sqrt{x}-1)$ 与 $x-1$ 是等价无穷小，x^3-1 与 $x-1$ 是同阶无穷小，x^3-3x+2 是比 $x-1$ 的高阶无穷小。

等价无穷小的重要性质：**等价无穷小代换法。**

定理 1 **设 $\alpha \sim \alpha'$，$\beta \sim \beta'$，且 $\lim \frac{\alpha'}{\beta'}$ 存在，则 $\lim \frac{\alpha}{\beta}=\lim \frac{\alpha'}{\beta'}$。**

证明 因为 $\alpha \sim \alpha'$，$\beta \sim \beta'$，所以 $\lim \frac{\alpha}{\alpha'}=1$，$\lim \frac{\beta'}{\beta}=1$。

则 $\lim \frac{\alpha}{\beta}=\lim \frac{\alpha}{\alpha'}\cdot\frac{\beta'}{\beta}\cdot\frac{\alpha'}{\beta'}=\lim \frac{\alpha}{\alpha'}\cdot\lim \frac{\beta'}{\beta}\cdot\lim \frac{\alpha'}{\beta'}=\lim \frac{\alpha'}{\beta'}$。

常用的等价无穷小：当 $x\to 0$ 时，$\sin x \sim x$，$\tan x \sim x$，$e^x-1 \sim x$，$\ln(1+x) \sim x$，$1-\cos x \sim \frac{1}{2}x^2$，$\sqrt[n]{1+x}-1 \sim \frac{x}{n}$ (如 $\sqrt{1+x}-$

$1\sim\frac{x}{2}\Big)$。

常用的等价无穷小的推广形式：如果 $\lim\limits_{\substack{x\to x_0\\x\to\infty}}\varphi(x)=0$，则当 $x\to x_0(x\to\infty)$ 时，

$$\sin\varphi(x)\sim\varphi(x),\ \sin^n\varphi(x)\sim\varphi^n(x),$$
$$\tan\varphi(x)\sim\varphi(x),\ \tan^n\varphi(x)\sim\varphi^n(x),$$

$e^{\varphi(x)}-1\sim\varphi(x)$ 等，其他依此类推。

例 1-4-4　求当 $x\to0$ 时，$\sin 2x$，$\sin^2 2x$，$\sqrt[4]{1+4x}-1$ 的等价无穷小？

解　因为 $x\to0$ 时，$2x\to0$，所以 $\sin 2x\sim 2x$，$\sin^2 2x\sim 4x^2$。

因为 $x\to0$ 时，$4x\to0$，所以 $\sqrt[4]{1+4x}-1\sim x$。

例 1-4-5　求 $\lim\limits_{x\to0}\frac{\sin 3x}{\tan 2x}$。

解　因为 $x\to0$ 时，$\sin 3x\sim 3x$，$\tan 2x\sim 2x$

所以 $\lim\limits_{x\to0}\frac{\sin 3x}{\tan 2x}=\lim\limits_{x\to0}\frac{3x}{2x}=\frac{3}{2}$。

例 1-4-6　求 $\lim\limits_{x\to0}\frac{(1+x^2)^{\frac{1}{3}}-1}{\cos 2x-1}$。

解　因为 $x\to0$ 时，$(1+x^2)^{\frac{1}{3}}-1\sim\frac{x^2}{3}$，$\cos 2x-1\sim-2x^2$。

所以 $\lim\limits_{x\to0}\frac{(1+x^2)^{\frac{1}{3}}-1}{\cos 2x-1}=\lim\limits_{x\to0}\frac{\frac{x^2}{3}}{-2x^2}=-\frac{1}{6}$。

例 1-4-7　求 $\lim\limits_{x\to0}\frac{\tan x-\sin x}{\sin^3 x}$。

错误解法　$\lim\limits_{x\to0}\frac{\tan x-\sin x}{\sin^3 x}=\lim\limits_{x\to0}\frac{x-x}{\sin^3 x}=0$。

注意　等价无穷小代换法强调的是"无穷小因子"代换（和、差不能等价代换）。

解　原式 $=\lim\limits_{x\to0}\frac{\frac{\sin x}{\cos x}-\sin x}{\sin^3 x}=\lim\limits_{x\to0}\frac{1-\cos x}{\sin^2 x\cos x}=\lim\limits_{x\to0}\frac{\frac{1}{2}x^2}{x^2\cos x}=$

$\frac{1}{2}\lim\limits_{x\to 0}\frac{1}{\cos x}=\frac{1}{2}$。

三、无穷小与函数极限的关系

定理 2 在自变量 x 的某一变化过程中，函数 $f(x)$ 的极限为 A 的充要条件是 $f(x)$ 可以表示成 A 与一个同一变化过程中的无穷小量 $\alpha(x)$ 之和，即 $\lim\limits_{\substack{x\to x_0\\(x\to\infty)}}f(x)=A\Leftrightarrow f(x)=A+\alpha(x)$，其中 $\alpha(x)$ 为 $x\to x_0$ 或 $x\to\infty$ 时的无穷小。

四、无穷小与无穷大的关系

定义 3 在自变量 x 的某一变化过程中，函数 $f(x)$ 的绝对值无限增大，则称函数 $f(x)$ 为自变量 x 在该变化过程中的无穷大量，简称无穷大，记作 $\lim\limits_{\substack{x\to x_0\\(x\to\infty)}}f(x)=\infty$。

当 $x\to 0$ 时，$\left|\frac{1}{x}\right|$ 无限增大，所以 $\frac{1}{x}$ 是当 $x\to 0$ 时的无穷大，记作 $\lim\limits_{x\to 0}\frac{1}{x}=\infty$。

当 $x\to\infty$ 时，x^2 总取正值且无限增大，所以 x^2 是当 $x\to\infty$ 时的无穷大，记作 $\lim\limits_{x\to\infty}x^2=+\infty$。

当 $x\to 0^+$ 时，$\ln x$ 取负值而绝对值无限增大，所以 $\ln x$ 是当 $x\to 0^+$ 时的无穷大，记作 $\lim\limits_{x\to 0^+}\ln x=-\infty$。

易知当 $x\to+\infty$ 时，x, x^2, e^x 都是无穷大，而当 $x\to+\infty$ 时，$\frac{1}{x}$, $\frac{1}{x^2}$, $\frac{1}{\mathrm{e}^x}$ 都是无穷小。因此，我们可以得到无穷小与无穷大的关系：

如果函数 $f(x)$ 在自变量的某一变化过程中为无穷大，则在同一变化过程中 $\frac{1}{f(x)}$ 是无穷小；反之，在自变量的某一变化过程中，如果 $f(x)$ 为无穷小，且 $f(x)\neq 0$，则在同一变化过程中 $\frac{1}{f(x)}$ 是无

穷大。

习题1-4

1. 指出下列函数中，哪些是无穷小，哪些是无穷大：

(1) $x\sin 3x$，当 $x \to 0$ 时；　　(2) $\ln|x|$，当 $x \to 0$ 时；

(3) $e^x + \dfrac{2}{x^2}$，当 $x \to -\infty$ 时；　　(4) $\dfrac{1}{\sqrt{x+1}-1}$，当 $x \to 0$ 时。

2. 当 $x \to 0$ 时，$2x-x^2$ 与 x^2-x^3 哪一个是高阶无穷小。

3. 当 $x \to 1$ 时，$1-x$ 与下列函数是否同阶？如同阶，是否等价？

(1) $1-x^3$；　　(2) $\dfrac{1}{2}(1-x^2)$。

4. 求下列极限：

(1) $\lim\limits_{x\to 0} x^2\sin\dfrac{1}{x}$；　　(2) $\lim\limits_{x\to\infty}\dfrac{\arctan x}{x}$；

(3) $\lim\limits_{x\to 0}\dfrac{\tan 3x}{2x}$；　　(4) $\lim\limits_{x\to 0}\dfrac{\sin(x^n)}{(\sin x)^m}$；

(5) $\lim\limits_{x\to 0}\dfrac{\sec x-1}{x^2}$；

(6) $\lim\limits_{x\to 0}\dfrac{\sin x-\tan x}{(\sqrt[3]{1+x^2}-1)(\sqrt{1+\sin x}-1)}$。

5. 设 $x \to \infty$ 时，函数 $f(x)$ 与 $\dfrac{1}{x}$ 是等价无穷小，求 $\lim\limits_{x\to\infty} 2x f(x)$。

6. 已知 $x \to 0$ 时，$(\sqrt{1+ax^2}-1)$ 与 $\sin^2 x$ 是等价无穷小，求常数 a 的值。

第五节　函数的连续性

在许多实际问题中，变量的变化往往是连续不断的。例如，气温的变化、植物的生长等，其特点是时间变化很小时，这些变量的变化也很小。变量的这种变化现象体现在函数关系上，就是函数的连续性。本节将用极限来定义函数的连续性。

一、函数在一点连续的概念

设变量 u 从初值 u_1 变到终值 u_2,则终值 u_2 与初值 u_1 的差 u_2-u_1 称为变量 u 的**增量**,记作 Δu,即 $\Delta u=u_2-u_1$。

变量 u 的增量 Δu 可以是正的,也可以是负的。当 Δu 为正时,变量 u 是增加的;当 Δu 为负时,变量 u 是减少的。

设函数 $f(x)$ 在 $U(x_0,\delta)$ 内有定义,当自变量 x 在该邻域内从 x_0 变到 $x_0+\Delta x$(即 x 在 x_0 处有增量 Δx)时,函数 $y=f(x)$ 相应地从 $f(x_0)$ 变到 $f(x_0+\Delta x)$,则函数 y 相应的增量为 $\Delta y=f(x_0+\Delta x)-f(x_0)$。

函数增量 Δy 的几何解释如图 1-11 所示。

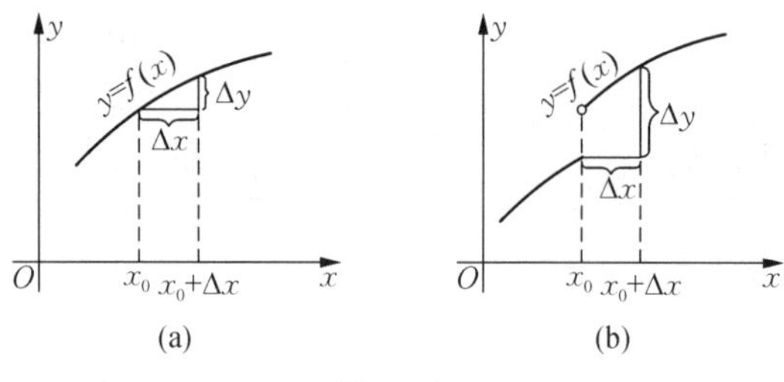

图 1-11

在图 1-11(a)中,$\Delta x\to 0$ 时,$\Delta y\to 0$;在图 1-11(b) 中,$\Delta x\to 0$ 时,Δy 不能 $\to 0$。

例 1-5-1 已知函数 $y=x^2+3$,当自变量 x 有下列变化时,求相应的函数增量 Δy。

(1) x 从 -1 变到 1;

(2) x 从 1 变到 0;

(3) x 从 1 变到 $1+\Delta x$。

解 (1) $\Delta y=f(1)-f(-1)=(1^2+3)-[(-1)^2+3]=0$;

(2) $\Delta y=f(0)-f(1)=(0^2+3)-(1^2+3)=-1$;

(3) $\Delta y=f(1+\Delta x)-f(1)=[(1+\Delta x)^2+3]-(1^2+3)=\Delta x(2+\Delta x)$。

定义 1　**设函数 $y=f(x)$ 在点 x_0 的某个邻域内有定义，如果当自变量的改变量 $\Delta x=x-x_0$ 趋于零时，相应地函数的增量 $\Delta y=f(x_0+\Delta x)-f(x_0)$ 也趋于零，即 $\lim\limits_{\Delta x\to 0}\Delta y=0$，则称函数 $f(x)$ 在点 x_0 处连续，并称 x_0 为函数的连续点。**

例 1-5-2　设 $f(x)=x^2+2$，证明 $f(x)$ 在点 $x=1$ 处连续。

证明　因为函数 $y=x^2+2$ 的定义域是 $(-\infty,+\infty)$，函数 $f(x)=x^2+2$ 在 $x=1$ 的邻域内有定义，设自变量 x 在点 $x=1$ 处有增量 Δx，则相应地函数 y 的增量为

$$\begin{aligned}\Delta y&=f(1+\Delta x)-f(1)=[(1+\Delta x)^2+2]-(1^2+2)\\&=2\Delta x+(\Delta x)^2\end{aligned}$$

且
$$\lim_{\Delta x\to 0}\Delta y=\lim_{\Delta x\to 0}[2\Delta x+(\Delta x)^2]=0,$$

所以由定义 1 知函数 $y=x^2+2$ 在点 $x=1$ 处连续。

例 1-5-3　证明 $y=\sin x$ 在其定义域内是连续的。

分析　要证 $y=\sin x$ 在其定义域内是连续的，即证 $y=\sin x$ 在其定义域内任意一点处都是连续的。

证明　函数 $y=\sin x$ 的定义域为 $(-\infty,+\infty)$，设 x 为 $(-\infty,+\infty)$ 上任意一点。

当 x 有增量 Δx 时，对应的函数增量

$$\Delta y=\sin(x+\Delta x)-\sin x=2\cos\left(x+\frac{\Delta x}{2}\right)\sin\frac{\Delta x}{2}。$$

因为 $\left|2\cos\left(x+\dfrac{\Delta x}{2}\right)\right|\leqslant 2$，而当 $\Delta x\to 0$ 时，$\sin\dfrac{\Delta x}{2}\to 0$，即 $\sin\dfrac{\Delta x}{2}$ 为 $\Delta x\to 0$ 时的无穷小，由无穷小的基本性质 2，得 $\lim\limits_{\Delta x\to 0}\Delta y=0$，所以函数 $y=\sin x$ 在点 x 处连续，而 x 是 $(-\infty,+\infty)$ 内任意一点，所以函数 $y=\sin x$ 在 $(-\infty,+\infty)$ 内是连续的。

为了应用方便起见，下面把函数 $y=f(x)$ 在点 x_0 处连续的定义用不同的方法来叙述。

在定义 1 中，令 $x = x_0 + \Delta x$，则当 $\Delta x \to 0$ 时，$x \to x_0$，此时 $\lim\limits_{\Delta x \to 0}\Delta y = \lim\limits_{\Delta x \to 0}[f(x_0 + \Delta x) - f(x_0)] = \lim\limits_{x \to x_0}[f(x) - f(x_0)] = 0$，即 $\lim\limits_{x \to x_0} f(x) = f(x_0)$。

所以，函数 $y = f(x)$ 在点 x_0 处连续的定义又可叙述如下：

定义 2 **设函数 $y = f(x)$ 在点 x_0 的某个邻域内有定义，如果当 $x \to x_0$ 时函数 $f(x)$ 的极限存在，且等于它在点 x_0 处的函数值 $f(x_0)$，即 $\lim\limits_{x \to x_0} f(x) = f(x_0)$，则称函数 $f(x)$ 在点 x_0 处连续。**

下面用定义 2 证明例 2。

证明　因为 $\lim\limits_{x \to 1}(x^2 + 2) = 1^2 + 2 = 3 = f(1)$，所以 $f(x) = x^2 + 2$ 在 $x = 1$ 处连续。

很明显用定义 2 比用定义 1 的证明过程更简洁。

二、左连续、右连续

定义 3 **若函数 $y = f(x)$ 在$(x_0 - \delta, x_0]$ $(\delta > 0)$ 有定义，且 $\lim\limits_{x \to x_0^-} f(x) = f(x_0)$，则函数 $y = f(x)$ 在 x_0 处左连续。**

定义 4 **若函数 $y = f(x)$ 在$[x_0, x_0 + \delta)$ $(\delta > 0)$ 有定义，且 $\lim\limits_{x \to x_0^+} f(x) = f(x_0)$，称函数 $y = f(x)$ 在 x_0 处右连续。**

显然，函数 $y = f(x)$ 在点 x_0 处连续的充要条件是函数在该点既是左连续，又是右连续。

例 1-5-4 讨论函数 $f(x) = \begin{cases} x^2 - 1, & -1 \leqslant x < 0 \\ x, & 0 \leqslant x < 1 \\ 2 - x, & 1 \leqslant x \leqslant 2 \end{cases}$，在点 $x = 0$，$x = 1$ 处的连续性。

解　在 $x = 0$ 处，$f(x)$ 有定义，且 $f(0) = 0$

因为 $\lim\limits_{x \to 0^-} f(x) = \lim\limits_{x \to 0^-}(x^2 - 1) = -1 \neq f(0)$，所以 $f(x)$ 在 $x = 0$ 处左不连续；

因为 $\lim\limits_{x \to 0^+} f(x) = \lim\limits_{x \to 0^+} x = 0 = f(0)$，所以 $f(x)$ 在 $x = 0$ 处右

连续。

因此，根据上述函数 $y=f(x)$ 在点 x_0 处连续的充要条件知，函数 $f(x)$ 在 $x=0$ 处不连续。

在 $x=1$ 处，$f(x)$ 有定义，且 $f(1)=1$，

因为 $\lim\limits_{x\to 1^-}f(x)=\lim\limits_{x\to 1^-}x=1=f(1)$，所以 $f(x)$ 在 $x=1$ 处左连续；

因为 $\lim\limits_{x\to 1^+}f(x)=\lim\limits_{x\to 1^+}(2-x)=1=f(1)$，所以 $f(x)$ 在 $x=1$ 处右连续。

因此，根据上述函数 $y=f(x)$ 在点 x_0 处连续的充要条件知，函数 $f(x)$ 在 $x=1$ 处连续。

三、函数的间断点

定义 5　**若函数 $f(x)$ 在点 x_0 处有下列三种情形之一：**

(1) 函数 $f(x)$ 在 $x=x_0$ 处没有定义；

(2) 函数 $f(x)$ 在 $x=x_0$ 处有定义，但 $\lim\limits_{x\to x_0}f(x)$ 不存在；

(3) 函数 $f(x)$ 在 $x=x_0$ 处有定义，且 $\lim\limits_{x\to x_0}f(x)$ 存在，但 $\lim\limits_{x\to x_0}f(x)\neq f(x_0)$。则称函数 $f(x)$ 在点 x_0 处不连续或间断，点 x_0 称为函数 $f(x)$ 的不连续点或间断点。

例 1-5-5　求函数 $f(x)=\dfrac{x^2-1}{x^2+x-2}$ 的间断点。

解　当 $x^2+x-2=0$ 时，$x=-2$，$x=1$。

因为 $f(x)$ 在 $x=-2$ 和 $x=1$ 处没有定义，所以函数在 $x=-2$ 和 $x=1$ 处不连续，$x=-2$ 和 $x=1$ 是函数的间断点。

考察(见图 1-12)所示的四个函数及其图像，并分析这四个函数在 $x=1$ 处的连续性。

从四个函数图像可以看出，这四个函数在点 $x=1$ 处的都是不连续的或间断的，点 $x=1$ 都是这四个函数的间断点，但是从图像上可以明显地看出，它们的类型不同。下面我们对间断点进行分类。

如果 x_0 是函数 $f(x)$ 的间断点，左、右极限都存在，那么 x_0 称为

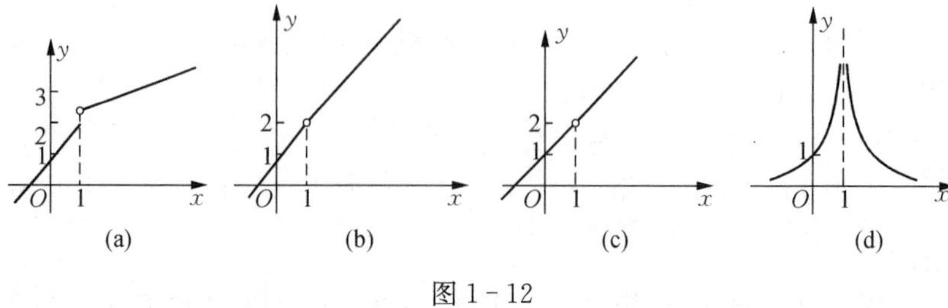

图 1-12

(a) $f_1(x)=\begin{cases}x+1, & x\leqslant 1\\ \dfrac{x}{2}+2, & x>1\end{cases}$ (b) $f_2(x)=\dfrac{x^2-1}{x-1}$ (c) $f_3(x)=\begin{cases}x+1, & x\neq 1\\ 1, & x=1\end{cases}$ (d) $f_4(x)=\dfrac{1}{(1-x)^2}$

函数 $f(x)$ 的第一类间断点;不是第一类间断点的间断点,称为第二类间断点。在第一类间断点中,左、右极限相等的间断点称为可去间断点,左、右极限不相等的间断点称为跳跃间断点。在第二类间断点中,如果左、右极限中至少有一个为无穷大的间断点称为无穷间断点。

根据上述间断点分类的方法,图 1-12(a)中 $x=1$ 是第一类间断点,且是跳跃间断点;图 1-12(b),(c)中 $x=1$ 是第一类间断点,且是可去间断点;图 1-12(d)中 $x=1$ 为第二类间断点,且是无穷间断点。

此外,第二类间断点中,还有振荡间断点,如函数 $y=\sin\dfrac{1}{x}$ 在 $x=0$ 处(见图 1-13):

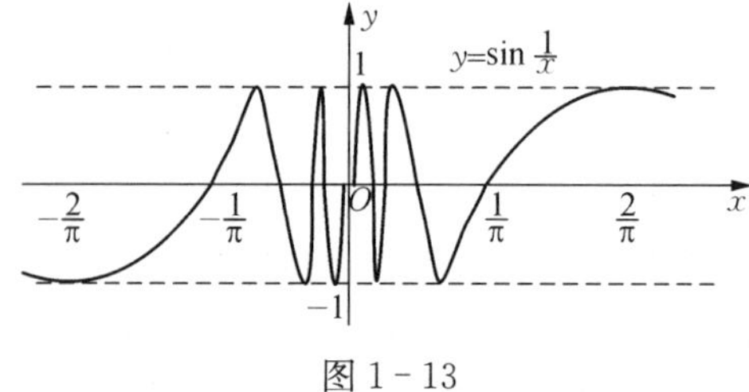

图 1-13

例 1-5-6　求函数 $f(x)=\begin{cases}x^2, & x\leqslant 0\\ x+1, & x>0\end{cases}$ 的间断点，并指出其类型。

解　在 $x=0$ 处有定义，且 $f(0)=0$，

因为 $\lim\limits_{x\to 0^+}f(x)=\lim\limits_{x\to 0^+}(x+1)=1$，$\lim\limits_{x\to 0^-}f(x)=\lim\limits_{x\to 0^-}x^2=0$，函数 $f(x)$ 在 $x=0$ 处左、右极限存在但不相等，所以 $\lim\limits_{x\to 0}f(x)$ 极限不存在，则 $x=0$ 是函数的第一类间断点，且是跳跃间断点。

四、初等函数的连续性

如果函数 $f(x)$ 在一个区间内的每一点都是连续的，则称函数 $f(x)$ 在该区间上是连续的，该区间称为函数 $f(x)$ 的连续区间。

我们不加证明地给出如下重要事实：

基本初等函数在其定义域内都是连续的。

两个连续函数经过四则运算和复合运算后仍然连续。

于是，由初等函数的定义，以及上面的两个事实，我们可以得到下面重要的结论：

定理 1　一切初等函数在其定义区间内都是连续的。

利用定理 1，可以利用初等函数连续性求函数极限。

例 1-5-7　求 $\lim\limits_{x\to 1}(x^3-2x^2+3)$。

解　设 $f(x)=x^3-2x^2+3$，因为 $f(1)=1^3-2\times 1^2+3=2$ 存在，所以 $\lim\limits_{x\to 1}(x^3-2x^2+3)=f(1)=2$。

例 1-5-8　求 $\lim\limits_{x\to 2}\dfrac{x-3}{x^2-x+1}$。

解　$\lim\limits_{x\to 2}\dfrac{x-3}{x^2-x+1}=\dfrac{2-3}{2^2-2+1}=-\dfrac{1}{3}$。

例 1-5-9　求 $\lim\limits_{x\to 0}\cos x$。

解　$\lim\limits_{x\to 0}\cos x=\cos 0=1$。

注意　当求 $\lim\limits_{x\to x_0}f(x)$ 时，如果 $f(x_0)$ 不存在，那么就需要寻找其他方法求函数极限。

另外,在计算 $\lim\limits_{x\to\square}f(g(x))$ 时,其中 $y=f(g(x))$ 可以分解为 $y=f(u)$, $u=g(x)$,如果$\lim\limits_{x\to\square}g(x)=u_0$,且 $f(u)$ 在点 u_0 处连续,则函数符号 f 与极限符号 lim 可以交换,即$\lim\limits_{x\to\square}f(g(x))=f(\lim\limits_{x\to\square}g(x))=f(u_0)$(其中 $x\to\square$ 表示 $x\to x_0$ 或 $x\to\infty$)。

例 1-5-10 求 $\lim\limits_{x\to\infty}e^{\frac{1}{x}}$。

解 设 $f(x)=e^{\frac{1}{x}}$, $f(u)=e^u$, $u=\dfrac{1}{x}$,

因为 $\lim\limits_{x\to\infty}\dfrac{1}{x}=0$,且 $f(u)=e^u$ 在点 $u=0$ 处连续,所以$\lim\limits_{x\to\infty}e^{\frac{1}{x}}=e^{\lim\limits_{x\to\infty}\frac{1}{x}}=e^0=1$。

例 1-5-11 求 $\lim\limits_{x\to0}\dfrac{\ln(1+x)}{x}$。

解 $\lim\limits_{x\to0}\dfrac{\ln(1+x)}{x}=\lim\limits_{x\to0}\ln(1+x)^{\frac{1}{x}}=\ln\lim\limits_{x\to0}(1+x)^{\frac{1}{x}}=\ln e=1$。

这样,求初等函数的连续区间就是求初等函数的定义区间,而关于分段函数的连续性,除了考虑每一分段区间内的连续性外,还要讨论分段点处的连续性。

例 1-5-12 求下列函数的连续区间和间断点,并指出间断点的类型:

(1) $f(x)=\dfrac{x^2-x-2}{x^2-3x+2}$, (2) $f(x)=\begin{cases}e^x, & x\leqslant0\\ x^2-1, & 0<x\leqslant1\\ \dfrac{1}{2}x-\dfrac{1}{2}, & x>1\end{cases}$。

解 (1) 定义域为 $(-\infty,1)\cup(1,2)\cup(2,+\infty)$,其连续区间为 $(-\infty,1)\cup(1,2)\cup(2,+\infty)$, $x=1$ 和 $x=2$ 是它的两个间断点。

因为 $\lim\limits_{x\to1}f(x)=\lim\limits_{x\to1}\dfrac{(x-2)(x+1)}{(x-2)(x-1)}=\lim\limits_{x\to1}\dfrac{(x+1)}{(x-1)}=\infty$,所以 $x=1$ 是第二类间断点,且是无穷间断点。

因为 $\lim\limits_{x\to2}f(x)=\lim\limits_{x\to2}\dfrac{(x-2)(x+1)}{(x-2)(x-1)}=\lim\limits_{x\to2}\dfrac{(x+1)}{(x-1)}=3$,所以

$x=2$ 是第一类间断点，且是可去间断点。

(2) 显然，$f(x)$在分段区间内连续，只要考察其在分段点处的连续性。

$\lim\limits_{x\to0^-}f(x)=\lim\limits_{x\to0^-}e^x=1=f(0)$，$\lim\limits_{x\to0^+}f(x)=\lim\limits_{x\to0^+}(x^2-1)=-1\neq f(0)$，左、右极限都存在，但不相等，所以 $x=0$ 是第一类间断点，且是跳跃间断点。

$\lim\limits_{x\to1^-}f(x)=\lim\limits_{x\to1^-}(x^2-1)=0=f(1)$，$\lim\limits_{x\to1^+}f(x)=\lim\limits_{x\to1^+}\left(\frac{1}{2}x-\frac{1}{2}\right)=0=f(1)$，左、右极限都存在，且等于函数值，所以 $x=1$ 是连续点，故函数 $f(x)$ 的连续区间是$(-\infty, 0)\cup(0, +\infty)$。

五、闭区间上连续函数的性质

如果函数 $f(x)$在开区间(a, b)内连续，在右端点 b 处左连续，在左端点 a 处右连续，那么函数 $f(x)$在闭区间$[a, b]$上连续。在闭区间上连续的函数有几个重要的性质，其证明从略。

1. 函数的最大值和最小值定理

定理 2　(最大值、最小值定理)若函数在闭区间上连续，则函数在该区间上必然存在最大值与最小值。

如图 1-14 所示，函数 $f(x)$在闭区间$[a, b]$上连续，则在闭区间$[a, b]$上至少存在一点 ξ_1，使得 $f(\xi_1)$是函数 $f(x)$在区间$[a, b]$上的最小值，即对一切 $x\in[a, b]$，均有 $f(\xi_1)\leqslant f(x)$ 成立；同样，也至少有一点 $\xi_2\in[a, b]$，使得 $f(\xi_2)$ 是函数 $f(x)$ 在区间$[a, b]$ 上的最大值，即对一切 $x\in[a, b]$，均有 $f(\xi_2)\geqslant f(x)$ 成立。

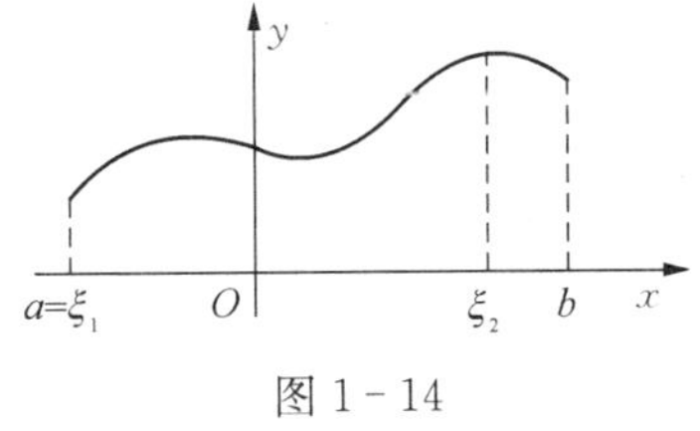

图 1-14

注意　如果函数在开区间内连续，或函数在闭区间上有间断点，那么函数在该区间上不一定有最大值或最小值。

例如,函数 $y=\tan x$ 在开区间$\left(-\frac{\pi}{2}, \frac{\pi}{2}\right)$内是连续的,但它在开区间$\left(-\frac{\pi}{2}, \frac{\pi}{2}\right)$内既无最大值又无最小值;又如,函数 $f(x)=\begin{cases}-(x+1), & -1\leqslant x<0\\ 0, & x=0\\ 1-x, & 0<x\leqslant 1\end{cases}$ 在闭区间$[-1, 1]$上有间断点 $x=0$,这函数 $f(x)$ 在闭区间$[-1, 1]$上既无最大值又无最小值。函数图像如图 1-15 所示:

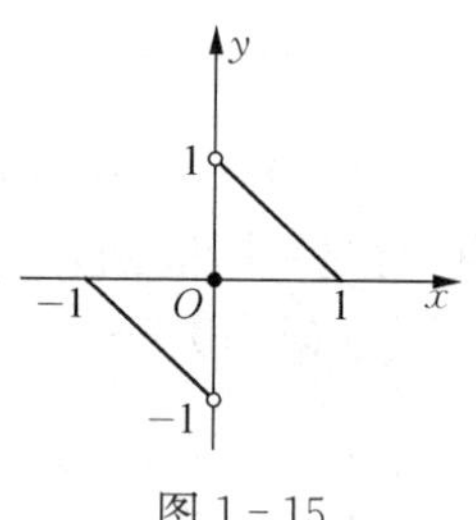

图 1-15

2. 零点定理与介值定理

如果存在实数 x_0 使 $f(x_0)=0$,则 x_0 称为函数 $f(x)$的零点。

定理 3 (零点定理)设函数 $f(x)$在闭区间$[a, b]$上连续,且 $f(a)\cdot f(b)<0$,则至少有一点 $\xi\in(a, b)$,使得 $f(\xi)=0$。

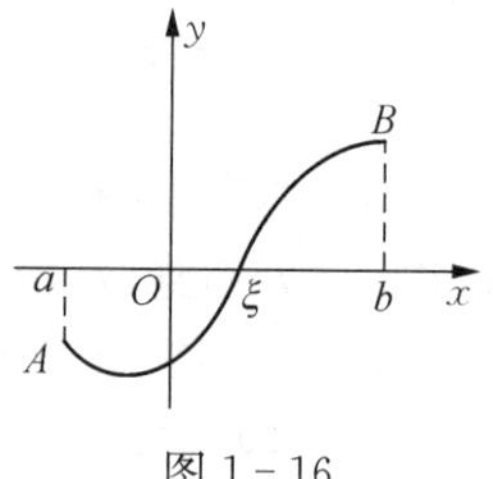

图 1-16

从几何上看(见图 1-16),如果连续曲线的两个端点位于 x 轴的不同侧,那么这段曲弧与 x 轴至少有一个交点。

例 1-5-13 证明方程 $x=2\sin x+1$ 至少有一个小于 3 的正根。

证明 设 $f(x)=x-2\sin x-1$,显然 $f(x)$ 在$[0, 3]$上连续,且 $f(0)=-1<0$, $f(3)=2-2\sin 3>0$。

由零点定理知,至少有一点 $\xi\in(0, 3)$,使得 $f(\xi)=0$

即 $\xi=2\sin\xi+1$,所以方程 $x=2\sin x+1$ 至少有一个小于 3 的正根。

由定理 2 立即可推得下列较一般性的定理。

定理 4(介值定理) 设函数 $f(x)$在闭区间$[a, b]$上连续,且在该区间的端点取不同的函数值 $f(a)=A$ 及 $f(b)=B$,那么,对于 A 与

B之间的任意一个数C,在开区间(a, b)内至少有一点ξ,使得$f(\xi)=C(a<\xi<b)$。

定理4的几何意义是:连续曲线弧$y=f(x)$与水平直线$y=C$至少相交于一点(见图1-17)。

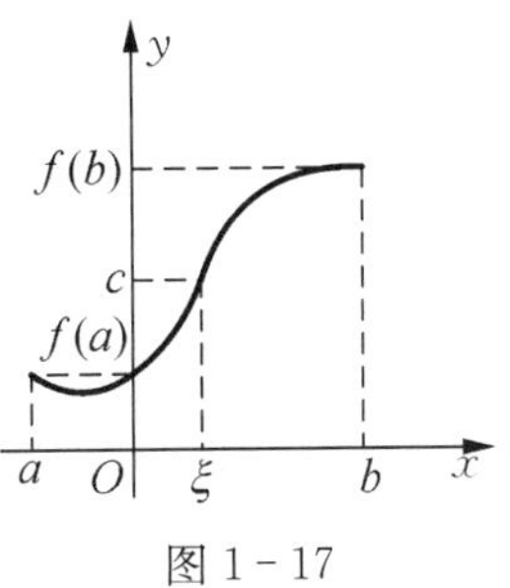

图1-17

推论　闭区间上的连续函数必取得最大值与最小值之间的任何值。

习题1-5

1. 求下列函数极限:

(1) $\lim\limits_{x\to 0}\sqrt{x^3-5x+9}$;　　(2) $\lim\limits_{\alpha\to\frac{\pi}{6}}(\sin 2\alpha)^2$;

(3) $\lim\limits_{x\to 1}\dfrac{\sqrt{5x-4}-\sqrt{x}}{x-1}$;　　(4) $\lim\limits_{x\to\alpha}\dfrac{\sin x-\sin\alpha}{x-\alpha}$;

(5) $\lim\limits_{x\to 0}\ln\dfrac{\sin x}{x}$;　　(6) $\lim\limits_{x\to 0}(1+2x)^{\frac{3}{\sin x}}$。

2. 求下列函数的连续区间和间断点,并指出其间断点类型:

(1) $y=\dfrac{x^2-1}{x^2-5x+4}$;　　(2) $y=\dfrac{1}{(x+1)^2}$;

(3) $y=\dfrac{e^{\frac{1}{x}}-1}{e^{\frac{1}{x}}+1}$;　　(4) $f(x)=\begin{cases}\dfrac{\sin 3x}{2x}, & x>0\\ 3x+1, & x\leqslant 0\end{cases}$。

3. 设 $f(x)=\begin{cases}x+1, & x<-1\\ x, & -1\leqslant x\leqslant 1\\ (x-2)^2, & x>1\end{cases}$,讨论其连续性,并求出其连续区间。

4. 设 $f(x)=\begin{cases}e^x, & x<0\\ a+x, & x\geqslant 0\end{cases}$,当$a$取什么值时,$f(x)$成为在$(-\infty,+\infty)$内的连续函数。

5. 证明方程 $\sin x+x+1=0$ 在开区间$\left(-\dfrac{\pi}{2},\dfrac{\pi}{2}\right)$内至少有一根。

第六节　应用举例

例1-6-1　某厂要建造一个容积为 V_0 的无盖圆柱形容器，试建立其表面积与底半径之间的函数关系。

解　设该圆柱形容器的底半径为 r，高为 h，表面积为 S，

则有

$$S = S_{侧} + S_{底} = 2\pi rh + \pi r^2$$

因容积 V_0 一定，且　$V_0 = \pi r^2 h$

即 $h = \dfrac{V_0}{\pi r^2}$，因此　$S = \pi r^2 + \dfrac{2V_0}{r}$。

这就是所求的无盖圆柱形容器表面积 S 与底面积 r 之间的函数关系，显然，其定义域为$(0, +\infty)$。

由这个例子可以看出，建立函数关系时首先应根据题意弄清哪些是常量，哪些是变量，哪个是自变量，哪个是因变量，然后根据题意建立要求的函数关系，最后指出该函数的定义域。

例1-6-2　设北京到某地的行李费按如下规定收费，当行李不超过 50 kg 时，按基本运费 0.3 元/kg 计算；当超过 50 kg 时，超过部分按 0.45 元/kg 收费，试求北京到该地的行李费与行李量之间的函数关系。

解　设行李量为 x(kg)，北京到该地的行李费 y(元)，

根据题意知，当 $0 \leqslant x \leqslant 50$ 时，$y = 0.3x$，

当 $x > 50$ 时，$y = 0.3 \times 50 + 0.45(x - 50) = 0.45x - 7.5$，

所以

$$y = \begin{cases} 0.3x, & 0 \leqslant x \leqslant 50 \\ 0.45x - 7.5, & x > 50 \end{cases}。$$

例1-6-3　当 X 射线经过机体组织或别的物质时，它的能量要被吸收一部分。设原来的强度为 I_0，经过单位厚度的物质时有 $p\%$ 被吸收，试问经过 d 单位厚度的物质后，剩下的强度 I 等于多少？

解 先按单位厚度来考虑。X 射线开始的强度为 I_0,经过一个单位厚度后,由于被吸收了 $I_0 \cdot p\%$,故剩下的强度为 $I_0 - I_0 \cdot p\% = I_0(1-p\%)$ 这也就是 X 射线开始进入第二个单位厚度的强度,由于经过第二个单位厚度又要吸收 $p\%$ 即吸收 $I_0(1-p\%)\cdot p\%$,故剩下的强度为 $I_0(1-p\%) - I_0(1-p\%)\cdot p\% = I_0(1-p\%)^2$ 依此类推,经过 d 个单位厚度后,剩下的强度为 $I_0(1-p\%)^d$ 这实际上只是所求 I 值的近似值,即 $I \approx I_0(1-p\%)^d$。

原因在于上述的解题方法是把吸收过程看做是经过一个一个单位厚度跳跃式地进行的,而实际吸收过程是连续进行的。那么为了更接近于实际,计算出 I 的准确值,采用下面的一般化的方法来解决此问题。

将每个单位厚度分成 n 等份,然后按 $\frac{1}{n}$ 单位厚度去计算,于是经过 d 单位厚度后剩下的强度为 $I_0\left(1-p\%\cdot\frac{1}{n}\right)^{nd}$。

为清楚起见,令 $\mu = p\%$,将上式改写成 $I_0\left(1-\frac{\mu}{n}\right)^{nd} = I_0\left[\left(1-\frac{\mu}{n}\right)^{-\frac{n}{\mu}}\right]^{-\mu d}$,

令 $n\to\infty$,对上式求极限,若这个极限存在,则此极限值即为 I 的准确值。由重要极限知

$$\lim_{n\to\infty} I_0\left[\left(1-\frac{\mu}{n}\right)^{-\frac{n}{\mu}}\right]^{-\mu d} = I_0 e^{-\mu d}。$$

即 $I = I_0 e^{-\mu d}$ 这就是 X 射线的吸收规律,μ 称为吸收系数。

习题 1-6

1. 拟建一个容积为 V 的长方体水池,设它的底为正方形,如果池底所用材料单位面积的造价是四周单位面积造价的 3 倍,试将总造价表示成底边长的函数,并确定此函数的定义域。

2. 梯形 $ABCD$ 内接于半径为 R 的半圆,其下底为半圆直径,上底长

为 x,试将梯形面积 S 表示成 x 的函数。

3. 设一矩形的周长为 $2p$,现绕其一边旋转一周生成一圆柱体,求圆柱体体积 V 底半径 x 的函数关系。

自测题1

一、单项选择题:

1. 函数 $y=(1+x)^0-\dfrac{\sqrt{1+x}}{x}$ 的定义域是( )。

A. $\{x \mid x \leqslant -1\}$; B. $\{x \mid x \geqslant -1\}$;

C. $\{x \mid x \geqslant -1$,且 $x \neq 0\}$; D. $\{x \mid x > -1$,且 $x \neq 0\}$。

2. 已知 $f(x)$ 是偶函数,定义域为 $(-\infty, +\infty)$,且在 $[0, +\infty)$ 上是减函数,设 $P=a^2-a+1\ (a \in \mathbf{R})$,则( )。

A. $f\left(-\dfrac{3}{4}\right) > f(P)$; B. $f\left(-\dfrac{3}{4}\right) < f(P)$;

C. $f\left(-\dfrac{3}{4}\right) \geqslant f(P)$; D. $f\left(-\dfrac{3}{4}\right) \leqslant f(P)$。

3. 当 $x \to 0$ 时,下列为无穷小量的是( )。

A. 2^x; B. $\sin\dfrac{1}{x}$;

C. $\dfrac{\sin x}{x}$; D. $(x^2+x)\sin\dfrac{1}{x}$。

4. 极限 $\lim\limits_{x\to\infty}\left(1+\dfrac{a}{x}\right)^{bx+d}$ 等于( )。

A. e; B. e^b; C. e^{ab}; D. e^{ab+d}。

5. 设 $f(x)$ 在点 x_0 连续,则下面命题正确的是( )。

A. $\lim\limits_{x\to x_0} f(x)$ 可能不存在;

B. $\lim\limits_{x\to x_0} f(x)$ 必定存在,但不一定等于 $f(x_0)$;

C. $\lim\limits_{x\to x_0} f(x)$ 必定存在,且等于 $f(x_0)$;

D. $f(x_0)$ 可能不存在。

6. 当 $x \to 0$ 时,$x^2-\sin x$ 是关于 x 的( )。

A．高阶无穷小；　　B．同阶但不是等价无穷小；

C．低阶无穷小；　　D．等价无穷小。

7. 若 $\lim\limits_{x\to 0}\dfrac{f\left(\dfrac{x}{2}\right)}{x}=\dfrac{1}{2}$，则 $\lim\limits_{x\to 0}\dfrac{x}{f\left(\dfrac{x}{3}\right)}$ 等于(　　)。

A．$\dfrac{1}{2}$；　　B．2；　　C．3；　　D．$\dfrac{1}{3}$。

二、填空题：

1. 设 $f(x+1)=x^2+x$，则 $f\left(\dfrac{1}{x}\right)=$ ________。

2. 函数 $y=\dfrac{\cos x}{1-\sin x}$ 的最小正周期为________。

3. 设 $f(x)=\begin{cases}(1-x)^{\frac{3}{x}}, & x\neq 0\\ k, & x=0\end{cases}$ 在 $x=0$ 处连续，则 $k=$ ________。

4. 函数 $f(x)=\dfrac{\sin(x-1)}{|x-1|}$ 的间断点为________，其类型为________。

5. 已知 $x\to 0$ 时，$a(1-\cos x)$ 与 $x\sin x$ 是等价无穷小，则 $a=$ ________。

三、求下列极限：

1. $\lim\limits_{n\to+\infty}\left(1+\dfrac{1}{2}+\dfrac{1}{4}+\cdots+\dfrac{1}{2^n}\right)$；

2. $\lim\limits_{x\to+\infty}\left(\dfrac{4x^2}{1-x^2}+2^{\frac{1}{x}}+2^{-x}\right)$；

3. $\lim\limits_{x\to 0}\dfrac{\sin 2x-\cos 4x-1}{\cos x-\sin x}$；

4. $\lim\limits_{x\to 1}\dfrac{x^2-2x+1}{x^2-1}$；

5. $\lim\limits_{x\to+\infty}(\sqrt{x^2+x}-\sqrt{x^2-2x+3})$；

6. $\lim\limits_{x\to\pi^-}\dfrac{\sqrt{1+\cos x}}{\sin x}$；

7. $\lim\limits_{x\to 0}\dfrac{x+\sin 2x}{x-\sin 2x}$；

8. $\lim\limits_{x\to 0}(1+3\tan^2 x)^{\cot^2 x}$；

9. $\lim\limits_{x\to 0}\dfrac{\sqrt{1+x^2}-1}{1-\cos x}$；

10. $\lim\limits_{x\to\infty}\left(\dfrac{3+x}{6+x}\right)^{\frac{x-1}{2}}$；

11. $\lim\limits_{x\to 1}\left(\dfrac{1}{1-x}-\dfrac{3}{1-x^3}\right)$；

12. $\lim\limits_{x\to\infty}\left(\dfrac{2x+1}{2x-3}\right)^{x-1}$。

四、求函数 $f(x)=\dfrac{x}{\sin x}$ 的间断点,并指出其类型。

五、设函数 $f(x)=\begin{cases}\dfrac{1}{x}\sin x, & x<0\\ P, & x=0\\ x\sin\dfrac{1}{x}+Q, & x>0\end{cases}$ 在 $x=0$ 处连续,求 P、Q。

六、设 $f(x)=\begin{cases}\dfrac{(a+b)x+b}{\sqrt{2x-1}-\sqrt{x}}, & x\neq 1\\ 2, & x=1\end{cases}$,在 $x=1$ 处连续,求 a、b。

七、试判定方程 $(x-1)(x-2)+(x-2)(x-3)+(x-3)(x-1)=0$ 有几个实根?分别在什么范围内?

八、设函数 $f(x)$ 在闭区间 $[0, 2a]$ $(a>0)$ 上连续,且 $f(0)=f(2a)\neq f(a)$,证明:在开区间 $(0, a)$ 上至少存在一点 ξ,使得 $f(\xi)=f(\xi+a)$。

一元函数微分

一元函数微分学的基本概念是导数与微分，导数反映了函数相对于自变量的变化快慢程度，微分反映了当自变量有微小变化时，函数大体上变化多少。在微积分中，导数和微分是两个最基本的概念，可以说是微分学的精髓。微分学是从数量关系上描述物质运动的数学工具，恩格斯曾说：“只有微分学才能使自然科学有可能用数学，不仅仅表明了状态，并且也表明过程——运动。”数学源于生活，用于生活，本章所要介绍的主要知识在经济管理、工程、科研、医学和环保等许多领域都有十分广泛的应用。

第一节　导数概念

导数的概念起源于几何学中的切线问题及力学中的速度问题。

一、两个引例

1. 物理引例——变速直线运动的瞬时速度

设物体作变速直线运动，其位置函数 $S=S(t)$，求物体在时刻 t_0 的速度 $v(t_0)$。

用 Δt 表示很短的一个时间间隔（$\Delta t>0$），取时刻 t_0 到时刻 $t_0+\Delta t$ 这一段时间间隔，物体从位置 $S=S(t_0)$ 移动到位置 $S=S(t_0+\Delta t)$，于是从时刻 t_0 到时刻 $t_0+\Delta t$ 这一段时间间隔物体的平均速度为

$$\bar{v}=\frac{\Delta S}{\Delta t}=\frac{S(t_0+\Delta t)-S(t_0)}{\Delta t}。$$

由于物体作变速运动,平均速度$\bar{v}$并不等于物体在时刻t_0的瞬时速度$v(t_0)$。但是如果时间间隔Δt很小,平均速度$\bar{v}$就很接近于物体在时刻t_0的瞬时速度$v(t_0)$,并且Δt越小,平均速度$\bar{v}$就越接近于$v(t_0)$。令$\Delta t \to 0$,如果平均速度$\bar{v}$的极限

$$\lim_{\Delta t\to 0}\bar{v}(t)=\lim_{\Delta t\to 0}\frac{\Delta S}{\Delta t}=\lim_{\Delta t\to 0}\frac{S(t_0+\Delta t)-S(t_0)}{\Delta t}$$

存在,则该极限值即为物体在时刻t_0的瞬时速度$v(t_0)$,即$v(t_0)=\lim\limits_{\Delta t\to 0}\bar{v}(t)$。

2. 几何引例—曲线切线的斜率

对于圆和椭圆来说,它们的切线定义为“与曲线只有一个交点的直线”。但对其他曲线,此定义就不一定合适。比如,对于抛物线$y=x^2$,两个坐标轴都适合上述定义,实际上只有x轴是抛物线在原点处的切线。先给出一般曲线切线的定义。

定义1 **设点M_0是曲线L上的一定点,点M是L上动点,当点M沿曲线L趋于点M_0时,割线M_0M绕点M_0旋转,如果割线M_0M的极限位置M_0T存在,则称直线M_0T为曲线L在点M_0处的切线。**

下面讨论如何计算曲线L的切线斜率。设曲线L的方程为$y=f(x)$,如图2-1所示。在点$M_0(x_0,\ y_0)$附近有一点$M(x_0+\Delta x,\ y_0+\Delta y)$,则割线$M_0M$的斜率

$$k_{割}=\tan\varphi=\frac{\Delta y}{\Delta x}=\frac{f(x_0+\Delta x)-f(x_0)}{\Delta x},$$

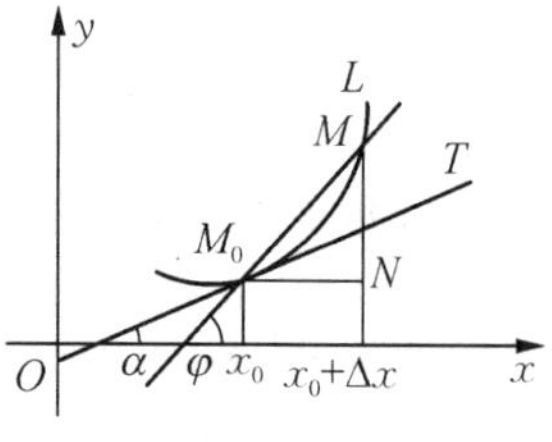

图2-1

其中φ为割线M_0M的倾斜角。

如果当点M沿曲线趋向于点M_0时,割线M_0M绕M_0转动的极限位置M_0T存在,即曲线$y=f(x)$在点M_0处的切线存在,此时$\Delta x\to 0$,$\varphi\to\alpha$,割线M_0M的斜率$\tan\varphi$趋向于切线M_0T的斜率$\tan\alpha$,即$k_{切}=\tan\alpha=\lim\limits_{\Delta x\to 0}\frac{\Delta y}{\Delta x}=\lim\limits_{\Delta x\to 0}\frac{f(x_0+\Delta x)-f(x_0)}{\Delta x}$。于是,曲线$L$在

点 M_0 处的切线是过点 $M_0(x_0,\ f(x_0))$ 且以 $k_{切}$ 为斜率的直线 M_0T。

二、导数的定义

上述两个问题虽然有不同的实际背景，但从数量关系来看，它们有共同的数量形式，即当自变量的增量趋向于零时，函数增量与自变量增量之比的极限。撇开实际意义，把上述的数学结构形式抽象得出函数的导数定义。

定义 2　**设函数 $y=f(x)$ 在点 x_0 的某邻域内有定义，给 x_0 以增量 Δx（$x_0+\Delta x$ 仍在该邻域内），函数 $y=f(x)$ 取得相应的增量 $\Delta y=f(x_0+\Delta x)-f(x_0)$。如果 $\lim\limits_{\Delta x\to 0}\dfrac{\Delta y}{\Delta x}$ 存在，则称此极限值为 $y=f(x)$ 在点 x_0 处的导数。记为 $f'(x_0)$，$y'|_{x=x_0}$，$\left.\dfrac{\mathrm{d}y}{\mathrm{d}x}\right|_{x=x_0}$，$\left.\dfrac{\mathrm{d}f(x)}{\mathrm{d}x}\right|_{x=x_0}$，即**

$f'(x_0)=\lim\limits_{\Delta x\to 0}\dfrac{\Delta y}{\Delta x}=\lim\limits_{\Delta x\to 0}\dfrac{f(x_0+\Delta x)-f(x_0)}{\Delta x}$。此时也称函数 $y=f(x)$ 在点 x_0 可导。

如果上述极限不存在，则称 $y=f(x)$ 在点 x_0 不可导。如果 $\lim\limits_{\Delta x\to 0}\dfrac{\Delta y}{\Delta x}=\infty$，这时也称函数在点 x_0 处导数为无穷大，记为 $f'(x_0)=\infty$，此时 $y=f(x)$ 在点 x_0 不可导。

如果令 $x_0+\Delta x=x$，则有 $\Delta x=x-x_0$，

$$
\begin{aligned}
f'(x_0) - \lim_{\Delta x\to 0}\frac{\Delta y}{\Delta x} &= \lim_{\Delta x\to 0}\frac{f(x_0+\Delta x)-f(x_0)}{\Delta x}\\
&= \lim_{x\to x_0}\frac{f(x)-f(x_0)}{x-x_0}。
\end{aligned}
$$

如果用 h 代替 Δx，则 $f'(x_0)=\lim\limits_{h\to 0}\dfrac{f(x_0+h)-f(x_0)}{h}$。

实际上，$f'(x_0)$反映函数 $y=f(x)$ 在点 x_0 处的变化率，反映函数 $y=f(x)$ 在点 x_0 处因变量随自变量 x 变化的快慢程度。

如果函数 $y=f(x)$ 在开区间 I 内处处可导，则称函数 $y=f(x)$

在区间 I 内可导。这时,对于区间 I 内的每一个确定的 x 值,都有一个确定的导数值与之对应,这就构成了一个新的函数,称为函数 $y=f(x)$ 的导函数,记作 y', $f'(x)$, $\frac{\mathrm{d}y}{\mathrm{d}x}$, $\frac{\mathrm{d}f(x)}{\mathrm{d}x}$。

$$\text{即 } f'(x)=\lim_{\Delta x\to 0}\frac{\Delta y}{\Delta x}=\lim_{\Delta x\to 0}\frac{f(x+\Delta x)-f(x)}{\Delta x}$$
$$=\lim_{h\to 0}\frac{f(x+h)-f(x)}{h}。$$

显然,$f'(x_0)=f'(x)\big|_{x=x_0}$。

在不同的实际问题中,导数 $f'(x)$有不同的具体意义,这完全由自变量 x 及函数 $f(x)$的具体含义所决定。例如,在经济中,导数 $f'(x)$也称为边际函数,$f'(x_0)$称为 $f(x)$在 $x=x_0$ 处的边际函数值。

利用导数的定义,求函数的导数可分以下三步进行:

(1) 求增量 $\Delta y=f(x+\Delta x)-f(x)$;

(2) 求比值 $\frac{\Delta y}{\Delta x}=\frac{f(x+\Delta x)-f(x)}{\Delta x}$;

(3) 求极限 $\lim\limits_{\Delta x\to 0}\frac{\Delta y}{\Delta x}=\lim\limits_{\Delta x\to 0}\frac{f(x+\Delta x)-f(x)}{\Delta x}$。

例 2-1-1 证明 常数的导数等于零。

证明 设 $y=f(x)=C$

则 $$\Delta y=f(x+\Delta x)-f(x)=C-C=0,\frac{\Delta y}{\Delta x}=0,$$

所以 $\lim\limits_{\Delta x\to 0}\frac{\Delta y}{\Delta x}=\lim\limits_{\Delta x\to 0}\frac{f(x+\Delta x)-f(x)}{\Delta x}=0$,即$(C)'=0$。

例 2-1-2 设函数 $f(x)=x^2$,求 $f'(x)$。

解 因为 $\Delta y=f(x+\Delta x)-f(x)=(x+\Delta x)^2-x^2=2x\Delta x+(\Delta x)^2$, $\frac{\Delta y}{\Delta x}=2x+\Delta x$,所以 $\lim\limits_{\Delta x\to 0}\frac{\Delta y}{\Delta x}=\lim\limits_{\Delta x\to 0}\frac{f(x+\Delta x)-f(x)}{\Delta x}=2x$,即 $(x^2)'=2x$。

一般地,$(x^\mu)'=\mu x^{\mu-1}$,$(\mu\in\mathbf{R})$。

例 2-1-3　设函数 $f(x)=\cos x$,求 $f'(x)$, $f'\left(\frac{\pi}{3}\right)$。

解　因为 $\Delta y=f(x+\Delta x)-f(x)=\cos(x+\Delta x)-\cos x=-2\sin\left(x+\frac{\Delta x}{2}\right)\sin\frac{\Delta x}{2}$,

所以 $f'(x)=\lim\limits_{\Delta x\to 0}\frac{\Delta y}{\Delta x}=\lim\limits_{\Delta x\to 0}\left[-\sin\left(x+\frac{\Delta x}{2}\right)\cdot\frac{\sin\frac{\Delta x}{2}}{\frac{\Delta x}{2}}\right]=-\sin x$,

即 $(\cos x)'=-\sin x$。

$f'\left(\frac{\pi}{3}\right)=(\cos x)'|_{x=\frac{\pi}{3}}=-\sin\frac{\pi}{3}=-\frac{\sqrt{3}}{2}$

同理可得　$(\sin x)'=\cos x$。

三、导数的几何意义

设函数 $y=f(x)$ 在点 x_0 可导,则函数 $y=f(x)$ 在点 x_0 处的导数 $f'(x_0)$ 等于曲线 $y=f(x)$ 在点 $P(x_0, f(x_0))$ 处的切线的斜率。这就是导数的几何意义。

若 $f'(x_0)$ 存在,且 $f'(x_0)\neq 0$ 时,则曲线 $y=f(x)$ 在点 $P(x_0, f(x_0))$ 处的

切线方程为　$y-f(x_0)=f'(x_0)(x-x_0)$,

法线方程为 $y-f(x_0)=-\frac{1}{f'(x_0)}(x-x_0)$。

若 $f'(x_0)$ 存在,且 $f'(x_0)=0$ 时,则曲线 $y=f(x)$ 在点 $P(x_0, f(x_0))$ 处的切线方程为 $y=f(x_0)$,法线方程为 $x=x_0$。

若 $f'(x_0)$ 不存在,且 $f'(x_0)=\infty$ 时,则曲线 $y=f(x)$ 在点 $P(x_0, f(x_0))$ 处的切线方程为 $x=x_0$,法线方程为 $y=f(x_0)$。

例 2-1-4　求曲线 $y=x^3$ 在点(1, 1)处的切线与法线方程。

解　由 $y'=3x^2$,得　$y'|_{x=1}=3$。

则曲线 $y=x^3$ 在点(1, 1)处的切线方程为 $y-1=3(x-1)$,即 $y=3x-2$;法线方程为 $y-1=-\frac{1}{3}(x-1)$,即 $y=-\frac{1}{3}x+\frac{4}{3}$。

四、左导数与右导数

定义 3 若函数 $y=f(x)$ 在 $(x_0-\delta, x_0]$ $(\delta>0)$ 内有定义,如果 $\lim\limits_{\Delta x\to 0^-}\frac{\Delta y}{\Delta x}=\lim\limits_{\Delta x\to 0^-}\frac{f(x_0+\Delta x)-f(x_0)}{\Delta x}$ 存在,则称该极限值为函数 $y=f(x)$ 在点 x_0 处的左导数,记作 $f'_-(x_0)$。即 $f'_-(x_0)=\lim\limits_{\Delta x\to 0^-}\frac{f(x_0+\Delta x)-f(x_0)}{\Delta x}$。

同样地,若函数 $y=f(x)$ 在 $[x_0, x_0+\delta)$ $(\delta>0)$ 内有定义。如果 $\lim\limits_{\Delta x\to 0^+}\frac{\Delta y}{\Delta x}=\lim\limits_{\Delta x\to 0^+}\frac{f(x_0+\Delta x)-f(x_0)}{\Delta x}$ 存在,则称该极限值为函数 $y=f(x)$ 在点 x_0 处的右导数,记作 $f'_+(x_0)$。即 $f'_+(x_0)=\lim\limits_{\Delta x\to 0^+}\frac{f(x_0+\Delta x)-f(x_0)}{\Delta x}$。

函数 $y=f(x)$ 点 x_0 处可导的充要条件是它在该点的左、右导数存在且相等。

即函数 $y=f(x)$ 点 x_0 处可导 $\Leftrightarrow f'_+(x_0)$ 与 $f'_-(x_0)$ 存在且 $f'_+(x_0)=f'_-(x_0)$。

五、可导与连续的关系

定理 如果函数 $y=f(x)$ 在点 x_0 处可导,则 $y=f(x)$ 在点 x_0 处连续。

证明 因为函数 $y=f(x)$ 在点 x_0 处可导,故有 $\lim\limits_{\Delta x\to 0}\frac{\Delta y}{\Delta x}=f'(x_0)$,而 $\lim\limits_{\Delta x\to 0}\Delta y=\lim\limits_{\Delta x\to 0}\frac{\Delta y}{\Delta x}\cdot\Delta x=\lim\limits_{\Delta x\to 0}\frac{\Delta y}{\Delta x}\cdot\lim\limits_{\Delta x\to 0}\Delta x=f'(x_0)\cdot 0=0$,即函数 $y=f(x)$ 在点 x_0 处连续。

注意 其逆定理不成立。即函数 $y=f(x)$ 在点 x_0 处连续,但在

点 x_0 处不一定可导。

例 2-1-5　讨论函数 $y=f(x)=|x|=\begin{cases}x, & x\geqslant 0\\ -x, & x<0\end{cases}$ 在 $x=0$ 处的连续性与可导性。

解　因 $\lim\limits_{\Delta x\to 0}\Delta y=\lim\limits_{\Delta x\to 0}[f(0+\Delta x)-f(0)]=\lim\limits_{\Delta x\to 0}|\Delta x|=0$,故函数在 $x=0$ 处连续。

$\dfrac{\Delta y}{\Delta x}=\dfrac{|\Delta x|}{\Delta x}=\begin{cases}1, & \Delta x>0\\ -1, & \Delta x<0\end{cases}$, $\lim\limits_{\Delta x\to 0^+}\dfrac{\Delta y}{\Delta x}=\lim\limits_{\Delta x\to 0^+}\dfrac{|\Delta x|}{\Delta x}=1$,

$\lim\limits_{\Delta x\to 0^-}\dfrac{\Delta y}{\Delta x}=\lim\limits_{\Delta x\to 0^-}\dfrac{|\Delta x|}{\Delta x}=-1$, $\lim\limits_{\Delta x\to 0^+}\dfrac{\Delta y}{\Delta x}\neq\lim\limits_{\Delta x\to 0^-}\dfrac{\Delta y}{\Delta x}$,故 $y=|x|$ 在 $x=0$ 处不可导。

例 2-1-6　设函数 $f(x)=\begin{cases}2\sin x, & x\leqslant 0\\ a+bx, & x>0\end{cases}$ 在点 $x=0$ 可导,试确定 a 和 b 的值。

解　因为函数 $f(x)$ 在点 $x=0$ 可导,所以 $f(x)$ 在点 $x=0$ 处连续。

因此　$\lim\limits_{x\to 0^-}f(x)=\lim\limits_{x\to 0^+}f(x)=f(0)$。

又因为　$\lim\limits_{x\to 0^-}f(x)=\lim\limits_{x\to 0^-}2\sin x=0$, $\lim\limits_{x\to 0^+}f(x)=\lim\limits_{x\to 0^+}(a+bx)=a$,所以　$a=0$。

由于 $f'_-(0)=\lim\limits_{\Delta x\to 0^-}\dfrac{f(0+\Delta x)-f(0)}{\Delta x}=\lim\limits_{\Delta x\to 0}\dfrac{2(\sin\Delta x-0)}{\Delta x}=2$, $f'_+(0)=\lim\limits_{\Delta x\to 0^+}\dfrac{f(0+\Delta x)-f(0)}{\Delta x}=\lim\limits_{\Delta x\to 0^+}\dfrac{b\cdot\Delta x}{\Delta x}=b$,

$f(x)$ 在点 $x=0$ 处可导,

所以　$b=2$。

习题 2-1

1. 已知 $f'(x_0)$存在,求下列极限:

(1) $\lim\limits_{\Delta x\to 0}\dfrac{f(x_0+2\Delta x)-f(x_0)}{\Delta x}$;

(2) $\lim\limits_{h \to 0} \dfrac{f(x_0+h)-f(x_0-h)}{2h}$。

2. 用导数定义求下列函数的导数：

(1) $y=\sin x$； (2) $y=\log_a x$。

3. (1) 求曲线 $y=e^x$ 在点(0, 1) 处的切线方程；

(2) 求曲线 $y=\ln x$ 在点(1, 0) 处的切线方程。

4. 设函数 $f(x)=\begin{cases} x^2, & x \leqslant 1 \\ ax+b, & x>1 \end{cases}$,在点 $x=1$ 处可导,试确定 a 和 b 的值。

5. 讨论 $f(x)=\begin{cases} x\sin\dfrac{1}{x}, & x \neq 0 \\ 0, & x=0 \end{cases}$ 在 $x=0$ 处的连续性与可导性。

第二节 导数的计算

一、基本初等函数的导数公式

(1) $(C)'=0$(C 为常数)；

(2) $(x^\mu)'=\mu x^{\mu-1}$($\mu \in \mathbf{R}$)；

(3) $(a^x)'=a^x\ln a$ ($a>0$, $a\neq 1$)；

(4) $(e^x)'=e^x$；

(5) $(\log_a x)'=\dfrac{1}{x\ln a}$ ($a>0$, $a\neq 1$)；

(6) $(\ln|x|)'=\dfrac{1}{x}$；

(7) $(\sin x)'=\cos x$；

(8) $(\cos x)'=-\sin x$；

(9) $(\tan x)'=\sec^2 x$；

(10) $(\cot x)'=-\csc^2 x$；

(11) $(\sec x)'=\sec x\tan x$；

(12) $(\csc x)'=-\csc x\cot x$；

(13) $(\arcsin x)' = \dfrac{1}{\sqrt{1-x^2}}$；

(14) $(\arccos x)' = -\dfrac{1}{\sqrt{1-x^2}}$；

(15) $(\arctan x)' = \dfrac{1}{1+x^2}$；

(16) $(\operatorname{arccot} x)' = -\dfrac{1}{1+x^2}$。

二、函数的和、差、积、商求导法则

设函数 $u=u(x)$，$v=v(x)$ 在点 x 处可导，则其和、差、积、商在点 x 处也可导，且有(1) $(u\pm v)'=u'\pm v'$；(2) $(uv)'=u'v+uv'$；(3) $\left(\dfrac{u}{v}\right)'=\dfrac{u'v-uv'}{v^2}$ $(v\neq 0)$。

上述的证明思路类似，现只证明其中的**乘法求导法则**。

证明　设 $y=f(x)=u(x)v(x)$。

因为函数 $v(x)$ 在点 x 可导，所以 $v(x)$ 在点 x 处连续。因此 $\lim\limits_{\Delta x\to 0}v(x+\Delta x)=v(x)$。

$$\Delta y = u(x+\Delta x)v(x+\Delta x)-u(x)v(x),$$

$$\frac{\Delta y}{\Delta x}=\frac{u(x+\Delta x)v(x+\Delta x)-u(x)v(x)}{\Delta x}。$$

$$\begin{aligned}
[u(x)v(x)]' &= \lim_{\Delta x\to 0}\frac{\Delta y}{\Delta x}=\lim_{\Delta x\to 0}\frac{u(x+\Delta x)v(x+\Delta x)-u(x)v(x)}{\Delta x}\\
&=\lim_{\Delta x\to 0}\frac{u(x+\Delta x)v(x+\Delta x)-u(x)v(x+\Delta x)+u(x)v(x+\Delta x)-u(x)v(x)}{\Delta x}\\
&=\lim_{\Delta x\to 0}\frac{[u(x+\Delta x)-u(x)]v(x+\Delta x)+u(x)[v(x+\Delta x)-v(x)]}{\Delta x}\\
&=u'(x)\lim_{\Delta x\to 0}v(x+\Delta x)+u(x)v'(x)\\
&=u'(x)v(x)+u(x)v'(x)。
\end{aligned}$$

推论1 $(Cu)'=Cu'$ (C为常数)。

推论2 设函数 $u=u(x)$, $v=v(x)$, $w=w(x)$ 在点 x 处可导, 则 $u(x)v(x)w(x)$ 在点 x 处也可导, 且有 $(uvw)'=u'vw+uv'w+uvw'$。

例2-2-1 设函数 $y=\sin x+2^x-\ln x$,求 y'。

解 $y'=(\sin x+2^x-\ln x)'=(\sin x)'+(2^x)'-(\ln x)'=\cos x+2^x\ln 2-\dfrac{1}{x}$,

即
$$y'=\cos x+2^x\ln 2-\frac{1}{x}。$$

例2-2-2 设函数 $y=\sqrt{x}\cos x$,求 y'。

解 $y'=(\sqrt{x}\cos x)'=(\sqrt{x})'\cos x+\sqrt{x}(\cos x)'=\dfrac{1}{2\sqrt{x}}\cos x-\sqrt{x}\sin x$,

即
$$y'=\frac{1}{2\sqrt{x}}\cos x-\sqrt{x}\sin x。$$

例2-2-3 设函数 $y=\dfrac{\ln x+2}{\sqrt{x}}$,求 y'。

解
$$y'=\left(\frac{\ln x+2}{\sqrt{x}}\right)'=\frac{(\ln x+2)'\cdot\sqrt{x}-(\ln x+2)(\sqrt{x})'}{x}$$
$$=\frac{\frac{1}{x}\cdot\sqrt{x}-(\ln x+2)\cdot\frac{1}{2\sqrt{x}}}{x}$$
$$=-\frac{\ln x}{2x\sqrt{x}},\text{即 } y'=-\frac{\ln x}{2x\sqrt{x}}。$$

例2-2-4 设函数 $y=\sec x$,求 y'。

解
$$y'=(\sec x)'=\left(\frac{1}{\cos x}\right)'$$
$$=\frac{(1)'\cos x-1\times(\cos x)'}{\cos^2 x}=\frac{\sin x}{\cos^2 x}=\frac{\sin x}{\cos x}\frac{1}{\cos x},$$

即 $y'=\sec x\tan x$。

同理可得$(\csc x)' = -\csc x\cot x$；$(\tan x)' = \sec^2 x$；$(\cot x)' = -\csc^2 x$。

三、复合函数的导数法则

设函数 $y = f(u)$，$u = \varphi(x)$，且 $\varphi(x)$ 在点 x 处可导，$f(u)$ 在相应的点 u 处可导，则复合函数 $y = f(\varphi(x))$ 在点 x 处可导，且 $\dfrac{dy}{dx} = \dfrac{dy}{du} \cdot \dfrac{du}{dx} = \dfrac{df(u)}{du} \cdot \dfrac{du}{dx}$。

即复合函数的导数等于复合函数对中间变量的导数乘以中间变量对自变量的导数。

证明　设变量 x 有增量 Δx，相应地变量 u 有增量 Δu，从而 y 有增量 Δy。

因为 $u = \varphi(x)$ 可导，所以 $u = \varphi(x)$ 连续，从而 $\Delta x \to 0$ 时，必有 $\Delta u \to 0$。

当 $\Delta u \neq 0$ 时，$\lim\limits_{\Delta x \to 0} \dfrac{\Delta y}{\Delta x} = \lim\limits_{\Delta x \to 0} \left(\dfrac{\Delta y}{\Delta u} \cdot \dfrac{\Delta u}{\Delta x}\right) = \lim\limits_{\Delta x \to 0} \dfrac{\Delta y}{\Delta u} \cdot \lim\limits_{\Delta x \to 0} \dfrac{\Delta u}{\Delta x}$

$$= \lim_{\Delta u \to 0} \frac{\Delta y}{\Delta u} \cdot \lim_{\Delta x \to 0} \frac{\Delta u}{\Delta x} = \frac{dy}{du} \cdot \frac{du}{dx},$$

即$\dfrac{dy}{dx} = \dfrac{dy}{du} \cdot \dfrac{du}{dx}$。

当 $\Delta u = 0$ 时，结论显然成立。

因此复合函数 $y = f(\varphi(x))$ 在点 x 处可导，且$\dfrac{dy}{dx} = \dfrac{dy}{du} \cdot \dfrac{du}{dx} = \dfrac{df(u)}{du} \cdot \dfrac{du}{dx}$。

例 2-2-5　设函数 $f(x) = \sin x^3$，求 $f'(x)$。

解　设 $u = x^3$，则 $f(u) = \sin u$，

$f'(x) = \cos u \cdot (x^3)' = 3x^2 \cos u = 3x^2 \cos x^3$，即 $f'(x) = 3x^2 \cos x^3$。

例 2-2-6　设函数 $f(x) = (1 + 2x^2)^6$，求 $f'(x)$。

解　设 $u=1+2x^2$,则 $f(u)=u^6$。

$f'(x)=6u^5\cdot(1+2x^2)'=6u^5\cdot 4x=24x(1+2x^2)^5$,即 $f'(x)=24x(1+2x^2)^5$。

例 2-2-7　设函数 $f(x)=\ln\tan x$,求 $f'(x)$。

解　设 $u=\tan x$,则 $f(u)=\ln u$。

$f'(x)=\frac{1}{u}\cdot(\tan x)'=\frac{1}{u}\cdot\sec^2 x=\frac{1}{\sin x\cos x}$,即 $y'=\frac{1}{\sin x\cos x}$。

例 2-2-8　设函数 $f(x)=\sin^2\frac{1}{x}$,求 $f'(x)$。

解

$$\begin{aligned}f'(x)&=2\sin\frac{1}{x}\cdot\left(\sin\frac{1}{x}\right)'=2\sin\frac{1}{x}\cdot\cos\frac{1}{x}\cdot\left(\frac{1}{x}\right)'\\&=2\sin\frac{1}{x}\cdot\cos\frac{1}{x}\cdot\left(-\frac{1}{x^2}\right)\\&=-\frac{1}{x^2}\sin\frac{2}{x}。\end{aligned}$$

例 2-2-9　设函数 $f(x)=e^{-\frac{x}{2}}\cos 3x$,求 $f'(x)$。

解

$$\begin{aligned}f'(x)&=(e^{-\frac{x}{2}})'\cdot\cos 3x+e^{-\frac{x}{2}}\cdot(\cos 3x)'\\&=-\frac{1}{2}e^{-\frac{x}{2}}\cdot\cos 3x-e^{-\frac{x}{2}}\cdot 3\cdot\sin 3x\\&=-\frac{1}{2}e^{-\frac{x}{2}}\cos 3x-3e^{-\frac{x}{2}}\sin 3x。\end{aligned}$$

例 2-2-10　已知函数 $f(u)$ 可导,求 $[f(\ln x)]'$。

解　$[f(\ln x)]'=f'(\ln x)(\ln x)'=\frac{1}{x}f'(\ln x)$。

四、隐函数的导数与对数求导法

1. 隐函数的导数

在实际问题中,有时需要计算隐函数的导数,我们希望,不管隐函数能否显化,都能直接由方程算出它所确定的隐函数的导数来。

隐函数的求导法则将 y 看成是 x 的函数 $y(x)$,方程 $F(x,y)=0$

两边同时关于自变量 x 求导，然后解出 $\frac{dy}{dx}$。

例 2-2-11　设方程 $\sin y+e^x-xy^2=0$ 确定了函数 $y=y(x)$，求 $\frac{dy}{dx}$。

解　方程两边同时关于 x 求导，得 $\frac{d}{dx}(\sin y+e^x-xy^2)=0$，

$\cos y\cdot\frac{dy}{dx}+e^x-\left(y^2+2xy\cdot\frac{dy}{dx}\right)=0$，$\frac{dy}{dx}=\frac{y^2-e^x}{\cos y-2xy}$。

例 2-2-12　设方程 $e^x-e^y=\sin(xy)$ 确定了函数 $y=y(x)$，求 y'。

解　方程两边同时关于 x 求导，得 $\frac{d}{dx}(e^x-e^y)=\frac{d}{dx}\sin(xy)$，

$e^x-e^y\cdot\frac{dy}{dx}=\cos(xy)\left(y+x\frac{dy}{dx}\right)$，$\frac{dy}{dx}=\frac{e^x-y\cos(xy)}{x\cos(xy)+e^y}$。

例 2-2-13　求椭圆 $\frac{x^2}{16}+\frac{y^2}{9}=1$ 在点 $\left(2,\frac{3\sqrt{3}}{2}\right)$ 处的切线方程。

解　方程两边同时关于 x 求导 $\frac{d}{dx}\left(\frac{x^2}{16}+\frac{y^2}{9}\right)=\frac{d1}{dx}$，$\frac{2x}{16}+\frac{2y}{9}\cdot\frac{dy}{dx}=0$，$\frac{dy}{dx}=-\frac{9x}{16y}$，$\left.\frac{dy}{dx}\right|_{\substack{x=2\\y=\frac{3\sqrt{3}}{2}}}=-\frac{9\times 2}{16\times\frac{3\sqrt{3}}{2}}=-\frac{\sqrt{3}}{4}$。

切线方程为 $y-\frac{3}{2}\sqrt{3}=-\frac{\sqrt{3}}{4}(x-2)$，即　$\sqrt{3}x+4y-8\sqrt{3}=0$。

2. 对数求导法

在某些情况下，如对幂指函数 $u(x)^{v(x)}$ 或对连乘连除、乘方开方等较为复杂的函数求导时，使用“对数求导法”比较简便。所谓“对数求导法”是先在 $y=f(x)$ 的两边取对数，然后两边关于 x 求导。

例 2-2-14　设函数 $y=x^x$，求 y'。

解　方程两边先取自然对数，得 $\ln y=x\ln x$

方程两边同时关于 x 求导,得 $\frac{\mathrm{d}}{\mathrm{d}x}\ln y=\frac{\mathrm{d}}{\mathrm{d}x}(x\ln x)$, $\frac{1}{y}\cdot\frac{\mathrm{d}y}{\mathrm{d}x}=\ln x+1$,

$$\frac{\mathrm{d}y}{\mathrm{d}x}=y(\ln x+1)=x^x(\ln x+1)。$$

例 2-2-15 设函数 $y=\sqrt[3]{\frac{(x-1)^2(x-2)}{(x-3)(x-4)}}$,求 y'。

解 两边先取自然对数,得

$$\ln y=\frac{1}{3}[2\ln(x-1)+\ln(x-2)-\ln(x-3)-\ln(x-4)]。$$

方程两边同时关于 x 求导,得

$$\frac{1}{y}\cdot\frac{\mathrm{d}y}{\mathrm{d}x}=\frac{1}{3}\left(\frac{2}{x-1}+\frac{1}{x-2}-\frac{1}{x-3}-\frac{1}{x-4}\right),$$

$$\frac{\mathrm{d}y}{\mathrm{d}x}=\frac{1}{3}y\left(\frac{2}{x-1}+\frac{1}{x-2}-\frac{1}{x-3}-\frac{1}{x-4}\right)$$

$$=\frac{1}{3}\sqrt[3]{\frac{(x-1)^2(x-2)}{(x-3)(x-4)}}\left(\frac{2}{x-1}+\frac{1}{x-2}-\frac{1}{x-3}-\frac{1}{x-4}\right)。$$

五、高阶导数

一般说来,函数 $y=f(x)$ 的导数 $y'=f'(x)$ 仍是 x 的函数。如果函数 $y=f(x)$ 的导数 $y'=f'(x)$ 仍可导,我们就把 $y'=f'(x)$ 的导数称为 $y=f(x)$ 的二阶导数,记作 y'', $f''(x)$, $\frac{\mathrm{d}^2y}{\mathrm{d}x^2}$, $\frac{\mathrm{d}^2f(x)}{\mathrm{d}x^2}$,即 $y''=\frac{\mathrm{d}^2y}{\mathrm{d}x^2}=\frac{\mathrm{d}^2f(x)}{\mathrm{d}x^2}=\frac{\mathrm{d}}{\mathrm{d}x}\left(\frac{\mathrm{d}y}{\mathrm{d}x}\right)=[f'(x)]'$。

类似地,二阶导数 $f''(x)$ 的导数,称为函数 $y=f(x)$ 的三阶导数,记作 y''', $f'''(x)$, $\frac{\mathrm{d}^3y}{\mathrm{d}x^3}$, $\frac{\mathrm{d}^3f(x)}{\mathrm{d}x^3}$。依次类推,函数 $y=f(x)$ 的 n 阶导数,记作 $y^{(n)}$, $f^{(n)}(x)$, $\frac{\mathrm{d}^ny}{\mathrm{d}x^n}$, $\frac{\mathrm{d}^nf(x)}{\mathrm{d}x^n}$, $y^{(n)}$ 是 $y=f(x)$ 的 $n-1$ 阶

导数的导数。四阶及四阶以上的导数记作 $y^{(4)}$，$y^{(5)}$，…。

二阶及二阶以上的导数统称为高阶导数，$y'=f'(x)$ 称为 $y=f(x)$ 的一阶导数。

例 2-2-16　设函数 $y=f(x)=\mathrm{e}^x$，求 $y^{(n)}$。

解　$y'=\mathrm{e}^x$，$y''=\mathrm{e}^x$，$y'''=\mathrm{e}^x$，…，$y^{(n)}=\mathrm{e}^x$。

例 2-2-17　设函数 $y=f(x)=\sin x$，求 $y^{(n)}$。

解　$y'=\cos x=\sin\left(x+\dfrac{\pi}{2}\right)$，

$$y''=\cos\left(x+\frac{\pi}{2}\right)=\sin\left(x+2\cdot\frac{\pi}{2}\right),$$

$$y'''=\cos\left(x+2\cdot\frac{\pi}{2}\right)=\sin\left(x+3\cdot\frac{\pi}{2}\right),$$

$$\vdots$$

$$y^{(n)}=\cos\left[x+(n-1)\cdot\frac{\pi}{2}\right]=\sin\left(x+n\cdot\frac{\pi}{2}\right)。$$

类似可得　$(\cos x)^{(n)}=\cos\left(x+n\cdot\dfrac{\pi}{2}\right)$。

例 2-2-18　设方程 $x^2+y^2=1$ 确定了函数 $y=y(x)$，求 y''。

解　方程两边同时关于 x 求导 $\dfrac{\mathrm{d}}{\mathrm{d}x}(x^2+y^2)=\dfrac{\mathrm{d}1}{\mathrm{d}x}$，$2x+2y\cdot\dfrac{\mathrm{d}y}{\mathrm{d}x}=0$，$y'=-\dfrac{x}{y}$。

方程两边同时再关于 x 求导，得 $y''=-\dfrac{y-x\cdot y'}{y^2}=-\dfrac{1}{y}+\dfrac{x}{y^2}\cdot\left(-\dfrac{x}{y}\right)=-\dfrac{1}{y^3}$。

习题 2-2

1. 求下列函数的导数：

(1) $y=x^3\cos x+\sin\dfrac{\pi}{7}$；　　(2) $y=\dfrac{x-1}{x+1}$；

(3) $y = 2\tan x + \frac{1}{\cos x} - \ln 2$;　(4) $y = (2x+1)^5$;

(5) $y = e^{-2x^2}$;　(6) $y = \tan x^3$;

(7) $y = x^2 \sin \frac{1}{x}$;　(8) $y = \cos e^{x^2+3x-2}$。

(9) $y = \csc^3 x$;　(10) $y = e^{\arcsin x^2}$;

(11) $y = e^{-\frac{(x-1)^2}{2}}$;　(12) $y = e^{-x}\cot(3-x)$;

(13) $y = \arctan(x^2+1)\sec 2x$;　(14) $y = \ln(1-x)^2$;

(15) $y = (\arccos x)^3$;　(16) $y = e^{1-2x}\text{arccot}\, 4x$;

(17) $y = \lg(1-3x^2)$;　(18) $y = \tan \frac{\cos x}{x}$;

(19) $y = \sqrt{\cos x^2}$;　(20) $y = 2^{\arctan\frac{1}{x}}$。

2. 求下列隐函数的导数:

(1) $e^{xy} + y\ln x = \cos x$;　(2) $y = \arctan(x-y)$;

(3) $y\sin x - \cos(x+y) = 0$;　(4) $x^y = y^x$。

(5) $\frac{y}{x} = \ln(xy^2)$;　(6) $y^3 + 2x^2y - xy^2 = 6$;

(7) $xy = e^{x+y^2}$;　(8) $\arctan \frac{y}{x} = \ln \sqrt{x^2+y^2}$。

3. 求曲线 $ye^x + \ln y = 1$ 在点(0, 1)处的切线方程。

4. 设 $y = f(x) = 2^x$,求 $y^{(n)}$。

第三节　函数的微分

一、微分定义

在生活中,常会遇到这样的问题,当自变量有一个微小的改变量时,需要计算函数相应的改变量,而直接计算函数的改变量一般是很困难的,如函数 $y = x^n$(n 为自然数),因此我们需要寻求一个容易计算又很接近于真实值的计算方法,这就产生了微分的概念。

先分析一个具体例子。

一块正方形金属薄片的面积 S 是边长 x 的函数 $S=x^2$，受温度变化的影响，边长由 x 变为 $x+\Delta x$，则面积的改变量 $\Delta S=(x+\Delta x)^2-x^2=2x\Delta x+(\Delta x)^2$，$\Delta S$ 由两项构成，第一部分 $2x\Delta x$ 是 Δx 的线性部分，第二部分 $(\Delta x)^2$ 是比 Δx 高阶的无穷小。当 $|\Delta x|$ 很小时，ΔS 可以用 $2x\Delta x$ 来近似代替，其产生的误差为关于 Δx 的高阶无穷小。因此，对 ΔS 来说，当 $|\Delta x|$ 很小时，$(\Delta x)^2$ 可以忽略不计，而 $2x\Delta x$ 可以作为 ΔS 较好的近似值。由于计算 $2x\Delta x$ 既简便又有一定的精度，我们把 $2x\Delta x$ 称为 $S=x^2$ 在点 x 处的微分。

定义　设函数 $y=f(x)$ 在点 x_0 的某一领域内有定义($x_0+\Delta x$ 在该领域内)。如果函数的增量 $\Delta y=f(x_0+\Delta x)-f(x_0)$ 可表示为 $A\cdot\Delta x+o(\Delta x)$，其中 A 与 Δx 无关，$o(\Delta x)$ 是比 Δx 高阶的无穷小，则称 $A\Delta x$ 为函数 $y=f(x)$ 在 x_0 处相应于 Δx 的微分，记作 $\mathrm{d}y\big|_{x=x_0}$，即 $\mathrm{d}y\big|_{x=x_0}=A\Delta x$。这时也称函数 $y=f(x)$ 在点 x_0 处可微。

于是，当 $|\Delta x|$ 很小时，$\Delta y\approx \mathrm{d}y=A\Delta x$。那么 A 究竟是怎样的一个量呢?它与 $f(x)$ 有关吗?我们有下面定理。

定理　函数 $y=f(x)$ 在点 x_0 可微的充要条件是函数 $f(x)$ 在点 x_0 可导。

证明　(必要性)　设函数 $y=f(x)$ 在点 x_0 可微，则

$\Delta y=A\cdot\Delta x+o(\Delta x)$，其中 A 与 Δx 无关，$o(\Delta x)$ 是比 Δx 高阶的无穷小，

$\dfrac{\Delta y}{\Delta x}=A+\dfrac{o(\Delta x)}{\Delta x}$，$\lim\limits_{\Delta x\to 0}\dfrac{\Delta y}{\Delta x}=A+\lim\limits_{\Delta x\to 0}\dfrac{o(\Delta x)}{\Delta x}=A+0=A$，即 $f'(x_0)=A$。

故函数 $y=f(x)$ 在点 x_0 可导，且 $A=f'(x_0)$。

(充分性)　设函数 $y=f(x)$ 在点 x_0 可导，即 $\lim\limits_{\Delta x\to 0}\dfrac{\Delta y}{\Delta x}=f'(x_0)$，由函数极限与无穷小的关系，有 $\dfrac{\Delta y}{\Delta x}=f'(x_0)+\alpha$，其中 $\alpha\to 0(\Delta x\to 0)$，则 $\Delta y=f'(x_0)\cdot\Delta x+\alpha(\Delta x)$。

因为 $\Delta x \to 0$ 时,$\alpha(\Delta x)$ 是比 Δx 高阶的无穷小,故 $\alpha(\Delta x) = o(\Delta x)$, $f'(x_0)$ 与 Δx 无关,根据微分的定义,Δy 能表示为 $\Delta y = A\Delta x + o(\Delta x)$ 的形式,所以函数 $y = f(x)$ 在点 x_0 可微,且 $\mathrm{d}y = f'(x_0)\Delta x$。

定理表明,一元函数的可微与可导是等价的。

若函数 $f(x)$ 在某区间内每一点都可微,则称函数 $f(x)$ 在该区间内可微。记作 $\mathrm{d}y$ 或 $\mathrm{d}f(x)$,即 $\mathrm{d}y = f'(x)\Delta x$。特别地,函数 $y = x$, $\mathrm{d}y = y' \cdot \Delta x$,得 $\mathrm{d}x = x' \cdot \Delta x$,即 $\mathrm{d}x = \Delta x$,

这表明自变量的微分等于它的增量。因此函数 $y = f(x)$ 的微分 $\mathrm{d}y = f'(x)\Delta x$ 又可写为 $\mathrm{d}y = f'(x)\mathrm{d}x$。而$\frac{\mathrm{d}y}{\mathrm{d}x} = f'(x)$, $\frac{\mathrm{d}y}{\mathrm{d}x}$ 可看作函数的微分 $\mathrm{d}y$ 与自变量的微分 $\mathrm{d}x$ 之商,因此,导数$\frac{\mathrm{d}y}{\mathrm{d}x}$ 也称为“微商”。

例 2-3-1 求函数 $y = f(x) = x^2$ 当 $x = 1$, $\Delta x = 0.01$ 时的增量与微分。

解 $\Delta y\big|_{x=1,\ \Delta x=0.01} = f(1.01) - f(1) = 1.01^2 - 1^2 = 0.0201$,

$y'\big|_{x=1} = 2x\big|_{x=1} = 2$, $\mathrm{d}y\big|_{x=1,\ \Delta x=0.01} = y'\big|_{x=1} \cdot \Delta x\big|_{\Delta x=0.01} = 0.02$。

二、微分的几何意义

为了对微分有比较直观的了解,我们来说明微分的几何意义。

在直角坐标系中,函数 $y = f(x)$ 的图形是一条曲线,对于某一固定的 x_0 值,曲线上有一个确定点 $M(x_0, y_0)$,当自变量 x 有微小增量 Δx 时,就得到曲线上另一点 $N(x_0 + \Delta x, y_0 + \Delta y)$。由图 2-2 可知 $MQ = \Delta x$, $QN = \Delta y$。过点 $M(x_0, y_0)$ 作曲线 $y = f(x)$ 的切线,它的倾角为 α,则 $QP = MQ \cdot \tan\alpha = \Delta x \cdot f'(x_0)$,即 $\mathrm{d}y = QP$。由此可见,对于可微函数 $y = f(x)$ 而言,当 Δy 是曲线 $y = f(x)$ 上点 M 的纵坐标的增量时,$\mathrm{d}y$ 就是曲线 $y = f(x)$ 切线上在

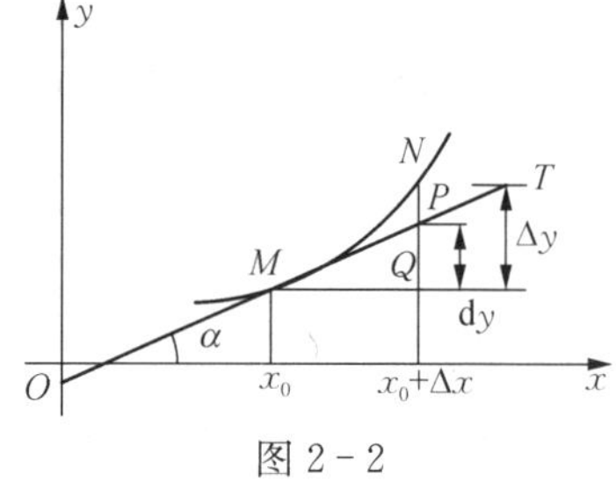

图 2-2

点 M 的纵坐标的相应增量。当 $|\Delta x|$ 很小时，$|\Delta y - \mathrm{d}y|$ 比 $|\Delta x|$ 小得多。因此在点 $M(x_0, y_0)$ 的邻近，我们可以用切线段来近似代替曲线段。在局部范围内用线性函数近似代替非线性函数，在几何上就是局部用切线段近似代替曲线段，这在数学上称为**非线性函数的局部线性化**，这是微分学的基本思想方法之一。这种思想方法在自然科学和工程问题的研究中经常采用。

三、微分的计算

1. 基本初等函数的微分公式

由基本初等函数的导数公式和 $\mathrm{d}y = f'(x)\mathrm{d}x$ 可直接推出基本初等函数的微分公式。如：$\mathrm{d}C = 0$，$\mathrm{d}x^{\mu} = \mu x^{\mu-1}\mathrm{d}x(\mu \in \mathbf{R})$，$\mathrm{d}\sin x = \cos x\mathrm{d}x$ 等，在此不一一列举。

2. 函数的和、差、积、商微分法则

设函数 $u = u(x)$，$v = v(x)$ 在点 x 处可微，则其和、差、积、商在点 x 处也可微，且有(1) $\mathrm{d}(u \pm v) = \mathrm{d}u \pm \mathrm{d}v$；(2) $\mathrm{d}(uv) = u\mathrm{d}v + v\mathrm{d}u$；(3) $\mathrm{d}\left(\frac{u}{v}\right) = \frac{v\mathrm{d}u - u\mathrm{d}v}{v^2}$ $(v \neq 0)$。推论 $\mathrm{d}(cu) = c\mathrm{d}u$($c$ 为常数)。

例 2-3-2　设函数 $y = \frac{\cot x}{1+\sqrt{x}}$，求 $\mathrm{d}y$。

解法一

$$y' = \frac{(\cot x)'(1+\sqrt{x}) - \cot x(1+\sqrt{x})'}{(1+\sqrt{x})^2}$$

$$= \frac{-\csc^2 x(1+\sqrt{x}) - \cot x \cdot \frac{1}{2\sqrt{x}}}{(1+\sqrt{x})^2}$$

$$= \frac{-2\sqrt{x}\csc^2 x(1+\sqrt{x}) - \cot x}{2\sqrt{x}(1+\sqrt{x})^2},$$

所以 $\mathrm{d}y = \frac{-2\sqrt{x}\csc^2 x(1+\sqrt{x}) - \cot x}{2\sqrt{x}(1+\sqrt{x})^2}\mathrm{d}x$。

解法二　$\mathrm{d}y = \mathrm{d}\left(\frac{\cot x}{1+\sqrt{x}}\right)$

$$=\frac{(1+\sqrt{x})\mathrm{d}\cot x-\cot x\mathrm{d}(1+\sqrt{x})}{(1+\sqrt{x})^2}$$

$$=\frac{-\csc^2 x(1+\sqrt{x})\mathrm{d}x-\cot x\cdot\frac{1}{2\sqrt{x}}\mathrm{d}x}{(1+\sqrt{x})^2}$$

$$=\frac{-2\sqrt{x}\csc^2 x(1+\sqrt{x})-\cot x}{2\sqrt{x}(1+\sqrt{x})^2}\mathrm{d}x。$$

3. 复合函数的微分法则

设函数 $y=f(u)$, $u=\varphi(x)$,且 $\varphi(x)$ 在点 x 处可微, $f(u)$ 在相应的点 $u=\varphi(x)$ 处可微,则复合函数 $y=f(\varphi(x))$ 在点 x 处可微,且

$$\mathrm{d}y=\frac{\mathrm{d}y}{\mathrm{d}x}\cdot\mathrm{d}x=\frac{\mathrm{d}y}{\mathrm{d}u}\cdot\frac{\mathrm{d}u}{\mathrm{d}x}\cdot\mathrm{d}x=\frac{\mathrm{d}y}{\mathrm{d}u}\cdot\mathrm{d}u=\frac{\mathrm{d}f(u)}{\mathrm{d}u}\cdot\mathrm{d}u。$$

说明无论 u 是中间变量还是自变量,$y=f(u)$ 的微分 $\mathrm{d}y$ 总可以写成 $\mathrm{d}y=f'(u)\mathrm{d}u$。这一性质称为**微分形式的不变性**。运用此性质求复合函数的微分很方便。

例 2-3-3 设函数 $y=f(x)=\arcsin(1-2x)$,求 $\mathrm{d}y$。

解 设 $u=1-2x$,则 $f(u)=\arcsin u$。

$$\mathrm{d}y=\frac{\mathrm{d}\arcsin u}{\mathrm{d}u}\mathrm{d}u=\frac{1}{\sqrt{1-u^2}}\mathrm{d}u$$

$$=\frac{1}{\sqrt{1-(1-2x)^2}}(1-2x)'\mathrm{d}x=\frac{-1}{\sqrt{x-x^2}}\mathrm{d}x。$$

例 2-3-4 在下列括号中填入适当的函数,使等式成立:

(1) $\mathrm{d}(\quad)=\cos 3x\mathrm{d}x$;　　(2) $\mathrm{d}(\quad)=\frac{1}{x-1}\mathrm{d}x$。

解 (1) 因为 $\mathrm{d}\sin 3x=3\cos 3x\mathrm{d}x$,所以 $\cos 3x\mathrm{d}x=\frac{1}{3}\mathrm{d}\sin 3x=\mathrm{d}\left(\frac{1}{3}\sin 3x\right)$,

显然,对任意常数 C 都有 $\mathrm{d}\left(\frac{1}{3}\sin 3x+C\right)=\cos 3x\mathrm{d}x$。

(2) 因为 $\mathrm{d}\ln|x-1|=\dfrac{1}{x-1}\mathrm{d}x$，

显然，对任意常数 C 都有 $\mathrm{d}[\ln|x-1|+C]=\dfrac{1}{x-1}\mathrm{d}x$。

例 2-3-5　求函数 $y=\mathrm{e}^{1-3x}\cos 2x$ 的微分。

解　$$\begin{aligned}\mathrm{d}y&=\mathrm{d}(\mathrm{e}^{1-3x}\cos 2x)=\mathrm{e}^{1-3x}\mathrm{d}\cos 2x+\cos 2x\mathrm{d}\mathrm{e}^{1-3x}\\&=-2\sin 2x\mathrm{e}^{1-3x}\mathrm{d}x-3\cos 2x\mathrm{e}^{1-3x}\mathrm{d}x\\&=-\mathrm{e}^{1-3x}(2\sin 2x+3\cos 2x)\mathrm{d}x。\end{aligned}$$

4. 参数方程所确定的函数的导数

在解析几何中，我们学过参数方程，它的一般形式为 $\begin{cases}x=\varphi(t)\\y=\psi(t)\end{cases}$ $(\alpha\leqslant t\leqslant\beta)$。

一般地，y 通过参数 t 也能与 x 建立函数关系 $y=f(x)$，称之为参数方程所确定的函数关系。利用微分，不需要消去参数 t，便可求 $\dfrac{\mathrm{d}y}{\mathrm{d}x}$。

由 $y=\psi(t)$，得 $\mathrm{d}y=\psi'(t)\mathrm{d}t$；由 $x=\varphi(t)$，得 $\mathrm{d}x=\varphi'(t)\mathrm{d}t$。

于是
$$\frac{\mathrm{d}y}{\mathrm{d}x}=\frac{\psi'(t)\mathrm{d}t}{\varphi'(t)\mathrm{d}t}=\frac{\psi'(t)}{\varphi'(t)}。$$

这表明求参数方程所确定的函数的导数，可先分别求 $\mathrm{d}y$、$\mathrm{d}x$，然后相除即得 $\dfrac{\mathrm{d}y}{\mathrm{d}x}$。

例 2-3-6　设 $\begin{cases}x=1+t^2\\y=t+\operatorname{arccot} t\end{cases}$ 确定了函数 $y=y(x)$，求 $\dfrac{\mathrm{d}y}{\mathrm{d}x}$。

解　$$\frac{\mathrm{d}y}{\mathrm{d}x}=\frac{y'(t)\mathrm{d}t}{x'(t)\mathrm{d}t}=\frac{(t+\operatorname{arccot} t)'}{(1+t^2)'}=\frac{1-\dfrac{1}{1+t^2}}{2t}=\frac{t}{2(1+t^2)}。$$

例 2-3-7　求椭圆 $\begin{cases}x=a\cos t\\y=b\sin t\end{cases}$ 在 $t=\dfrac{\pi}{4}$ 处的切线方程。

解 $\frac{dy}{dx}=\frac{y'(t)dt}{x'(t)dt}=\frac{(b\sin t)'}{(a\cos t)'}=-\frac{b}{a}\cot t$，$y'|_{t=\frac{\pi}{4}}=-\frac{b}{a}$，

当 $t=\frac{\pi}{4}$ 时，$x=\frac{a}{\sqrt{2}}$，$y=\frac{b}{\sqrt{2}}$，切线方程为：$y-\frac{b}{\sqrt{2}}=-\frac{b}{a}\left(x-\frac{a}{\sqrt{2}}\right)$，

即 $bx+ay-\sqrt{2}ab=0$。

四、一元函数微分在近似计算中的应用

在工程问题中，经常会遇到一些复杂的计算公式。如果直接用这些公式计算，往往很繁。利用微分往往可以把一些复杂的计算公式用简单的近似公式代替。

如果函数 $y=f(x)$ 在点 x_0 处可导，且 $f'(x_0)\neq 0$，当 $|\Delta x|$ 很小时，有

$$\Delta y\approx dy=f'(x_0)\Delta x。$$

即
$$\Delta y=f(x_0+\Delta x)-f(x_0)\approx f'(x_0)\Delta x, \tag{1}$$

或
$$f(x_0+\Delta x)\approx f(x_0)+f'(x_0)\Delta x。 \tag{2}$$

在上式中令 $x=x_0+\Delta x$，则 $\Delta x=x-x_0$，

$$f(x)\approx f(x_0)+f'(x_0)(x-x_0)。 \tag{3}$$

如果 $f(x_0)$ 与 $f'(x_0)$ 都比较容易计算，那么可利用(1) 近似计算 Δy，利用(2) 可近似计算 $f(x_0+\Delta x)$，利用(3) 可近似计算 $f(x)$。这种近似计算的实质就是利用 x 的线性函数 $f(x_0)+f'(x_0)(x-x_0)$ 来近似表示 $f(x)$。从微分的几何意义可知，在曲线 $y=f(x)$ 上点 $M(x_0, f(x_0))$ 的邻近，我们可以用切线段来近似代替曲线段。

例 2-3-8 求 $\sqrt[3]{1.01}$ 的近似值。

解 设 $f(x)=\sqrt[3]{x}$，$\sqrt[3]{1.01}=\sqrt[3]{1+0.01}$，取 $x_0=1$，$\Delta x=0.01$，

$f'(x)=\frac{1}{3\cdot\sqrt[3]{x^2}}$，$f'(1)=\left.\frac{1}{3\cdot\sqrt[3]{x^2}}\right|_{x=1}=\frac{1}{3}$，$\sqrt[3]{1.01}\approx$

$\sqrt[3]{1}+\frac{1}{3}\times 0.01\approx 1.0033$。

例 2-3-9　半径为 10 cm 的金属圆盘加热后，半径伸长了 0.05 cm，问圆盘面积增加了多少？

解　$S=\pi r^2$，$r_0=10$，$\Delta r=0.05$，$S'=2\pi r$，

$\Delta S|_{r_0=10,\ \Delta r=0.05}\approx dS|_{r_0=10,\ \Delta r=0.05}=S'(10)\cdot\Delta r|_{\Delta r=0.05}=2\cdot 10\cdot\pi\cdot 0.05\approx 3.1416(\text{cm}^2)$。

在 $f(x)\approx f(x_0)+f'(x_0)(x-x_0)$ 中，令 $x_0=0$，则当 $|x|\ll 1$ 时，可以推出如下近似计算公式。

(1) $\sqrt[n]{1+x}\approx 1+\frac{1}{n}x$；

(2) $\sin x\approx x$（x 用弧度制表示）；

(3) $\tan x\approx x$（x 用弧度制表示）；

(4) $e^x\approx 1+x$；

(5) $\ln(1+x)\approx x$。

习题 2-3

1. 设 $y=f(x)=x^3-x$，求 dy、$dy|_{x=1}$、$dy|_{x=1,\ \Delta x=0.01}$、$\Delta y|_{x=1,\ \Delta x=0.01}$。

2. 求下列函数的微分：

(1) $y-e^{-x}\cos x$；　(2) $y=\frac{x}{\sqrt{x^2+1}}$；

(3) $y=x^2e^{-x^2}$；　(4) $y=\arctan e^x$；

(5) $y=\arccos\sqrt{1-x^2}$；　(6) $y=[\ln(1-x)]^3$；

(7) $y=5^{\arccos x^2}$；　(8) $y=\cot^3(1+x^2)$；

(9) $y=(\text{arccot}\sqrt{x})^2$；　(10) $y=2^x x^2\sec x^2$。

3. 将适当的函数填入下列括号内，使等式成立：

(1) $d(\quad)=\frac{1}{x+2}dx$；　(2) $d(\quad)=\frac{1}{\cos^2 2x}dx$；

(3) $d(\quad)=e^{-2x}dx$；　(4) $d(\quad)=\frac{1}{\sqrt{x}}dx$；

(5) $\mathrm{d}(\quad)=\sec^2 3x\mathrm{d}x$；　　(6) $\mathrm{d}(\quad)=\dfrac{1}{2x+1}\mathrm{d}x$；

(7) $\mathrm{d}(\quad)=\dfrac{1}{\sqrt[3]{x+2}}\mathrm{d}x$；　　(8) $\mathrm{d}(\quad)=\cos 5x\mathrm{d}x$；

(9) $\mathrm{d}(\quad)=\dfrac{x}{\sqrt{x^2+1}}\mathrm{d}x$；　　(10) $\mathrm{d}3^{\sin^2 x}=(\quad)\mathrm{d}x$。

4. 求下列参数方程所确定函数的导数$\dfrac{\mathrm{d}y}{\mathrm{d}x}$：

(1) $\begin{cases}x=\dfrac{2}{t+1}\\ y=\left(\dfrac{t}{t+1}\right)^2\end{cases}$；　　(2) $\begin{cases}x=\ln(1+t^2)\\ y=t-\arctan t\end{cases}$；

(3) $\begin{cases}x=2\cos^3 t\\ y=2\sin^3 t\end{cases}$；　　(4) $\begin{cases}x=\ln\sqrt{1+t^2}\\ y=\arctan t\end{cases}$；

(5) $\begin{cases}x=3\sec^2 t\\ y=3\csc^2 t\end{cases}$；　　(6) $\begin{cases}x=(1+\theta^2)^2\\ y=\operatorname{arccot}\theta\end{cases}$

5. 利用微分求近似值：

(1) $\arctan 1.02$；　(2) $\sin 31°$；　(3) $\sqrt[3]{1\,002}$；　(4) $\mathrm{e}^{1.01}$。

第四节　应用举例

导数在经济管理工程、科研、医学和环保等许多领域都有十分广泛的应用，下面我们通过几个例子来了解导数在经济方面、物理方面和几何方面的一些应用。

一、在经济方面的应用

1. 边际分析

边际概念是经济学中的一个重要概念，一般指经济函数的变化率。

定义 1　**设函数 $y=f(x)$ 可导，称导函数 $f'(x)$ 为 $f(x)$ 的边际函数。**

$f'(x_0)$ 表示边际函数 $f(x)$ 在 $x=x_0$ 处的边际函数值，它反映了函数 $y=f(x)$ 在点 x_0 处 y 关于 x 的变化速度。

定义 2　**总成本函数 $C(x)$ 关于产量 x 的一阶 $C'(x)$ 称为边际成本函数。**

定义 3　**总收益函数 $R(x)$ 关于产量 x 的一阶 $R'(x)$ 称为边际收益函数。**

定义 4　**总利润函数 $L(x)$ 关于产量 x 的一阶 $L'(x)$ 称为边际利润函数。**

根据微分的概念，在点 $x=x_0$ 处，x 从 x_0 改变一个单位，y 相应的改变量应为 $\Delta y|_{x=x_0,\ \Delta x=1}$。当改变的"单位"很小时，或 x 的"一个单位"与 x_0 值相对来说很小时，则有 $\Delta y|_{x=x_0,\ \Delta x=1}\approx \mathrm{d}y|_{x=x_0,\ \mathrm{d}x=1}=f'(x)\mathrm{d}x|_{x=x_0,\ \mathrm{d}x=1}=f'(x_0)$。

这说明 $y=f(x)$ 在点 $x=x_0$ 处，当 x 产生一个单位的改变时，y 近似改变 $f'(x_0)$ 个单位。在应用问题中解释边际函数值的具体意义时我们略去"近似"两字。

因此，边际成本近似等于产量为 x 时增加一个单位产量需要增加的成本；边际收益近似等于产量为 x 时增加一个单位产量获得的收益；边际利润近似等于产量为 x 时增加一个单位产量获得的利润。

一般地，用 C 表示总成本，用 C_1 表示固定成本，用 C_2 表示可变成本，用 $\bar{C}$ 表示平均成本，用 C' 表示边际成本，Q 表示产量。用 R 表示总收益，用 $\bar{R}$ 表示平均收益，用 R' 表示边际收益。

例 2-4-1　设某产品产量为 Q(单位：t)时的总成本函数(单位：元)为

$$C(Q)=1\,000+7Q+50\sqrt{Q}$$

求：(1) 产量为 100 t 时的总成本；

(2) 产量为 100 t 时的平均成本；

(3) 产量从 100 t 增加到 225 t 时，总成本的平均变化率；

(4) 产量为 100 t 时，总成本的变化率(边际成本)。

解　(1) $C(100)=1\,000+7\times 100+50\sqrt{100}=2\,200$(元)。

(2) $\bar{C}(100)=\dfrac{C(100)}{100}=22$(元)。

(3) $\dfrac{\Delta C}{\Delta Q}=\dfrac{C(225)-C(100)}{225-100}=\dfrac{3\,325-2\,200}{125}=9$(元/t)。

(4) $C'(100)=(1\,000+7Q+50\sqrt{Q})'\big|_{Q=100}=\left(7+\dfrac{25}{\sqrt{Q}}\right)\Big|_{Q=100}=$ 9.5(元)。

这个结论的经济含义是当产量为 100 t 时,再多生产一吨所增加的成本为 9.5 元。

例 2-4-2 设某产品的价格与销售量的关系为:$P=10-\dfrac{Q}{5}$,求销售量为 30 时的总收益、平均收益及边际收益。

解 因 $R(Q)=QP(Q)=10Q-\dfrac{Q^2}{5}$,则 $R(30)=120$;

$\overline{R}(Q)=P(Q)=10-\dfrac{Q}{5}$,则$\overline{R}(30)=4$;

$R'(Q)=10-\dfrac{2Q}{5}$,则 $R'(30)=-2$。

由所得结果可知,当销售量为 30 个单位时,再多销售一个单位产品,反而使总收入大约减少 2 个单位。

设某产品的销售量为 Q 时的利润函数为 $L=L(Q)$,收入函数为 $R(Q)$,总成本函数为 $C(Q)$,由于利润函数为收入函数与总成本函数之差,即 $L(Q)=R(Q)-C(Q)$。

由导数运算法则可知

$L'(Q)=R'(Q)-C'(Q)$,即边际利润为边际收益与边际成本之差。

例 2-4-3 某糕点加工厂生产 A 类糕点的总成本函数和总收益函数分别是

$C(Q)=100+2Q+0.02Q^2$ 和 $R(Q)=7Q+0.01Q^2$,求边际利润函数和当日产量是 200 kg 时的边际利润。

解 总利润函数 $L(Q)=R(Q)-C(Q)=5x-100-0.01Q^2$。

边际利润函数 $L'(Q)=5-0.02Q$。

日产量是 200 kg 时的边际利润 $L'(200)=L'(Q)\big|_{Q=200}=1$。

2. 弹性分析

弹性分析也是经济分析中常用的一种方法，主要用于对生产、供给、需求等问题的研究。

下面先给出弹性的一般概念。

定义 5 设函数 $y=f(x)$ 在 x 处可导，函数的相对改变量与自变量的相对改变量之比 $\dfrac{\frac{\Delta y}{y}}{\frac{\Delta x}{x}}$ 称为函数 $y=f(x)$ 从 x 到 $x+\Delta x$ 两点间的弹性。令 $\Delta x\to 0$，极限值

$$\lim_{\Delta x\to 0}\frac{\frac{\Delta y}{y}}{\frac{\Delta x}{x}}=y'\frac{x}{y}$$ 称为函数 $y=f(x)$ 在 x 处的弹性，记作 $\dfrac{Ey}{Ex}$。

$$\frac{Ey}{Ex}=\lim_{\Delta x\to 0}\frac{\frac{\Delta y}{y}}{\frac{\Delta x}{x}}=y'\frac{x}{y}$$，仍是 x 的一个函数，称为弹性函数。函数 $y=f(x)$ 在 $x=x_0$ 处的弹性，记作 $\left.\dfrac{Ey}{Ex}\right|_{x=x_0}$。

例 2-4-4 求函数 $y=100\mathrm{e}^{3x}$ 的弹性函数及 $\left.\dfrac{Ey}{Ex}\right|_{x=2}$。

解 $y'=300\mathrm{e}^{3x}$，则

$$\frac{Ey}{Ex}=y'\frac{x}{y}=300\mathrm{e}^{3x}\frac{x}{100\mathrm{e}^{3x}}=3x$$，故 $\left.\dfrac{Ey}{Ex}\right|_{x=2}=6$。

二、在物理上的应用

例 2-4-5 已知质量为 m 的物体在劲度为 k 的弹簧作用下水平方向作简谐运动，振子相对平衡位置的位移与时间的关系如图 2-3 所示，求振动的速度和加速度。

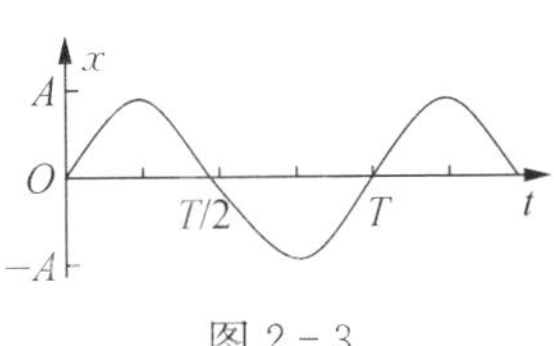

图 2-3

解　根据图像可知振动方程为 $x = A\sin\frac{2\pi}{T}t$(其中 A 为振幅),

则速度 $v = \frac{dx}{dt} = \frac{d\left(A\sin\frac{2\pi}{T}t\right)}{dt} = A\omega\cos\frac{2\pi}{T}t$。

加速度 $a = \frac{dv}{dt} = \frac{d\left(A\frac{2\pi}{T}\cos\frac{2\pi}{T}t\right)}{dt} = -A\left(\frac{2\pi}{T}\right)^2\sin\frac{2\pi}{T}t = -\left(\frac{2\pi}{T}\right)^2 x$。

从上式可知,如果位移按正弦规律变化,则速度按余弦规律变化,即速度最大时,位移为零,速度为零时,位移最大,并且还能很好地看出速度的方向。

例 2-4-6　如图 2-4 所示,汽车通过滑轮提一个重物,已知车作匀速直线运动,其速度大小为 v_0,求重物的运动状态如何?

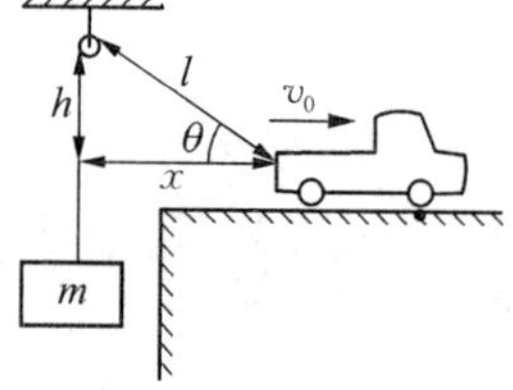

图 2-4

解　设重物的速度大小为 $v_{物}$。

如图 2-4 所示,设图中直角三角形的三边长分别为 x, h, l。

因为两个速度可表示为 $v_0 = \frac{dx}{dt}$, $v_{物} = \frac{dl}{dt}$,

其中两者有关系有:$l = \frac{h}{\sin\theta}$, $x = \frac{h}{\tan\theta}$,对时间 t 求导有

$$v_0 = \frac{dx}{dt} = \frac{d\left(\frac{h}{\tan\theta}\right)}{dt} = h\frac{-1}{\sin^2\theta}\times\frac{d\theta}{dt},$$

$$v_{物} = \frac{dl}{dt} = \frac{d\left(\frac{h}{\sin\theta}\right)}{dt} = h\frac{-\cos\theta}{\sin^2\theta}\times\frac{d\theta}{dt},$$

上述两式相除有 $v_{物} = v_0\cos\theta$。

根据上式,由于 θ 渐渐变小,故重物速度越来越大,但不是匀加速。

三、在几何上的应用

例 2-4-7　已知曲线 $C: f(x)=x^2-2x+3$，直线 $L: x-y-4=0$，在曲线 C 上求一点 P，使 P 到直线 L 的距离最短，并求最短距离。

解　设 P 的坐标为 (x_0, y_0)。则 $f'(x)=2x-2$，$f'(x_0)=2x_0-2$。

所以 $2x_0-2=1$。

故 $x_0=\frac{3}{2}$，$y_0=\frac{9}{4}$，$P\left(\frac{3}{2}, \frac{9}{4}\right)$。所求最短距离

$$d=\frac{\left|\frac{3}{2}-\frac{9}{4}-4\right|}{\sqrt{2}}=\frac{19\sqrt{2}}{8}。$$

例 2-4-8　一个平放的水槽长 12 m，横截面为等腰梯形，下底宽 3 m，口宽 9 m，深 4 m。现以每分钟 10 m^3 的速度将水注入，试求当水深 2 m 时，水面上升的速度。

解　设注入水的体积为 $V(t)$，注水后水深 $h(t)$，水面宽 $b(t)$，则

$$V(t)=\frac{1}{2}[a+b(t)]h(t)L,$$

其中，常量 $a=3$，$L=12$。

据题意，有 $\frac{[b(t)-a]/2}{h(t)}=\frac{(9-3)/2}{4}$，即 $\frac{[b(t)-a]/2}{h(t)}=\frac{3}{4}$，$b(t)=3+\frac{3}{2}h(t)$，

从而 $V(t)=36h(t)+9h^2(t)$，$\frac{\mathrm{d}V}{\mathrm{d}t}=36\frac{\mathrm{d}h}{\mathrm{d}t}+18h(t)\frac{\mathrm{d}h}{\mathrm{d}t}$。

因为 $h(t)=2$，$\frac{\mathrm{d}V}{\mathrm{d}t}=10$，所以 $\frac{\mathrm{d}h}{\mathrm{d}t}=\frac{5}{36}$。故水面上升的速度为 $\frac{5}{36}$ m/min。

导数除了在理论上有广泛应用外，还可以帮助我们解决生产和生活中的实际最值问题，在下一章将会做详细介绍。

习题 2 - 4

1. 某机械厂,生产某种机器配件的最大生产能力为每日 100 件,假设日产品的总成本 $C(x)$(元)与日产量 x(件)的函数为 $C(x)=\frac{1}{4}x^2+60x+2\,050$,求日产量 75 件时的总成本、平均成本及边际成本。
2. 设某产品的价格 P 与销售量 Q 的关系为:$P=10-0.01Q$,求销售量为 400 时的总收益、平均收益及边际收益。
3. 某产品的总成本函数 $C(Q)=500+2Q$,总收益函数 $R(Q)=10Q-0.01Q^2$,求当产量是 400 kg 时的总利润和边际利润。
4. 求函数 $y=3+2x$ 在 $x=3$ 处的弹性。
5. 一个物体作直线运动,其位移对时间的变化规律为 $s=6t^2-5t$,试求物体运动的加速度和初速度各为多少?
6. 求曲线 $y=\ln(2x-1)$ 上的点到直线 $2x-y+3=0$ 的最短距离。

自测题 2

一、单选题:

1. 函数在点 x_0 处连续是在该点处可导的(　　)。

   A. 充分条件,但不是必要条件;

   B. 必要条件,但不是充分条件;

   C. 充分必要条件;

   D. 既非充分也非必要条件。

2. 由方程 $\sin y+xe^y=0$ 所确定的曲线 $y=y(x)$ 在(0, 0)点处的切线斜率为(　　)。

   A. -1;　　B. 1;　　C. $\frac{1}{2}$;　　D. $-\frac{1}{2}$。

3. 设由方程 $xy^2=2$ 所确定的隐函数 $y=y(x)$,则 $dy=$(　　)。

   A. $-\frac{y}{2x}dx$;　　B. $\frac{y}{2x}dy$;　　C. $-\frac{y}{x}dx$;　　D. $\frac{y}{x}dx$。

4. $f(x)=\sqrt{1+\ln^2 x}$,则 $f'(e)=$(　　)。

A. $\frac{\sqrt{2}}{4e}$；　B. $\frac{\sqrt{2}}{2e}$；　C. $\frac{\sqrt{2}}{2}e$；　D. $\sqrt{2}e$。

5. 设函数 $y=f(-x^2)$，则 $y'=($　　$)$。

A. $xf'(-x^2)$；　B. $-2xf'(-x^2)$；

C. $2f'(-x^2)$；　D. $2xf'(-x^2)$。

二、填空题：

1. 设 $f(x)=\ln x$，则 $[f(3)]'=$________。

2. 函数 $f(x)=\ln|2x-3|$ 的导数是________。

3. 设 $f'(\cos^2 x)=\sin^2 x$，且 $f(0)=0$，则 $f(x)=$________。

4. 设方程 $xy^3=2y-1$ 确定函数 $y=y(x)$，则 $\frac{dy}{dx}=$________。

5. d________ $=-\frac{1}{x^2}dx$，d________ $=\frac{1}{\sin^2 3x}dx$。

6. 曲线 $y=\cos x$ 在点 $\left(\frac{\pi}{3}, \frac{1}{2}\right)$ 处的切线方程为________，法线方程为________。

7. 已知 $f(x)$ 可导，则 $[f(x+a)^n]'=$________。

8. 设 $f(x)=(\ln x)^3$，则 $f'(x)=$________，$df(x)=$________。

9. 设 $f(x)=\sin x$，则 $f^{(10)}(x)=$________。

10. 设 $f(x)=x(x+1)(x+2)\cdots(x+49)$，则 $f'(0)=$________。

三、求下列函数的导数与微分：

1. $y=x^3+3^x+\ln 2$；　**2.** $y=e^{-2x}\sec 2x$；

3. $y=(3-2x)^6$；　**4.** $y=\arctan\frac{x-1}{x+1}$；

5. $y=\ln\sqrt{\frac{x^2+1}{x^2-1}}$；　**6.** $y=x\arcsin\frac{x}{2}+\sqrt{4-x^2}$。

四、讨论函数 $y=\begin{cases} x^2\sin\frac{1}{x}, & x\neq 0 \\ 0, & x=0 \end{cases}$ 在 $x=0$ 处的连续性与可导性。

五、设 $\begin{cases} x=\arctan t \\ y=\ln(1+t^2) \end{cases}$，求 $\frac{dy}{dx}$。

六、设函数 $y=y(x)$ 由方程 $y=1-xe^y$ 确定,求 $\left.\frac{dy}{dx}\right|_{x=0}$。

七、设 $y=f(x)=\ln x$,求 $y^{(n)}$。

八、设函数 $f(x)=\begin{cases} e^x, & x\leqslant 0 \\ ax+b, & x>0 \end{cases}$,在点 $x=0$ 处可导,试确定常数 a 和 b 的值。

九、求曲线 $\begin{cases} x=2e^t \\ y=e^{-t} \end{cases}$ 在 $t=0$ 对应点处的切线方程与法线方程。

十、设 $f(x)=(x-a)\varphi(x)$,其中 $\varphi(x)$ 在 $x=a$ 处连续,求 $f'(a)$。

十一、设 $f(x)$ 是可导的偶函数,证明:$f'(x)$ 是可导的奇函数。

十二、设某产品生产 Q 单位的总成本为 $C(Q)=1\,100+\frac{Q^2}{1\,200}$,求生产 900 个单位时总成本、平均成本及边际成本。

十三、已知物体的运动规律为 $S=t^3$(单位:m),求物体在 $t=2$ s 时的速度。

十四、若曲线 C:$y=x^3-2ax^2+2ax$ 上任意一点处的切线的倾斜角都是锐角,求 a 的取值范围。

导数的应用

在工农业生产和实际生活中常常会遇到"在一定条件下，怎样使用料最省、产品最多、效率最高"等问题。这类问题在数学上一般可归结为求某一函数的最大值或最小值。本章利用导数这一重要工具来研究函数在区间上的某些特性，并利用这些知识解决一些实际问题。

第一节　中值定理

一、拉格朗日中值定理

定理 1　**如果函数 $y=f(x)$ 在闭区间$[a, b]$上连续，在开区间(a, b) 内可导，则在(a, b) 内至少有一点 ξ，使等式 $f'(\xi)=\frac{f(b)-f(a)}{b-a}$ 或 $f(b)-f(a)=f'(\xi)(b-a)$ 成立。**

由图 3-1 可以看出：$\frac{f(b)-f(a)}{b-a}$ 为弦 AB 的斜率，而 $f'(\xi)$ 为曲线在 C 点处的切线的斜率。因此，拉格朗日中值定理的几何解释是：若在连续曲线 $y=f(x)$ 的弧 $\overset{\frown}{AB}$ 上除端点外处具有不垂直于 x 轴的切线，则这弧上至少有一点 $C(\xi, f(\xi))$，使曲线在 C 点处的切线平行于弦 AB（实际上，在图 3-1 中有两个这样的点）。

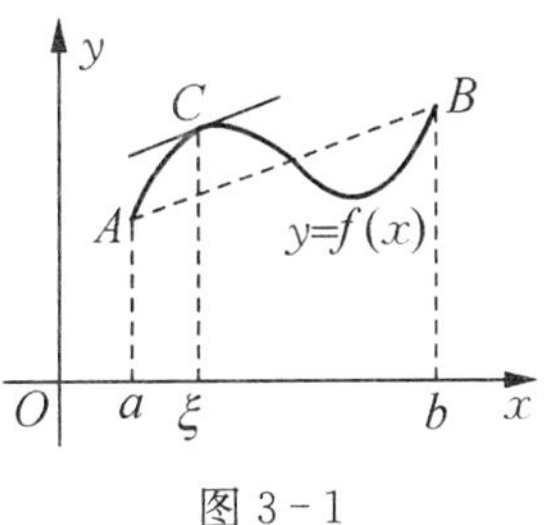

图 3-1

注意 定理没有指明中间点 ξ 的确切位置,只是保证了它的存在性,但这并不影响它在理论上的价值和解决具体问题中所起的作用。

在拉格朗日定理中,当 $f(a)=f(b)$ 时,则得到下述罗尔定理。

二、罗尔定理

定理 2 **如果 $f(x)$ 在 $[a, b]$ 上连续,在 (a, b) 内可导,且 $f(a)=f(b)$,则在 (a, b) 内至少有一点 ξ,使得 $f'(\xi)=0$。**

罗尔定理的几何意义是明显的,即曲线过点 $C(\xi, f(\xi))$ 处有一条水平切线(见图 3-2)。

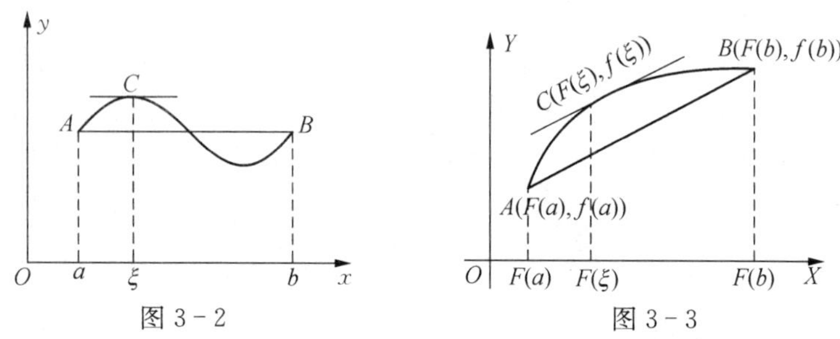

图 3-2　　图 3-3

若连续曲线的弧 $\overset{\frown}{AB}$ 由参数方程 $\begin{cases} X=F(x) \\ Y=f(x) \end{cases}$ $(a \leqslant x \leqslant b)$ 所表示(见图 3-3),其中 x 为参数,那么曲线上点 (X, Y) 处的切线斜率为 $\frac{\mathrm{d}Y}{\mathrm{d}X}=\frac{f'(x)}{F'(x)}$,弦 AB 的斜率为 $\frac{f(b)-f(a)}{F(b)-F(a)}$。假定点 C 对应于参数 $x=\xi$,那么曲线上点 C 处的切线平行于弦 AB,可表示为 $\frac{f(b)-f(a)}{F(b)-F(a)}=\frac{f'(\xi)}{F'(\xi)}$。与这一事实相应的是下面的柯西中值定理。

三、柯西中值定理

定理 3 **如果函数 $f(x)$ 及 $F(x)$ 在 $[a, b]$ 上连续,在 (a, b) 内可导,对任一 $x \in (a, b)$, $F'(x) \neq 0$,则在 (a, b) 内至少有一点 ξ,使等式 $\frac{f(b)-f(a)}{F(b)-F(a)}=\frac{f'(\xi)}{F'(\xi)}$ 成立。**

注意　上述三个定理的条件是重要的，缺了条件，定理的结论未必成立。例如，函数 $f(x)=|x|$，它在闭区间 $[-1,2]$ 上连续，在开区间 $(-1,2)$ 内除 $x=0$ 外处可导. 弦 AB 的斜率为 $\frac{1}{3}$，但在函数的图形上没有一点处的切线斜率为 $\frac{1}{3}$，原因是函数在 $x=0$ 处不可导，定理的第二个条件不满足。

例 3-1-1　验证函数 $f(x)=\ln x$ 在闭区间 $[1,\mathrm{e}]$ 上拉格朗日中值定理的正确性。

解　显然，$f(x)=\ln x$ 在 $[1,\mathrm{e}]$ 上连续，在 $(1,\mathrm{e})$ 内可导，又

$$f(1)=\ln 1=0,\ f(\mathrm{e})=\ln \mathrm{e}=1,\ f'(x)=\frac{1}{x}。$$

由拉格朗日中值定理有 $\frac{\ln \mathrm{e}-\ln 1}{\mathrm{e}-1}=\frac{1}{x}$，解得　$x=\mathrm{e}-1\in(1,\mathrm{e})$，

故取　$\xi=\mathrm{e}-1$，使　$f'(\xi)=\frac{f(\mathrm{e})-f(1)}{\mathrm{e}-1}$ 成立。

例 3-1-2　如果函数 $f(x)$ 在区间 (a,b) 内的导数恒为零，证明：$f(x)$ 在 (a,b) 内为常数。

证明　设 x_1，x_2 为区间 (a,b) 内任意两点 $(x_1<x_2)$，应用拉格朗日中值定理，得

$$f(x_2)-f(x_1)=f'(\xi)(x_2-x_1),\ (x_1<\xi<x_2)。$$

由假定 $f'(x)=0$，所以 $f(x_2)-f(x_1)=0$。即　$f(x_2)=f(x_1)$。

因为 x_1，x_2 是 (a,b) 内任意两点，所以 $f(x)$ 在 (a,b) 内是一个常数。

例 3-1-3　证明 $\arctan x+\operatorname{arccot} x=\frac{\pi}{2}$。

证明　设 $f(x)=\arctan x+\operatorname{arccot} x$，

因为 $f'(x)=\frac{1}{1+x^2}-\frac{1}{1+x^2}=0$，所以 $f(x)=C$（C 为常数，

$x \in \mathbf{R}$)。

在 $\mathbf{R}$ 上取特殊值 $x=1$,得 $f(1)=\arctan 1+\operatorname{arccot} 1=\frac{\pi}{4}+\frac{\pi}{4}=\frac{\pi}{2}$,所以 $C=\frac{\pi}{2}$。

故 $\arctan x+\operatorname{arccot} x=\frac{\pi}{2}$。

例 3-1-4 证明:如果在区间(a, b)内恒有 $u'(x)=v'(x)$,则 $u(x)=v(x)+C$,(C 为常数)

证明 设 $h(x)=u(x)-v(x)$,
则 $h'(x)=u'(x)-v'(x)=0$,所以 $h(x)=C$。故 $u(x)=v(x)+C$。

例 3-1-5 证明当 $x>0$ 时,$\frac{x}{1+x}<\ln(1+x)<x$。

证明 设 $f(x)=\ln(1+x)$,显然 $f(x)$ 在区间$[0, x]$上满足拉格朗日中值定理的条件,应有 $f(x)-f(0)=f'(\xi)(x-0)$, $(0<\xi<x)$。

由于 $f(0)=0$, $f'(x)=\frac{1}{1+x}$,因此上式即为 $\ln(1+x)=\frac{x}{1+\xi}$。

又由 $0<\xi<x$,有$\frac{x}{1+x}<\frac{x}{1+\xi}<x$,即$\frac{x}{1+x}<\ln(1+x)<x$,$(x>0)$。

习题 3-1

1. 验证下列函数在给定的区间上拉格朗日中值定理的正确性,并求出定理中的点 ξ:

(1) $f(x)=2x^3$ 在$[-1, 1]$上;

(2) $f(x)=\arctan x$ 在$[0, 1]$上;

(3) $f(x)=\sqrt{x}$ 在$[1, 4]$上。

2. 证明:$\arcsin x+\arccos x=\frac{\pi}{2}$ $(-1\leqslant x\leqslant 1)$。

3. 用拉格朗日定理证明下列不等式：

(1) $|\sin x - \sin y| \leqslant |x - y|$；

(2) $\dfrac{b-a}{b} < \ln\dfrac{b}{a} < \dfrac{b-a}{a}\ (0 < a < b)$；

(3) $e^x > 1 + x(x > 0)$。

第二节　函数的单调性与曲线的凹凸性

一、函数的单调性

设 $y = f(x)$ 在 $[a, b]$ 上连续，如果 $f(x)$ 在 $[a, b]$ 上单调增加（见图 3-4(a)），那么曲线上各点处的切线斜率都是正的，即 $y' = f'(x) > 0,\ x \in [a, b]$；如果 $f(x)$ 在 $[a, b]$ 上单调减少（见图 3-4(b)），那么曲线上各点处的切线斜率都是负的，即 $y' = f'(x) < 0$。由此可见，函数的单调性与导数的符号有着密切的关系。

反过来，能否用导数符号来判定函数的单调性呢？

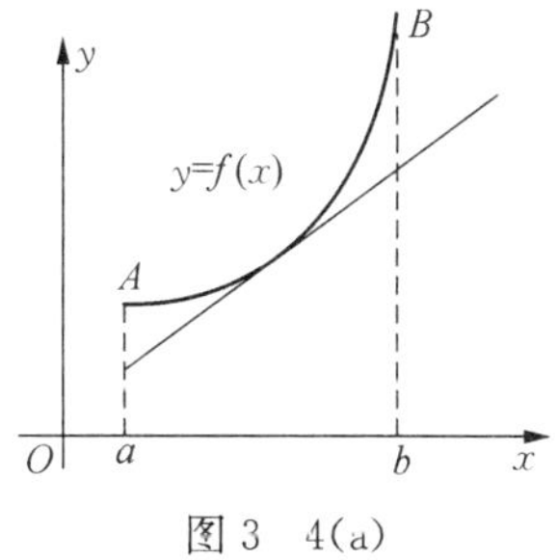

图 3-4(a)

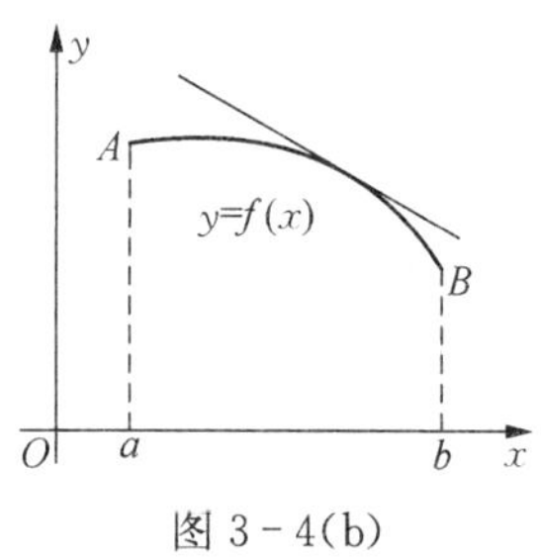

图 3-4(b)

定理 1　设函数 $y = f(x)$ 在 $[a, b]$ 上连续，在 (a, b) 内可导。

(1) 如果在 (a, b) 内 $f'(x) > 0$，则函数 $y = f(x)$ 在 $[a, b]$ 上单调增加；

(2) 如果在 (a, b) 内 $f'(x) < 0$，则函数 $y = f(x)$ 在 $[a, b]$ 上单调减少。

证明　在 $[a, b]$ 上任取两点 x_1、$x_2(x_1 < x_2)$，在区间 $[x_1, x_2]$

上应用拉格朗日中值定理，则有 $f(x_2)-f(x_1)=f'(\xi)(x_2-x_1)$，$(x_1<\xi<x_2)$。

由于在上式中，$x_2-x_1>0$，因此，如果在 (a,b) 内 $f'(x)>0$，则 $f'(\xi)>0$。

于是 $f(x_2)-f(x_1)>0$，即 $f(x_2)>f(x_1)$。这表明函数 $y=f(x)$ 在 $[a,b]$ 上单调增加。

同理可证　如果在 (a,b) 内 $f'(x)<0$，则 $f(x)$ 在 $[a,b]$ 上单调减少。

如果将定理 1 中的闭区间换成其他各种区间(包括无穷区间)，定理 1 的结论仍成立。

例 3-2-1　确定函数 $f(x)=2x^3-9x^2+12x-3$ 的单调区间。

解　该函数的定义域为 $(-\infty,+\infty)$。

$f'(x)=6x^2-18x+12=6(x-1)(x-2)$，令 $f'(x)=0$，得 $x_1=1$，$x_2=2$。

x_1，x_2 将函数的定义域 $(-\infty,+\infty)$ 分成三个部分区间：$(-\infty,1]$、$[1,2]$、$[2,+\infty)$，

列表讨论如下：

x	$(-\infty,1)$	1	$(1,2)$	2	$(2,+\infty)$
$f'(x)$	+	0	−	0	+
$f(x)$	↗	2	↘	1	↗

表中↗表示函数在该区间内单调增加，↘表示函数在该区间内单调减少。

所以，函数 $f(x)$ 在 $(-\infty,1]$ 和 $[2,+\infty)$ 上单调增加，在 $[1,2]$ 上单调减少。函数的图形如图 3-5 所示。

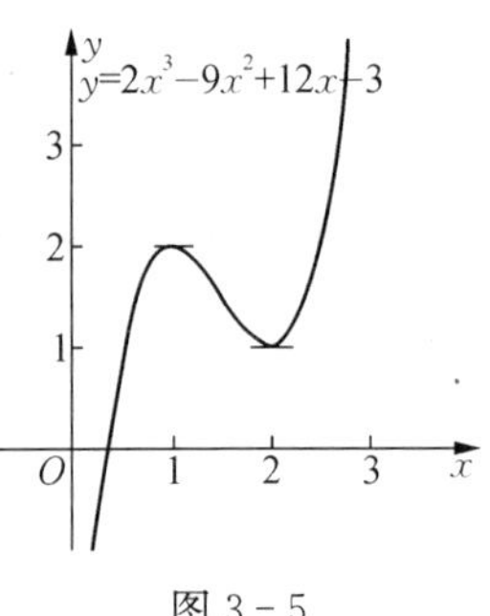

图 3-5

例 3-2-2　试证 $f(x)=x-\sin x$ 是单调增加函数。

证明　因为 $f'(x)=1-\cos x\geqslant 0$，只有当 $x=2k\pi$（k 为整数）时，才使 $f'(x)=0$，不存在 $f'(x)$ 恒为零的区间，因此 $f(x)$

在$(-\infty, +\infty)$内是单调增加函数。

一般地,如果$f'(x)$在某区间内的有限个点处为零,在其余点处均为正(或负)时,那么$f(x)$在该区间上仍旧是单调增加(或单调减少)的。

例 3-2-3　确定函数$f(x)=(x-2)^{\frac{2}{3}}$的单调区间。

解　该函数的定义域为$(-\infty, +\infty)$。$f'(x)=\dfrac{2}{3\cdot\sqrt[3]{x-2}}$。

在$(-\infty, +\infty)$内没有$f'(x)=0$的点;$x=2$是导数不存在的点。

$x=2$将函数的定义域$(-\infty, +\infty)$分成两个部分区间:$(-\infty, 2]$、$[2, +\infty)$,列表讨论如下:

x	$(-\infty, 2)$	2	$(2, +\infty)$
$f'(x)$	$-$	不存在	$+$
$f(x)$	↘	0	↗

所以,$f(x)$在$(-\infty, 2]$上单调减少,在$[2, +\infty)$上单调增加。函数的图形如图 3-6 所示。

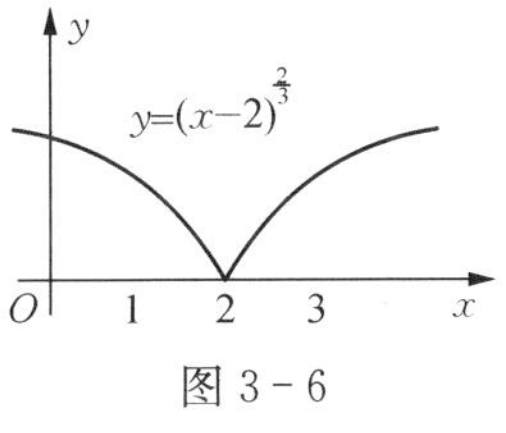

图 3-6

由上例可见,$f'(x)=0$或$f'(x)$不存在的点可能是$f(x)$单调区间的分界点。

因此,求$f(x)$单调增减区间的步骤:

(1) 确定$f(x)$的定义域;

(2) 求出$f(x)$单调区间所有可能的分界点($f'(x)=0$的点、$f'(x)$不存在的点),并根据分界点把定义域分成相应区间;

(3) 判断$f'(x)$在各区间内的符号,从而判断$f(x)$在各区间中的单调性。

例 3-2-4　确定函数$f(x)=x^{\frac{1}{3}}(x-1)$的单调区间。

解　函数的定义域为$(-\infty, +\infty)$。

$$f'(x)=\frac{1}{3}x^{-\frac{2}{3}}(x-1)+x^{\frac{1}{3}}=\frac{4x-1}{3x^{\frac{2}{3}}}。$$

令 $f'(x)=0$,得 $x=\dfrac{1}{4}$;$x=0$ 时导数不存在。

$x=0$, $x=\dfrac{1}{4}$ 将函数的定义域$(-\infty, +\infty)$分成三个部分区间:$(-\infty, 0]$、$\left[0, \dfrac{1}{4}\right]$、$\left[\dfrac{1}{4}, +\infty\right)$,列表讨论如下:

x	$(-\infty, 0)$	0	$\left(0, \frac{1}{4}\right)$	$\frac{1}{4}$	$\left(\frac{1}{4}, +\infty\right)$
$f'(x)$	$-$	不存在	$-$	$x=0$	$+$
$f(x)$	↘	$x=0$	↘	$-\frac{3}{4\sqrt[3]{4}}$	↗

所以,函数 $f(x)$ 在$\left[\dfrac{1}{4}, +\infty\right)$上单调增加,在$(-\infty, 0]$和$\left[0, \dfrac{1}{4}\right]$上单调减少。

例 3-2-5 证明:当 $x<0$ 时,$e^x>1+x$。

证明 设 $f(x)=e^x-1-x$,则 $f'(x)=e^x-1$。

$f(x)$ 在$(-\infty, 0]$上连续,在$(-\infty, 0)$内 $f'(x)<0$,因此在$(-\infty, 0]$上 $f(x)$ 单调减少,从而当 $x<0$ 时,$f(x)>f(0)$。

由于 $f(0)=0$,故 $f(x)>f(0)=0$,即 $e^x-1-x>0$,

亦即 $$e^x>1+x, (x<0)。$$

二、函数的极值

1. 函数极值的定义

定义 1 **设函数 $y=f(x)$ 在点 x_0 的某邻域内有定义,如果对该邻域内的任何点 x,除了点 x_0 外, $f(x)<f(x_0)$ ($f(x)>f(x_0)$) 均成立,则称 $f(x_0)$ 是函数 $f(x)$ 的极大值(极小值), x_0 称为函数 $f(x)$ 的极大值点(极小值点)。**

函数的极大值与极小值统称为函数的极值,极大值点与极小值点统称为极值点。

注意　函数的极值只能在区间的内点取得，在区间的端点不可能取得极值。函数的极值是一个局部性概念，它只与极值点附近的点的函数值作比较，而不是与函数在整个区间上的函数值作比较。因此，函数在某一区间内可能有几个极大值或极小值，而且极小值可能大于极大值。

如图3-7所示，$f(x_1)$、$f(x_4)$分别是函数$f(x)$的极大值；$f(x_2)$、$f(x_5)$分别是函数$f(x)$的极小值；x_1、x_4是函数$f(x)$的极大值点，x_2、x_5是函数$f(x)$的极小值点，极大值$f(x_1)$小于极小值$f(x_5)$，显然，极大值$f(x_1)$不是最大值。

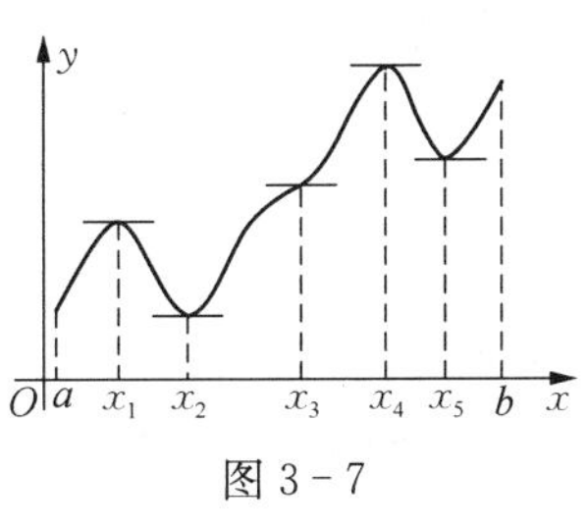

图3-7

2. 函数极值的判定及其求法

定理2　**如果点x_0是函数$f(x)$的极值点，则$f'(x_0)=0$或$f'(x_0)$不存在。**

注意　定理2的逆定理是不成立的，即使有$f'(x_0)=0$或$f'(x_0)$不存在，x_0点也不一定是函数$f(x)$的极值点。例如，$f(x)=x^3$，在$x=0$处$f(x)$的导数为零，但点$x=0$不是$f(x)$的极值点（见图3-8）；$f(x)=(x-2)^{\frac{2}{3}}$，在$x=2$处$f(x)$的导数不存在，但点$x=2$是$f(x)$的极小值点（见图3-6）；$f(x)=x^{\frac{1}{3}}$，在$x=0$处$f(x)$的导数不存在，但点$x=0$不是$f(x)$的极值点（见图3-9）。

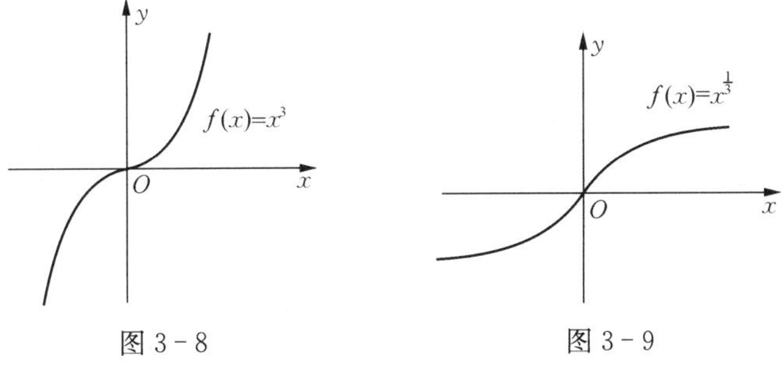

图3-8　　图3-9

使 $f'(x)=0$ 的点,称为函数 $f(x)$ 的驻点(或稳定点)。 对可导函数而言,极值点必是驻点,驻点不一定是极值点。或者说,可导函数 $f(x)$ 满足 $f'(x_0)=0$ 是点 x_0 为极值点的必要条件,但不是充分条件。

综上所述:函数可能的极值点是函数的驻点或导数不存在的点,但驻点或导数不存在的点不一定是函数的极值点。下面的定理给出如何判别在这些"可疑点"处 $f(x)$ 是否取得极值?如果取得极值,是取极大值还是取极小值?

定理 3 (第一充分条件)设函数 $f(x)$ 在 x_0 处连续,且在 x_0 的去心邻域内可导。

(1) 当 $x<x_0$ 时,$f'(x)>0$,而 $x>x_0$ 时,$f'(x)<0$,则 $f(x)$ 在 x_0 处取得极大值;

(2) 当 $x<x_0$ 时,$f'(x)<0$,而 $x>x_0$ 时,$f'(x)>0$,则 $f(x)$ 在 x_0 处取得极小值;

(3) 当 $x<x_0$ 和 $x>x_0$ 时,$f'(x)$ 的符号保持不变,则 $f(x)$ 在 x_0 处没有极值。

定理 3 可由函数的单调性判别法以及极值的定义容易证明。

例 3-2-6 求函数 $f(x)=x-\frac{3}{2}x^{\frac{2}{3}}$ 的极值。

解 该函数的定义域为$(-\infty, +\infty)$。

$$f'(x)=1-x^{-\frac{1}{3}}=\frac{x^{\frac{1}{3}}-1}{x^{1/3}}。$$

令 $f'(x)=0$,得驻点 $x=1$;当 $x=0$ 时,$f'(x)$ 不存在。

$x=0$, $x=1$ 将函数的定义域$(-\infty, +\infty)$分成三个部分区间:$(-\infty, 0]$、$[0, 1]$、$[1, +\infty)$,列表讨论如下:

x	$(-\infty, 0)$	0	$(0, 1)$	1	$(1, +\infty)$
$f'(x)$	+	不存在	−	0	+
$f(x)$	↗	极大值 0	↘	极小值$-\frac{1}{2}$	↗

所以，$f(x)$ 在 $x=0$ 处取得极大值，极大值为 $f(0)=0$，$f(x)$ 在 $x=1$ 处取得极小值，极小值为 $f(1)=-\dfrac{1}{2}$。

在不少情况下，当函数 $f(x)$在驻点处的二阶导数存在且不为零时，也可以根据下述定理来判定 $f(x)$在驻点处取得极大值还是极小值。

定理 4　(第二充分条件)设函数 $f(x)$在 x_0 处具有二阶导数，且 $f'(x_0)=0$，$f''(x_0)\neq 0$，那么

(1) 当 $f''(x_0)<0$ 时，$f(x)$在 x_0 处取得极大值；

(2) 当 $f''(x_0)>0$ 时，$f(x)$在 x_0 处取得极小值。

该定理可用导数的定义和定理 3 的结论证明。

例 3-2-7　求函数 $f(x)=x+\sqrt{1-x}$ 的极值。

解　该函数的定义域为 $(-\infty, 1]$，$f'(x)=1-\dfrac{1}{2\sqrt{1-x}}$，$f''(x)=-\dfrac{1}{4\sqrt{(1-x)^3}}$。

令 $f'(x)=0$，得驻点 $x=\dfrac{3}{4}$，因为 $f''\left(\dfrac{3}{4}\right)=\dfrac{-1}{4\left(1-\dfrac{3}{4}\right)^{\frac{3}{2}}}<0$，

所以 $f(x)$ 在 $x=\dfrac{3}{4}$ 处取得极大值，极大值为 $f\left(\dfrac{3}{4}\right)=\dfrac{3}{4}+\sqrt{1-\dfrac{3}{4}}=\dfrac{5}{4}$。

例 3-2-8　求函数 $f(x)=(x^2-1)^3+1$ 的极值。

解　该函数的定义域为$(-\infty, +\infty)$。

$f'(x)=6x(x^2-1)^2$。

令 $f'(x)=0$，得驻点 $x=-1$，$x=0$，$x=1$。

$f''(x)=6(x^2-1)(5x^2-1)$。

因为 $f''(0)=6>0$，故在 $x=0$ 处取得极小值，极小值为 $f(0)=0$。

因为 $f''(-1)=0=f''(1)$，用定理 4 无法判别，下面利用定理 3。

当 $x<-1$ 时,$f'(x)<0$;当 $-1<x<0$ 时,$f'(x)<0$。
所以,$f(x)$ 在 $x=-1$ 处没有极值。
同理,$f(x)$ 在 $x=1$ 处没有极值。

三、曲线的凹凸性与拐点

1. 曲线凹凸性的定义

在研究函数曲线的变化时,仅仅知道它在区间内的单调性与极值是不够的,例如,函数 $y=x^2$ 和 $y=\sqrt{x}$,在 $x\geqslant 0$ 时,它们的图形都是单调上升的,但它们的弯曲方向即凹凸性却不相同(图 3-10)。因此,还需要研究曲线的凹凸性。

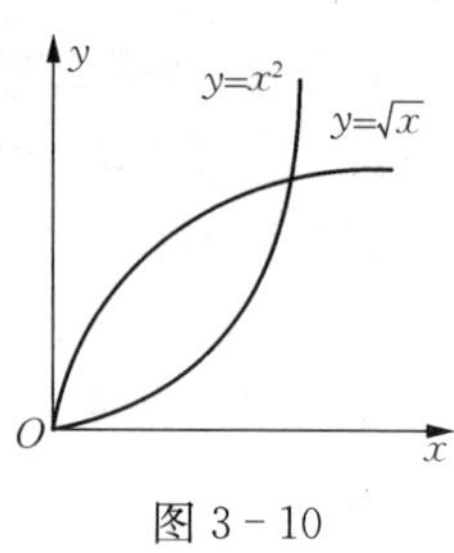

图 3-10

定义 2　设函数 $y=f(x)$ 在区间 (a, b) 内可导(从而每点处的切线存在且切线不垂直于 x 轴),如果曲线 $y=f(x)$ 都位于其上任一点处的切线的上方(下方),那么称此曲线 $y=f(x)$ 在区间 (a, b) 内是凹(凸)的或称上凹(下凹)。

2. 曲线凹凸性的判别

定理 5　设函数 $y=f(x)$ 在 $[a, b]$ 上连续,在 (a, b) 内具有一阶和二阶导数,那么

(1) 若在 (a, b) 内 $f''(x)>0$,则 $f(x)$ 在 $[a, b]$ 上的图形是凹的;

(2) 若在 (a, b) 内 $f''(x)<0$,则 $f(x)$ 在 $[a, b]$ 上的图形是凸的。

定理 5 可由拉格朗日定理及凹凸性的定义容易证得。

例 3-2-9　判定曲线 $y=\mathrm{e}^{-x^2}$ 的凹凸性。

解　该函数的定义域为 $(-\infty, +\infty)$。$y'=-2x\mathrm{e}^{-x^2}$,$y''=2(2x^2-1)\mathrm{e}^{-x^2}$。

令 $y''=0$,得 $x_1=-\dfrac{1}{\sqrt{2}}$,$x_2=\dfrac{1}{\sqrt{2}}$。x_1,x_2 把函数的定义域 $(-\infty, +\infty)$ 分成三个部分区间:$\left(-\infty, -\dfrac{1}{\sqrt{2}}\right]$,$\left[-\dfrac{1}{\sqrt{2}}, \dfrac{1}{\sqrt{2}}\right]$,

$\left[\frac{1}{\sqrt{2}}, +\infty\right)$。

由于 $e^{-x^2} > 0$，所以当 $x < -\frac{1}{\sqrt{2}}$ 或 $x > \frac{1}{\sqrt{2}}$ 时，$y'' > 0$；当 $-\frac{1}{\sqrt{2}} < x < \frac{1}{\sqrt{2}}$ 时，$y'' < 0$。因此，在 $\left(-\infty, -\frac{1}{\sqrt{2}}\right]$ 和 $\left[\frac{1}{\sqrt{2}}, +\infty\right)$ 上曲线是凹的，在 $\left[-\frac{1}{\sqrt{2}}, \frac{1}{\sqrt{2}}\right]$ 上曲线是凸的。

注意　如果 y'' 在某区间内的个别点处为零，在其余点处均为正(或负)时，则曲线在该区间上仍为凹(或凸)，如 $f(x) = x^4$，$f''(x) = 12x^2$，$f''(0) = 0$，$x \neq 0$ 时，$f''(x) > 0$，所以 $f(x) = x^4$ 处处为凹。

3. 曲线的拐点及其判定

定义 3　**连续曲线上的凹弧与凸弧的分界点 $(x_0, f(x_0))$ 称为曲线的拐点。**

拐点和二阶导数的关系如何？

若点 $(x_0, f(x_0))$ 为曲线 $y = f(x)$ 的一个拐点，则必有 $f''(x_0) = 0$ 或 $f''(x_0)$ 不存在。反之，若 $f''(x_0) = 0$ 或 $f''(x_0)$ 不存在，则 $(x_0, f(x_0))$ 未必是曲线 $y = f(x)$ 的拐点。例如：

$f(x) = x^4$，曲线处处凹，且 $f''(0) = 0$，点 $(0, 0)$ 不是曲线 $f(x) = x^4$ 的拐点；$f(x) = x^{\frac{1}{3}}$，$f''(x) = -\frac{2}{9}x^{-\frac{5}{3}}$，当 $x = 0$ 时，$f''(x)$ 不存在，因曲线在 $(-\infty, 0]$ 上是凹的，在 $[0, +\infty)$ 上是凸的(见图 3-9)，所以点 $(0, 0)$ 是曲线 $f(x) = x^{\frac{1}{3}}$ 的拐点；$f(x) = (x-2)^{\frac{2}{3}}$，$f''(x) = -\frac{2}{9}(x-2)^{-\frac{4}{3}}$，当 $x = 2$ 时，$f''(x)$ 不存在，因 $x \neq 2$ 时，$f''(x) < 0$，曲线是凸的(图 3-6)，所以点 $(2, 0)$ 不是曲线 $f(x) = (x-2)^{\frac{2}{3}}$ 的拐点。

因此，拐点的横坐标只需从 $f''(x) = 0$ 或 $f''(x)$ 不存在的点中去寻找。

拐点的确定：设函数 $y = f(x)$ 在 x_0 的去心邻域内具有二阶连续

导数,且 $f''(x)$ 在 x_0 的左、右近旁有确定的符号。

(1) 若 $x < x_0$ 与 $x > x_0$ 时, $f''(x)$ 异号,则点$(x_0, f(x_0))$是曲线 $y = f(x)$ 的拐点;

(2) 若 $x < x_0$ 与 $x > x_0$ 时, $f''(x)$ 同号,则点$(x_0, f(x_0))$不是曲线 $y = f(x)$ 的拐点。

例 3-2-10 求曲线 $y = xe^{-x}$ 的凹、凸区间及拐点。

解 (1) 该函数的定义域为$(-\infty, +\infty)$;

(2) $y' = e^{-x}(1-x)$, $y'' = e^{-x}(x-2)$。

令 $y''=0$,得 $x=2$;该函数没有二阶导数不存在的点;

(3) $x=2$ 把函数的定义域$(-\infty, +\infty)$分成两个部分区间:$(-\infty, 2]$、$[2, +\infty)$。

列表讨论如下:

x	$(-\infty, 2)$	2	$(2, +\infty)$
y''	$-$	0	$+$
y	$\cap$	拐点$(2, 2e^{-2})$	$\cup$

表中$\cup$表示曲线是凹的,$\cap$表示曲线是凸的,所以,在区间$(-\infty, 2]$上,曲线 $y = xe^{-x}$ 是凸的;在区间$[2, +\infty)$上,曲线是凹的。又 $f(2) = 2e^{-2}$,故点$(2, 2e^{-2})$是该曲线的拐点。

例 3-2-11 求曲线 $y = (x-1)\sqrt[3]{x^5}$ 的凹、凸区间及拐点。

解 (1) 该函数的定义域为$(-\infty, +\infty)$;

(2) $y' = x^{\frac{5}{3}} + (x-1)\dfrac{5}{3}x^{\frac{2}{3}} = \dfrac{8}{3}x^{\frac{5}{3}} - \dfrac{5}{3}x^{\frac{2}{3}}$,

$$y'' = \frac{40}{9}x^{\frac{2}{3}} - \frac{10}{9}x^{-\frac{1}{3}} = \frac{10}{9}\cdot\frac{4x-1}{\sqrt[3]{x}}。$$

令 $y''=0$,得 $x=\dfrac{1}{4}$;在 $x=0$ 处 y''不存在;

(3) $x=0$, $x=\dfrac{1}{4}$ 把定义域$(-\infty, +\infty)$分成三个部分区间:

$[-\infty, 0]$、$\left[0, \dfrac{1}{4}\right]$、$\left[\dfrac{1}{4}, +\infty\right]$,列表讨论如下:

x	$(-\infty, 0)$	0	$\left(0, \frac{1}{4}\right)$	$\frac{1}{4}$	$\left(\frac{1}{4}, +\infty\right)$
y''	+	不存在	−	0	+
y	$\cup$	拐点(0, 0)	$\cap$	拐点$\left(\frac{1}{4}, -\frac{3}{16\sqrt[3]{16}}\right)$	$\cup$

所以，在区间 $[-\infty, 0]$ 和 $\left[\frac{1}{4}, +\infty\right]$ 上，曲线是凹的；在区间 $\left[0, \frac{1}{4}\right]$ 上，曲线是凸的。又 $f(0)=0$，$f\left(\frac{1}{4}\right)=-\frac{3}{16\sqrt[3]{16}}$，故拐点为 $(0, 0)$ 和 $\left(\frac{1}{4}, -\frac{3}{16\sqrt[3]{16}}\right)$。

习题 3 - 2

1. 求下列函数的单调区间：

(1) $y = x - e^x$；　　(2) $y = x\sqrt{4-x^2}$；

(3) $y = (x-1)(x+1)^3$；　　(4) $y = \frac{e^x}{x}$。

2. 判定下列函数的单调性：

(1) $f(x) = \arctan x - x$；

(2) $f(x) = x + \cos x$，$(0 \leqslant x \leqslant 2\pi)$。

3. 利用函数的单调性证明下列不等式：

(1) $x > \ln(1+x)$，$x > 0$；　　(2) $2^x > x^2$，$x > 4$。

4. 求下列函数的极值：

(1) $y = 2x^3 - 3x^2$；　　(2) $y = x\ln x$；

(3) $y = 2e^x + e^{-x}$；　　(4) $y = 2-(x-1)^{\frac{2}{3}}$。

5. 试问 a 为何值时，函数 $f(x) = a\sin x + \frac{1}{3}\sin 3x$ 在 $x = \frac{\pi}{3}$ 处取得极值？它是极大值还是极小值？并求此极值。

6. 判定下列曲线的凹凸性：

(1) $y=x+\dfrac{1}{x}$；　　(2) $y=x\operatorname{arccot}x$；

(3) $y=x^4-2x^3$；　　(4) $y=x^3-3x^2-x+2$。

7. 求下列曲线的凹凸区间和拐点：

(1) $y=x^3-5x^2+3x+5$；　　(2) $y=\ln(x^2+1)$；

(3) $y=e^{\arctan x}$；　　(4) $y=(x-2)^{\frac{5}{3}}$。

第三节　函数图形的描绘

为了更好地了解函数的性态特征，我们还需要了解当曲线向无穷远延伸时，其趋向呈现何种规律？

一、曲线的渐近线

定义　**如果曲线 C 上的点，沿曲线无限地远离原点时，该点与某一直线 L 的距离趋于零，则称此直线 L 为曲线 C 的渐近线。**

(1) 若函数 $y=f(x)$ 在点 x_0 处间断，且 $\lim\limits_{x\to x_0^+}f(x)=\infty$ 或 $\lim\limits_{x\to x_0^-}f(x)=\infty$，则称直线 $x=x_0$ 为曲线 $y=f(x)$ 的垂直渐近线。

(2) 若函数 $y=f(x)$ 定义在无穷区间，且 $\lim\limits_{x\to+\infty}f(x)=b$ 或 $\lim\limits_{x\to-\infty}f(x)=b$，则称直线 $y=b$ 为曲线 $y=f(x)$ 的水平渐近线。

例 3-3-1　求曲线 $y=x\sin\dfrac{1}{x}$ 的水平渐近线。

解　因为 $\lim\limits_{x\to\infty}x\sin\dfrac{1}{x}=\lim\limits_{x\to\infty}\dfrac{\sin\dfrac{1}{x}}{\dfrac{1}{x}}=1$，所以，直线 $y=1$ 是曲线 $y=x\sin\dfrac{1}{x}$ 的水平渐近线。

例 3-3-2　求曲线 $y=\ln(x-3)$ 的垂直渐近线。

解　因为 $\lim\limits_{x\to3^+}\ln(x-3)=-\infty$，所以 $x=3$ 是曲线 $y=\ln(x-3)$ 的垂直渐近线。

例 3-3-3　求曲线 $y=\frac{1}{x-1}$ 的水平渐近线和垂直渐近线。

解　因为 $\lim\limits_{x\to\infty}\frac{1}{x-1}=0$，所以 $y=0$ 是曲线 $y=\frac{1}{x-1}$ 的水平渐近线。

因为 $\lim\limits_{x\to 1^-}\frac{1}{x-1}=-\infty$，$\lim\limits_{x\to 1^+}\frac{1}{x-1}=+\infty$，所以 $x=1$ 是曲线 $y=\frac{1}{x-1}$ 的垂直渐近线。

二、函数图形的描绘

利用一阶导数可以判断函数的单调性，求出函数的极值点。利用二阶导数，可以判定曲线的凹凸性和求出拐点。此外，利用渐近线，可以描绘函数曲线的变化趋势。因此，描绘函数的图形是导数的重要应用。描绘函数图形的一般步骤如下：

(1) 确定函数的定义区间、间断点、奇偶性、周期性等；

(2) 求出一阶、二阶导数为 0 的点和导数不存在的点，并以此作为分界点；

(3) 利用一阶导数判定单调区间、求极值点，利用二阶导数判定曲线的凹凸性、求拐点，并列表讨论；

(4) 求渐近线，确定曲线在无穷远处的趋向；

(5) 利用特征点和辅助点描绘函数图形。

例 3-3-4　描绘 $y=\frac{1}{\sqrt{2\pi}}e^{-\frac{x^2}{2}}$ 的图形。

解　(1) 该函数的定义域为 $(-\infty,\ \infty)$。因为 $y>0$，故图形在 x 轴上方。又 $y(-x)=\frac{1}{\sqrt{2\pi}}e^{-\frac{(-x)^2}{2}}=\frac{1}{\sqrt{2\pi}}e^{-\frac{x^2}{2}}=y(x)$，所以 y 是偶函数；

(2) $y'=-\frac{x}{\sqrt{2\pi}}e^{-\frac{x^2}{2}}$，令 $y'=0$，得驻点 $x=0$；

$y''=\frac{(x+1)(x-1)}{\sqrt{2\pi}}e^{-\frac{x^2}{2}}$，令 $y''=0$，得 $x=\pm 1$。

(3) 列表讨论：

x	$(-\infty, -1)$	-1	$(-1, 0)$	0	$(0, 1)$	1	$(1, +\infty)$
y'	$+$		$+$	0	$-$		$-$
y''	$+$	0	$-$		$-$	0	$+$
y	$\nearrow$ $\cup$	拐点 $\left(-1, \dfrac{1}{\sqrt{2\pi e}}\right)$	$\nearrow$ $\cap$	极大值 $y(0)=\dfrac{1}{\sqrt{2\pi}}$	$\searrow$ $\cap$	拐点 $\left(1, \dfrac{1}{\sqrt{2\pi e}}\right)$	$\searrow$ $\cup$

(4) 求渐近线由 $\lim\limits_{x\to\infty} y = \lim\limits_{x\to\infty} \dfrac{1}{\sqrt{2\pi}} e^{\frac{-x^2}{2}} = 0$，知 $y=0$ 是水平渐近线；

(5) 曲线通过点 $\left(-1, \dfrac{1}{\sqrt{2\pi e}}\right)$，$\left(0, \dfrac{1}{\sqrt{2\pi}}\right)$，$\left(1, \dfrac{1}{\sqrt{2\pi e}}\right)$，

再计算两个点：$\left(2, \dfrac{1}{\sqrt{2\pi}\, e^2}\right)$，$\left(-2, \dfrac{1}{\sqrt{2\pi}\, e^2}\right)$。

根据这些点及上表中所示的函数 y 的性态描出其图形，如图 3-11 所示，这函数的图形就是概率论中重要的标准正态分布曲线。

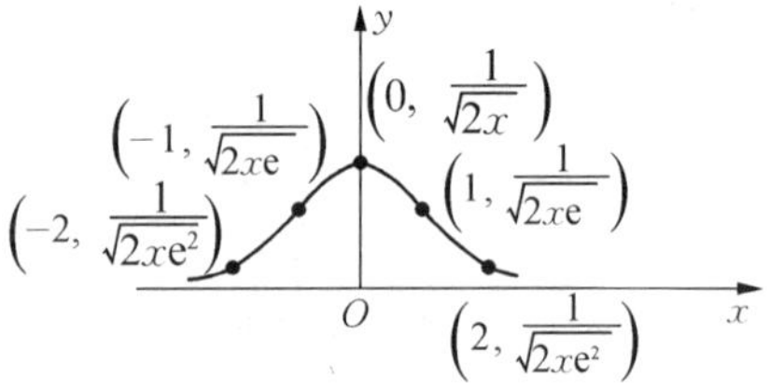

图 3-11

例 3-3-5 描绘 $y = \dfrac{x-1}{(x-2)^2} - 1$ 的图形。

解 (1) 该函数的定义域为 $(-\infty, 2) \cup (2, +\infty)$。

(2) $y' = \dfrac{(x-2)^2 - 2(x-2)(x-1)}{(x-2)^4} = -\dfrac{x}{(x-2)^3}$，

令 $y' = 0$，得驻点 $x = 0$；$y'' = -\dfrac{1}{(x-2)^3} + \dfrac{3x}{(x-2)^4} = \dfrac{2(x+1)}{(x-2)^4}$，令 $y'' = 0$，得 $x = -1$。

(3) 列表讨论：

x	$(-\infty, -1)$	-1	$(-1, 0)$	0	$(0, 2)$	$(2, +\infty)$
y'	$-$	$-$	$-$	0	$+$	$-$
y''	$-$	0	$+$	$+$	$+$	$+$
y	$\searrow$ $\cap$	拐点 $\left(-1, -\frac{11}{9}\right)$	$\searrow$ $\cup$	极小值 $\left(0, -\frac{5}{4}\right)$	$\nearrow$ $\cup$	$\searrow$ $\cup$

(4) 求渐近线：

由 $\lim\limits_{x\to 2^+}\left[\frac{x-1}{(x-2)^2}-1\right]=+\infty$，$\lim\limits_{x\to 2^-}\left[\frac{x-1}{(x-2)^2}-1\right]=+\infty$，知 $x=2$ 是垂直渐近线；

由 $\lim\limits_{x\to+\infty}\left[\frac{x-1}{(x-2)^2}-1\right]=-1$，$\lim\limits_{x\to-\infty}\left[\frac{x-1}{(x-2)^2}-1\right]=-1$，知 $y=-1$ 是水平渐近线。

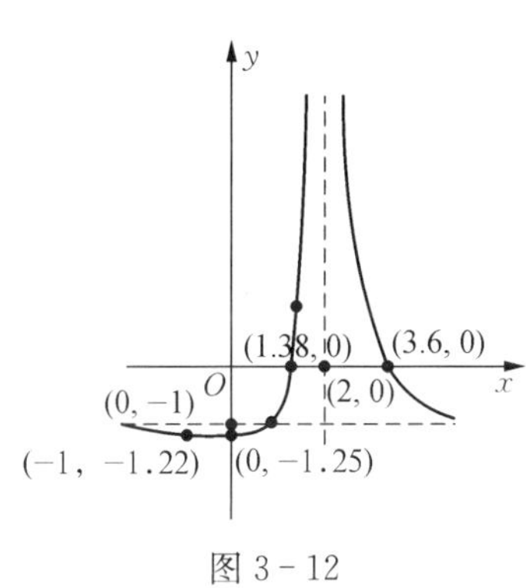

图 3-12

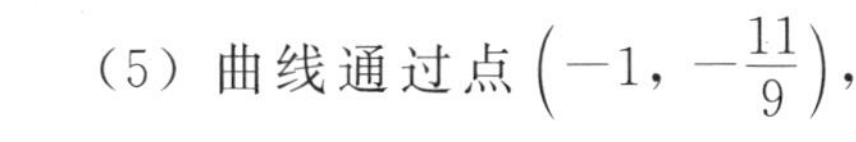
(5) 曲线通过点 $\left(-1, -\frac{11}{9}\right)$，$\left(0, -\frac{5}{4}\right)$，再计算三个点：

$(1, -1)$，$\left(\frac{5-\sqrt{5}}{2}, 0\right)\approx(1.38, 0)$，$\left(\frac{5+\sqrt{5}}{2}, 0\right)\approx(3.6, 0)$。

习题 3-3

1. 求下列曲线的渐近线：

(1) $y=\frac{1}{x^2-4x+5}$；　(2) $y=\frac{1}{(x+2)^3}$；

(3) $y=e^{\frac{1}{x}}$；　(4) $y=xe^{-x}$。

2. 描绘下列函数的图形：

(1) $y=x^4-6x^2+8x+7$；　　　　(2) $y=x+\frac{1}{x}$。

3. 求函数 $y=\frac{\ln x}{x}$ 的单调区间、极值及此函数曲线的凹凸区间和拐点、渐近线，并作出函数的图形。

第四节　函数的最大值和最小值

一、闭区间上连续函数的最大值和最小值

设函数 $y=f(x)$ 在 $[a, b]$ 上连续，在 (a, b) 内除有限个点外可导，且至多有有限个驻点，则 $f(x)$ 在 $[a, b]$ 上的最大值和最小值可按下列步骤求得：

(1) 求出 $f(x)$ 在 (a, b) 内的所有驻点和导数不存在的点；

(2) 求出驻点、导数不存在的点、以及端点处的函数值；

(3) 比较上述函数值，其最大者即为最大值，最小者即为最小值。

例 3-4-1　求 $f(x)=x^4-2x^2+5$ 在 $[-2, 2]$ 上的最大值和最小值。

解　$f'(x)=4x^3-4x=4x(x+1)(x-1)$。

令 $f'(x)=0$，得 $x=0$，$x=-1$，$x=1$。

驻点处的函数值为 $f(-1)=4$，$f(0)=5$，$f(1)=4$。

端点处的函数值为 $f(-2)=f(2)=13$。

因此，比较上述五个点的函数值，可得 $f(x)$ 在区间 $[-2, 2]$ 上的最大值为 $f(-2)=f(2)=13$，最小值为 $f(-1)=f(1)=4$。

二、实际问题中的最大值和最小值

在实际问题中，往往根据问题的性质可以断定可导函数 $f(x)$ 在区间内部确有最大值或最小值。这时，如果求出 $f(x)$ 在区间内只有唯一的驻点 x_0，那么，不必判断 $f(x_0)$ 是不是极值，就可以断定 $f(x_0)$ 就是最大值或最小值。

例 3-4-2　某农场需要围出一个矩形场地，以直的河岸为一

边，其他三边用篱笆，现有 120 m 长的篱笆，问矩形场地的长与宽各为多少时，才能使所围的场地面积最大？

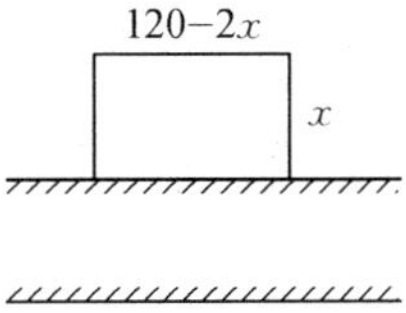

$120-2x$　x

图 3-13

解　如图 3-13 所示，设矩形场地的宽为 x m，为使场地周长等于 120 m，则长为$(120-2x)$m，因而场地面积为

$$S=x(120-2x)(0<x<60)$$

这样，问题就归结为求 x 为何值时，S 取得最大值。

为此，求 S 对 x 的导数：

$$S'=120-4x$$

解方程 $S'=0$，得 S 在区间$(0,\ 60)$内的唯一驻点 $x=30$，此时 $120-2x=60$。

由该问题的实际意义可知，场地面积的最大值是存在的，故在这唯一的驻点 $x=30$ 处，面积 S 取得最大值，即当矩形场地的宽为 $x=30$ m，长为 60 m 时，场地面积 S 最大，最大面积为 1 800 m^2。

例 3-4-3　用钢板做一个容积为 V 的有盖圆柱形桶，问桶底半径和桶高等于多少时，才能使所用的材料最省？

解　要使材料最省，就是要使桶的总面积最小，设圆柱形桶的底面半径为 r，高为 h，则它的侧面积为 $2\pi rh$，底面积为 πr^2，因此总表面积为

$$S=2\pi r^2+2\pi rh。$$

由体积公式 $V=\pi r^2 h$，有 $h=\dfrac{V}{\pi r^2}$，所以 $S=2\pi r^2+\dfrac{2V}{r}$，$(r>0)$。

这样，问题归结为求 r 为何值时 S 取得最小值。为此，求 S 对 r 的导数：

$$S'=4\pi r-\frac{2V}{r^2}=\frac{2(2\pi r^3-V)}{r^2}。$$

解方程 $S'=0$，得 S 在区间$(0,\ +\infty)$内的唯一驻点 $r_0=\sqrt[3]{\dfrac{V}{2\pi}}$。

由该问题的实际意义可知,圆柱形桶表面积的最小值是存在的,故在这唯一的驻点 $r_0=\sqrt[3]{\frac{V}{2\pi}}$ 处,表面积 S 取得最小值。这时,相应的高 $h_0=\frac{V}{\pi r_0^2}=\frac{V}{\pi\left(\sqrt[3]{\frac{V}{2\pi}}\right)^2}=2\cdot\sqrt[3]{\frac{V}{2\pi}}=2r_0$

因此,当圆柱形桶的高和底面直径相等时,所用材料最省。

此例中如果要做的圆柱形桶是无盖的,那么要使所用的材料最省,桶底半径与桶高又该等于多少?请读者自己完成。

习题 3-4

1. 求下列函数的最值:

(1) $y=|x^2-3x+2|$, $x\in[-3, 4]$;

(2) $y=\sqrt{100-x^2}$, $x\in[-6, 8]$;

(3) $y=\sin 2x-x$, $x\in\left[-\frac{\pi}{2}, \frac{\pi}{2}\right]$;

(4) $y=x+\sqrt{x-1}$, $x\in[-5, 1]$。

2. 某车间靠墙壁要盖一间长方形小屋,现有存砖只够砌墙 20 m,问应围成怎样的长方形才能使这间小屋面积最大。

3. 隧道截面是矩形加半圆,周长是 15 m,问矩形的底边为多少时,截面面积最大。

4. 要做一个底为正方形,容积为 108 m^3 的长方体开口容器,怎样做法所用材料最省?

5. 欲做一个容积为 300 m^3 的无盖圆柱形蓄水池,已知池底单位造价为周围单位造价的两倍。问蓄水池的尺寸应怎样设计才能使总造价最低?

第五节　洛必达法则

两个无穷小之比或两个无穷大之比的极限可能存在,也可能不存在，我们称这类极限为“未定式”，并将两个无穷小之比的极限记为$\frac{0}{0}$型，两个无穷大之比的极限记为$\frac{\infty}{\infty}$型。对于这类极限，一般不能用极限运算法则，本节介绍利用导数求“未定式”的极限的方法，称为洛必达法则。

一、$\frac{0}{0}$型未定式

定理 1 设函数 $f(x)$，$F(x)$ 满足下列条件：

(1) 当 $x \to a$（或当 $x \to \infty$）时，$f(x) \to 0$，$F(x) \to 0$；

(2) 在点 a 的某去心邻域内（或当 $|x|>N$ 时），$f'(x)$、$F'(x)$ 都存在，且 $F'(x) \neq 0$；

(3) $\lim\limits_{\substack{x\to a\\(x\to\infty)}} \frac{f'(x)}{F'(x)} = A$（或 ∞）。

则
$$\lim_{\substack{x\to a\\(x\to\infty)}} \frac{f(x)}{F(x)} = \lim_{\substack{x\to a\\(x\to\infty)}} \frac{f'(x)}{F'(x)} = A（或\ \infty）。$$

这种通过对分子与分母分别求导来确定未定式极限的方法是法国数学家洛必达首先提出的，所以叫做洛必达法则。定理 1 的证明可由柯西定理证得。

例 3-5-1 求 $\lim\limits_{x\to 0} \frac{e^x - 1}{x^2 - x}$。

解 $\lim\limits_{x\to 0} \frac{e^x - 1}{x^2 - x} = \lim\limits_{x\to 0} \frac{e^x}{2x - 1} = -1$。

例 3-5-2 求 $\lim\limits_{x\to\frac{\pi}{3}} \frac{\sin\left(\frac{\pi}{3} - x\right)}{1 - 2\cos x}$。

解 $\lim\limits_{x\to\frac{\pi}{3}} \frac{\sin\left(\frac{\pi}{3} - x\right)}{1 - 2\cos x} = \lim\limits_{x\to\frac{\pi}{3}} \frac{-\cos\left(\frac{\pi}{3} - x\right)}{2\sin x} = -\frac{1}{\sqrt{3}}$。

例 3-5-3 求 $\lim\limits_{x\to 1} \frac{x^5 - 5x + 4}{x^4 - x^2 - 2x + 2}$。

解 $\lim\limits_{x\to 1} \frac{x^5 - 5x + 4}{x^4 - x^2 - 2x + 2} = \lim\limits_{x\to 1} \frac{5x^4 - 5}{4x^3 - 2x - 2} = \lim\limits_{x\to 1} \frac{20x^3}{12x^2 - 2} = 2$。

例 3-5-4 求 $\lim\limits_{x\to+\infty}\dfrac{\dfrac{\pi}{2}-\arctan x}{\dfrac{1}{x}}$。

解 $$\lim_{x\to+\infty}\frac{\dfrac{\pi}{2}-\arctan x}{\dfrac{1}{x}}=\lim_{x\to+\infty}\frac{-\dfrac{1}{1+x^2}}{-\dfrac{1}{x^2}}=\lim_{x\to+\infty}\frac{x^2}{1+x^2}=1。$$

二、$\dfrac{\infty}{\infty}$型未定式

定理 2 设函数 $f(x)$,$F(x)$满足下列条件:

(1) 当 $x\to a$ (或当 $x\to\infty$) 时,$f(x)\to\infty$, $F(x)\to\infty$;

(2) 在点 a 的某去心邻域内(或当$|x|>N$ 时), $f'(x)$、$F'(x)$ 都存在,且 $F'(x)\neq 0$;

(3) $\lim\limits_{\substack{x\to a\\(x\to\infty)}}\dfrac{f'(x)}{F'(x)}=A$(或 ∞)。

则 $$\lim_{\substack{x\to a\\(x\to\infty)}}\frac{f(x)}{F(x)}=\lim_{\substack{x\to a\\(x\to\infty)}}\frac{f'(x)}{F'(x)}=A(\text{或 }\infty)。$$

定理 2 可用无穷大与无穷小的关系及定理 1 证得。

例 3-5-5 求 $\lim\limits_{x\to0^+}\dfrac{\ln\cot x}{\ln x}$。

解 $$\lim_{x\to0^+}\frac{\ln\cot x}{\ln x}=\lim_{x\to0^+}\frac{\dfrac{1}{\cot x}\left(-\dfrac{1}{\sin^2 x}\right)}{\dfrac{1}{x}}=\lim_{x\to0^+}\frac{-x}{\sin x\cos x}$$

$$=-\lim_{x\to0^+}\frac{x}{\sin x}\cdot\lim_{x\to0^+}\frac{1}{\cos x}=-1。$$

例 3-5-6 求 $\lim\limits_{x\to+\infty}\dfrac{\ln x}{x^n}\ (n>0)$。

解 $$\lim_{x\to+\infty}\frac{\ln x}{x^n}=\lim_{x\to+\infty}\frac{\dfrac{1}{x}}{nx^{n-1}}=\lim_{x\to+\infty}\frac{1}{nx^n}=0。$$

例 3-5-7 求 $\lim\limits_{x\to+\infty}\dfrac{x^n}{e^x}$。

解 $\lim\limits_{x\to+\infty}\dfrac{x^n}{e^x}=\lim\limits_{x\to+\infty}\dfrac{nx^{n-1}}{e^x}=\cdots=\lim\limits_{x\to+\infty}\dfrac{n!}{e^x}=0$。

以上两例说明一个事实：$x\to+\infty$时，对数函数、幂函数、指数函数，它们趋向无穷大的速度依次增大。

例 3-5-8 求 $\lim\limits_{x\to\infty}\dfrac{x+\sin x}{x-\sin x}$。

解 这是 $\dfrac{\infty}{\infty}$ 型，$\lim\limits_{x\to\infty}\dfrac{x+\sin x}{x-\sin x}=\lim\limits_{x\to\infty}\dfrac{1+\cos x}{1-\cos x}$，

但 $\lim\limits_{x\to\infty}\dfrac{1+\cos x}{1-\cos x}$ 不存在也不为无穷大，不满足洛必达法则的条件，故不能用洛必达法则，可以改用下面的方法计算：

$$\lim_{x\to\infty}\frac{x+\sin x}{x-\sin x}=\lim_{x\to\infty}\frac{1+\dfrac{\sin x}{x}}{1-\dfrac{\sin x}{x}}=1。$$

注意 若 $\lim\limits_{\substack{x\to a\\(x\to\infty)}}\dfrac{f'(x)}{F'(x)}$ 不存在也不为无穷大，未必能够说明 $\lim\limits_{\substack{x\to a\\(x\to\infty)}}\dfrac{f(x)}{F(x)}$ 不存在，因此应用洛必达法则时必须注意前提条件 $\lim\limits_{\substack{x\to a\\(x\to\infty)}}\dfrac{f'(x)}{F'(x)}$ 存在(或 ∞)。

洛必达法则不仅可用来求"$\dfrac{0}{0}$"型和"$\dfrac{\infty}{\infty}$"型未定式的极限，对于其他一些形式的未定式，如"$0\cdot\infty$，$\infty-\infty$，1^∞，0^0，∞^0"等可经过适当的变换，化为"$\dfrac{0}{0}$"型或"$\dfrac{\infty}{\infty}$"型未定式，然后再用洛必达法则。

例 3-5-9 求 $\lim\limits_{x\to0^+}x^a\ln x$，$(a>0)$。

解 $\lim\limits_{x\to0^+}x^a\ln x\,(0\cdot\infty\text{ 型})=\lim\limits_{x\to0^+}\dfrac{\ln x}{\dfrac{1}{x^a}}\left(\dfrac{\infty}{\infty}\text{型}\right)=\lim\limits_{x\to0^+}\dfrac{\dfrac{1}{x}}{(-a)\dfrac{1}{x^{a+1}}}=-\dfrac{1}{a}\lim\limits_{x\to0^+}x^a=0$。

例 3-5-10 求$\lim\limits_{x\to 0}\left(\dfrac{1}{\sin x}-\dfrac{1}{x}\right)$。

解 $\lim\limits_{x\to 0}\left(\dfrac{1}{\sin x}-\dfrac{1}{x}\right)$($\infty-\infty$ 型)

$$=\lim_{x\to 0}\frac{x-\sin x}{x\sin x}\left(\frac{0}{0}\text{ 型}\right)=\lim_{x\to 0}\frac{1-\cos x}{\sin x+x\cos x}\left(\frac{0}{0}\text{ 型}\right)$$

$$=\lim_{x\to 0}\frac{\sin x}{2\cos x-x\sin x}=0。$$

习题 3-5

1. 求下列函数的极限：

(1) $\lim\limits_{x\to 1}\dfrac{x^6-1}{x^7-1}$；　(2) $\lim\limits_{x\to 0}\dfrac{\ln(1-3x)}{\sin 2x}$；

(3) $\lim\limits_{x\to 0}\dfrac{\tan x-x}{x-\sin x}$；　(4) $\lim\limits_{x\to 0}\dfrac{(e^x-1)\sin x}{1-\cos x}$；

(5) $\lim\limits_{x\to +\infty}\dfrac{e^x}{x+\ln x}$；　(6) $\lim\limits_{x\to 0}\dfrac{e^x+\sin x-1}{\ln(1+x)}$；

(7) $\lim\limits_{x\to 0^+}\dfrac{\ln\tan 7x}{\ln\tan 2x}$；　(8) $\lim\limits_{x\to +\infty}\dfrac{\ln(1+e^x)}{\sqrt{1+x^2}}$。

2. 求下列函数的极限：

(1) $\lim\limits_{x\to 1}\left(\dfrac{1}{\ln x}-\dfrac{x}{\ln x}\right)$；　(2) $\lim\limits_{x\to 0}\left(\dfrac{1}{x}-\dfrac{1}{e^x-1}\right)$；

(3) $\lim\limits_{x\to 1^+}\left(\dfrac{2}{x^2-1}-\dfrac{1}{x-1}\right)$；　(4) $\lim\limits_{x\to\infty}x\sin\dfrac{k}{x}$。

3. (1) $\lim\limits_{x\to 0}\dfrac{x^2\sin\dfrac{1}{x}}{\sin x}$，$\lim\limits_{x\to +\infty}\dfrac{e^x-e^{-x}}{e^x+e^{-x}}$，$\lim\limits_{x\to\infty}\dfrac{x-\sin x}{x+\cos x}$是不是未定式？

(2) 上列各极限值等于什么？

(3) 能否用洛必达法则来求？为什么？

第六节　应用举例

例 3-6-1 从太平洋彼岸美国牵来的海底国际通信电缆在汕

头龙虎滩登陆后，须经过蜈田(A)跨过海湾铺往市区海滨路(B)，海湾宽 1 km，A、B 相距 4 km，已知地下电缆铺设费为 2 万元/km，水下电缆的修建费为 4 万元/km，两岸是平行的直线，应如何铺设费用最省(见图 3-14)？

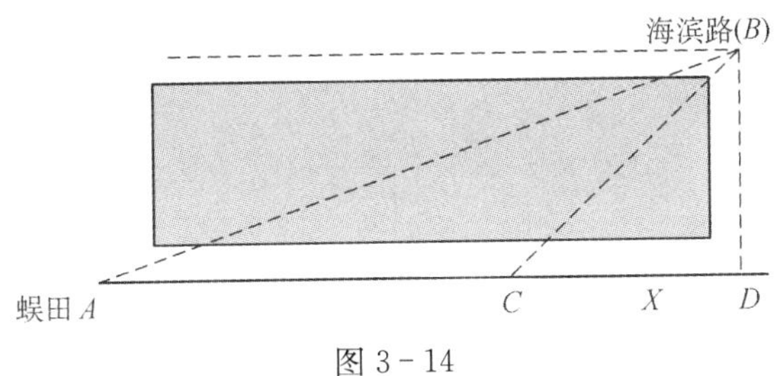

图 3-14

解　设 $CD = x(0 \leqslant x \leqslant \sqrt{15})$，

则 $AC = \sqrt{15} - x$，$BC = \sqrt{1 + x^2}$。

总费用 $F = 2AC + 4BC = 2(\sqrt{15} - x) + 4\sqrt{1 + x^2}$ $(0 \leqslant x \leqslant \sqrt{15})$。

求 F 的一阶导数，得 $F' = -2 + \dfrac{4x}{\sqrt{1 + x^2}}$。

解方程 $F' = 0$，得 F 在区间$(0, \sqrt{15})$内唯一的驻点 $x = \dfrac{\sqrt{3}}{3}$。

由该问题的实际意义可知，铺设费用的最小值是存在的，现在所求的驻点又是唯一的，故在距 D 点为$\dfrac{\sqrt{3}}{3}$ km 处铺设水下电缆，最小费用为 $F = 2\sqrt{15} + 2\sqrt{3} \approx 11.21$(万元)。

例 3-6-2　一个灯泡悬吊在半经 r 为的圆桌的正上方，桌上任一点受到的照度与光线的入射角的余弦值成正比(入射角是光线与桌面的垂直线之间的夹角)，而与光源的距离平方成反比，欲使桌子的边缘得到最强的照度，灯泡应挂在桌面上方多高(见图 3-15)？

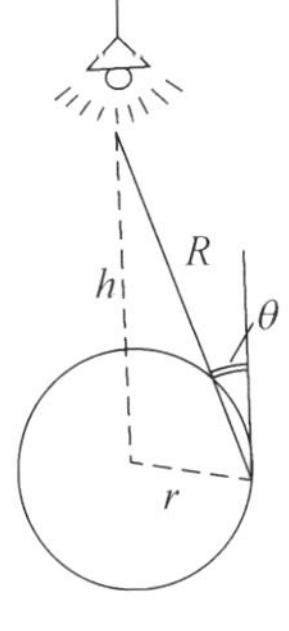

图 3-15

解　如图 3 - 15 所示,在桌子边缘处的照度 $A=k\frac{\cos\theta}{R^2}$,其中 k 为比例常数,R 为灯到桌子边缘的距离。

设 h 为灯到桌面的垂直距离,于是

$$R^2=r^2+h^2,\ \cos\theta=\frac{h}{R}=\frac{h}{\sqrt{r^2+h^2}}。$$

所以
$$A=k\cdot\frac{h}{(r^2+h^2)^{\frac{3}{2}}}\ (h>0)。$$

求 A 对 h 的导数 $A'=k\cdot\dfrac{(r^2+h^2)^{\frac{3}{2}}-h\cdot\frac{3}{2}\cdot(r^2+h^2)^{\frac{1}{2}}\cdot 2h}{(r^2+h^2)^3}$,

解方程 $A'=0$,得 $r^2+h^2-3h^2=0,\ h=\frac{\sqrt{2}}{2}r$。

由该问题的实际意义可知,最强的照度一定存在,故在这唯一的驻点 $h=\frac{\sqrt{2}}{2}r$ 处,桌子的边缘得到最强的照度。

例 3 - 6 - 3　一房地产公司有 50 套公寓要出租,当月租金定为 1 000元时,公寓会全部租出去,当月租金每增加 50 元时,就会多一套公寓租不出去,而租出去的公寓每月需花费 100 元维修费,试问房租定为多少可获得最大收入?

解　设有 x 套没有租出去,则收入函数为

$(1\,000+50x)(50-x)$, $(0\leqslant x\leqslant 50)$, $F(x)=(1\,000+50x)(50-x)-100(50-x)$。

$F'(x)=1\,600-100x$。

解方程 $F'(x)=0$,得 F 在区间$(0,\ 50)$ 内唯一的驻点 $x=16$。

由该问题的实际意义可知,收入的最大值是存在的,故当 $x=16$ 时,这时租金为 $1\,000+50\times16=1\,800$ 元,即房租定为 1 800 元时,可获得最大收入。

例 3 - 6 - 4　一稳压电源回路,电动势为 E,内阻为 r,负载电阻为 R,问如何选择 R,才能使输出功率最大?

解　由电学知识知，$I=\frac{E}{R+r}$，I 为电路中的电流，则输出功率为

$$P=I^2R=E^2\frac{R}{(R+r)^2},\ \frac{\mathrm{d}P}{\mathrm{d}R}=E^2\frac{r-R}{(R+r)^3},$$

解方程 $\frac{\mathrm{d}P}{\mathrm{d}R}=0$，得唯一的驻点 $R=r$。

由该问题的实际意义可知，输出功率的最大值是存在的，故当 $R=r$ 时，即外阻等于内阻时，输出功率最大，最大功率为 $\frac{E^2}{4R}$。

例 3-6-5　某吊车的车身高为 1.5 m，吊臂长 15 m。现在要把一个 6 m 宽、2 m 高的屋架，水平地吊到 6 m 高的柱子上去(见图 3-16)。问能否吊得上去？

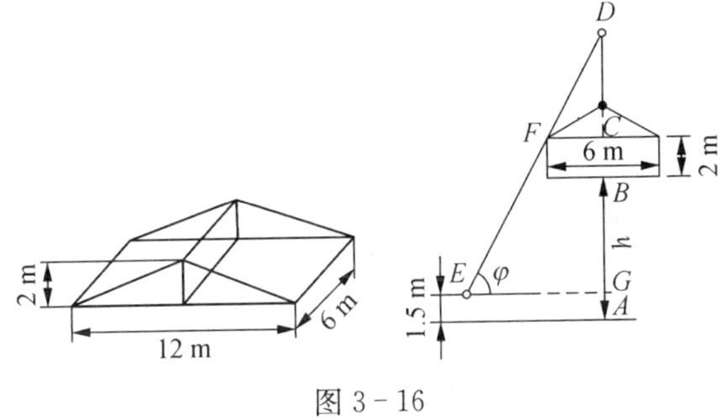

图 3-16

解　如图 3-16 所示，设吊臂对地面的倾角为 φ 时，屋架能够吊到的最大高度为 h，在直角三角形 EDG 中，建立如下关系式：

$$15\sin\varphi=(h-1.5)+2+3\tan\varphi,$$

故得函数

$$h=15\sin\varphi-3\tan\varphi-\frac{1}{2},$$

$$h'=15\cos\varphi-\frac{3}{\cos^2\varphi}。$$

解方程 $h'=0$，得 $\cos\varphi=\sqrt[3]{\frac{1}{5}}$，解得唯一的驻点 $\varphi=\arccos\sqrt[3]{\frac{1}{5}}\approx 54^\circ$，

又 $h''|_{\varphi=54^\circ}=-15\sin\varphi-3\cdot(-2)\cdot\cos^{-3}\varphi\cdot(-\sin\varphi)<0$,

所以当 $\varphi=54^\circ$时,h 取得最大值,此时 $h=15\sin 54^\circ-3\tan 54^\circ-\frac{1}{2}\approx$ 7.5(m)。故把此屋架最高能水平地吊至 7.5 m 高,现只要水平地吊至 6 m 处,当然能吊上去。

习题 3-6

1. 出版销售一种科技书 x 本,其成本费共为 $S=25\ 000+5x$ 元,由经验公式,出售 x 本书时,每本的售价为 $P=30\left(1-\frac{x}{6\ 000}\right)$元,问应生产和销售多少本书时,盈利最大?这时书的销售价格为每本多少元?
2. 设工厂 A 到铁路线距离为 20 km,垂足为 B,铁路线上距离 B100 km处有一原料供应站 C,现从 BC 间某处 D 向工厂 A 修一条公路,使从 C 运货到 A 运费最省(见图 3-17),问 D 应选在何处(已知铁路每 km 货运的运费与公路每公里货运的运费之比为 3∶5)?
3. 银幕高为 a m,银幕底边高出观众 b m,问观众距离银幕多远,看图像才能最清楚,即视角最大(见图 3-18)。

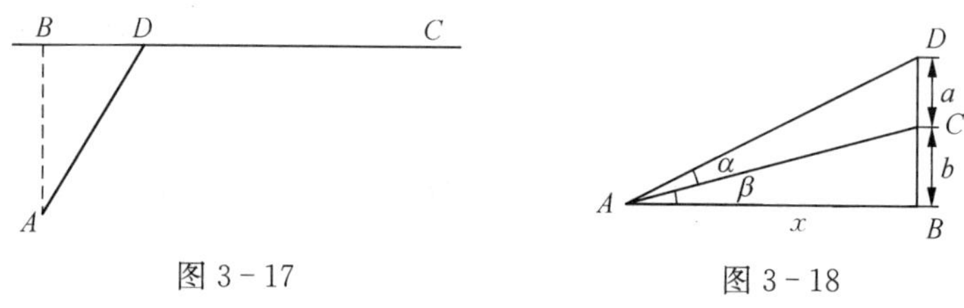

图 3-17　　　图 3-18

自测题 3

一、单项选择题:

1. 下列函数中,在区间$[-1, 1]$上满足罗尔定理的函数是(　　)。

　A. e^x;　　B. $\ln|x|$;　　C. $1-x^2$;　　D. $\frac{1}{1-x^2}$。

2. 当 $x \in (a, b)$ 时，恒有 $f'(x) < 0$，则 $f(x)$ 在(a, b) 内(　　)。

A. 单调增加；　　B. 单调减少；

C. 存在极值点；　　D. 存在驻点。

3. 若函数 $f(x) = 2x^3 + 1$ 在 $x = 0$ 处的导数 $f'(0) = 0$，则点 $x = 0$ 称为函数 $f(x)$ 的(　　)。

A. 极大值点；　B. 极小值点；　C. 极值点；　D. 驻点。

4. 设函数 $f(x) = ax^3 - x^2 - x - 1$ 在 $x = 1$ 处取得极小值，则 a 的值为(　　)。

A. 1；　B. $\dfrac{1}{3}$；　C. 0；　D. $-\dfrac{1}{3}$。

5. 下列极限中能使用洛必达法则计算的是(　　)。

A. $\lim\limits_{x\to 0}\dfrac{x^2\sin\dfrac{1}{x}}{\sin x}$；　　B. $\lim\limits_{x\to\infty}\dfrac{e^x - e^{-x}}{e^x + e^{-x}}$；

C. $\lim\limits_{x\to+\infty} x\left(\dfrac{\pi}{2} - \arctan x\right)$；　　D. $\lim\limits_{x\to\infty}\dfrac{x + \sin x}{x - \sin x}$。

6. 曲线 $y = x^2(x - 6)$ 在区间$(4, +\infty)$ 内是(　　)。

A. 单调增加且凸；　　B. 单调增加且凹；

C. 单调减少且凸；　　D. 单调减少且凹。

7. 曲线 $f(x) = \ln(x^2 + 1)$ 的拐点是(　　)。

A. $(1, \ln 1)$与$(-1, \ln 1)$；

B. $(1, \ln 2)$与$(-1, \ln 2)$；

C. $(\ln 2, 1)$与$(\ln 2, -1)$；

D. $(1, -\ln 2)$与$(-1, -\ln 2)$。

8. 曲线 $y = e^{-x^2}$(　　)。

A. 有垂直渐近线；

B. 有水平渐近线；

C. 无水平渐近线；

D. 既有垂直渐近线，又有水平渐近线。

二、填空题：

1. 设 $y = x^3$ 在$[0, 1]$上满足拉格朗日中值定理，则定理中的 $\xi =$

________。

2. 函数 $y=x-\ln(x+1)$ 在________内是单调减少的。

3. 设 $y=a\ln x+bx^2+x$ 在 $x_1=1$, $x_2=2$ 都取得极值, $a=$ ________, $b=$ ________。

4. 曲线 $y=\dfrac{e^{-x}}{x}$ 的水平渐近线为________,垂直渐近线为________。

5. 曲线 $y=e^{-x^2}$ 的凸区间是________。

6. 已知点(1, 3)是曲线 $y=ax^3+bx^2$ 的拐点,则 $a=$ ________, $b=$ ________。

7. 若连续函数 $f(x)$ 在区间 $[a, b]$ 内恒有 $f'(x)<0$,则此函数在 $[a, b]$ 上的最大值是________。

三、求下列极限:

1. $\lim\limits_{x\to 0}\dfrac{1-\cos x}{x^2}$;

2. $\lim\limits_{x\to 0}\dfrac{e^{-x}+e^{x}-2}{1-\cos x}$;

3. $\lim\limits_{x\to +\infty}\dfrac{x^2}{e^{3x}}$;

4. $\lim\limits_{x\to 1}\left(\dfrac{1}{\ln x}-\dfrac{1}{x-1}\right)$。

四、计算题:

1. 求函数 $y=\dfrac{1}{x^2-2x+4}$ 的极值及对应曲线的拐点。

2. 求 $y=\dfrac{\sqrt[3]{(x-1)^2}}{x+3}$ 在 $[0, 2]$ 上的最大值、最小值,并指出最大、最小值点。

五、应用题:

1. 欲用围墙围成面积为 216 m^2 的一块矩形土地,并在正中用一堵墙将其隔成两块,问这块土地的长和宽选取多大的尺寸,才能使所用建筑材料最省?

2. 有甲乙两生产队位于 A 地和 B 地, A 和 B 距输电线路分别为1 km和 1.5 km, A、B 在输电线上垂足间的距离为3 km,两队合用一个变压器,问设在何处最省电线(见图 3 - 19)。

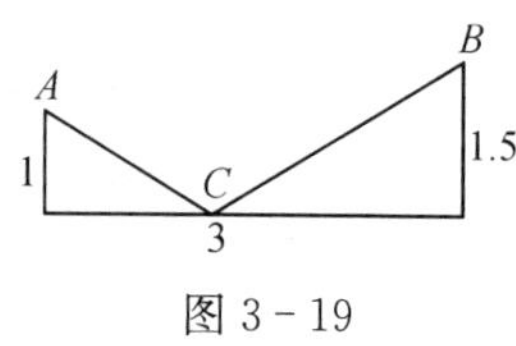

图 3 - 19

3. 求内接于抛物线 $y=1-x^2$ 与 x 轴所围区域内矩形的最大面积。

4. 在半径为 R 的半圆内作一内接梯形，使其底为直径，其他三边为圆的弦，问怎样做梯形的面积最大？

六、利用函数的单调性证明下列不等式：

1. $2\sqrt{x} > 3-\frac{1}{x}$，$x>1$；

2. $\tan x > x+\frac{1}{3}x^3$，$x\in\left(0,\frac{\pi}{2}\right)$。

一元函数积分

如果将整个数学比作一棵大树，那么初等数学是树的根，名目繁多的数学分支是树枝，树干的主要部分就是微积分。微积分的强大力量，无不让人为之惊叹，它就像一把万能的钥匙，打开了科学和大自然的大门。在微分学中，我们研究的是局部的、瞬时的事物和事件，但现实生活中，我们更需“以局部驾驭整体”、“以常制变”、“以暂定久”，这需要积分学，即是我们本章要学习的内容。

第二章我们讨论了求函数的导数问题，本章将讨论另一个问题，已知一个函数的导函数，如何求该函数。这就是本章研究的问题之一。本章将在微分学的基础上，建立不定积分和定积分的概念，并利用定积分理论来分析、解决一些几何、物理以及经济中的问题。

第一节　不定积分的概念与性质

一、原函数的概念

定义 1　**设函数 $F(x)$ 与 $f(x)$ 在区间 I 上都有定义，若 $F'(x)=f(x)$ 或 $\mathrm{d}F(x)=f(x)\mathrm{d}x$，则称 $F(x)$ 为 $f(x)$ 在区间 I 上的一个原函数。**

由此可见，在某区间 I 上，若函数 $F(x)$ 是 $f(x)$ 的原函数，则 $f(x)$ 是 $F(x)$ 的导函数。

例如，$\left(\frac{1}{3}x^3\right)'=x^2$，则称 x^2 是 $\frac{1}{3}x^3$ 的导函数，$\frac{1}{3}x^3$ 是 x^2 的一个

原函数。

定理 1　**设 $F(x)$ 是 $f(x)$ 在区间 I 上的一个原函数，则 $F(x)+C$ 也是 $f(x)$ 在 I 上的原函数，且 $f(x)$ 在区间 I 上的所有原函数都可表示为 $F(x)+C$ 的形式。**

例如，$\frac{1}{3}x^3+C$ 表示 x^2 的所有原函数。

二、不定积分的概念

定义 2　**设 $F(x)$ 是 $f(x)$ 在区间 I 上的一个原函数，则 $F(x)+C$ 称为 $f(x)$ 在区间 I 上的不定积分，记做 $\int f(x)\mathrm{d}x$，即**

$$\int f(x)\mathrm{d}x=F(x)+C。$$

其中符号 $\int$ 称为积分号，$f(x)$ 称为被积函数，$f(x)\mathrm{d}x$ 称为被积表达式，x 称为积分变量，C 称为积分常数。

不定积分 $\int f(x)\mathrm{d}x$ 可以表示 $f(x)$ 的任一个原函数。求 $f(x)$ 的不定积分，只要求得 $f(x)$ 的一个原函数 $F(x)$，再加上一个任意常数 C 即可。

例 4-1-1　求 $\int x^2\mathrm{d}x$。

解　因为 $\left(\frac{1}{3}x^3\right)'=x^2$，所以 $\frac{1}{3}x^3$ 是 x^2 的一个原函数。

因此，$\int x^2\mathrm{d}x=\frac{1}{3}x^3+C$。

例 4-1-2　求 $\int\frac{1}{x}\mathrm{d}x$。

解　因为 $x>0$ 时，$(\ln x)'=\frac{1}{x}$，所以 $\ln x$ 是 $\frac{1}{x}$ 在 $(0,+\infty)$ 上的一个原函数。

$x<0$ 时，$[\ln(-x)]'=\frac{1}{-x}\cdot(-1)=\frac{1}{x}$，所以 $\ln(-x)$ 是 $\frac{1}{x}$ 在

$(-\infty, 0)$ 上的一个原函数。

把 $x>0$ 和 $x<0$ 的结果和起来,便有$\int \frac{1}{x}\mathrm{d}x=\ln|x|+C$。

例 4-1-3 已知某曲线上任意一点 $P(x, y)$处的切线斜率为该点横坐标的 2 倍,且该曲线过点(1, 2),求此曲线方程。

解 设所求曲线的方程为 $y=f(x)$,由题意可知 $f'(x)=2x$,所以 $f(x)=\int 2x\mathrm{d}x=x^2+C$。又 $f(1)=2$,得 $2=1+C$,即$C=1$,所以所求曲线为 $y=x^2+1$。

三、不定积分的几何意义

从几何的角度说,若 $F(x)$ 是 $f(x)$ 在区间 I 上的一个原函数,$y=F(x)$ 的图形称为函数 $y=f(x)$ 的一条**积分曲线**,不定积分$\int f(x)\mathrm{d}x$ 则表示函数 $y=f(x)$ 的**积分曲线族**,由于$[F(x)+C]'=f(x)$,所以积分曲线族中横坐标相同的点处切线都是平行的(如图 4-1 所示)。

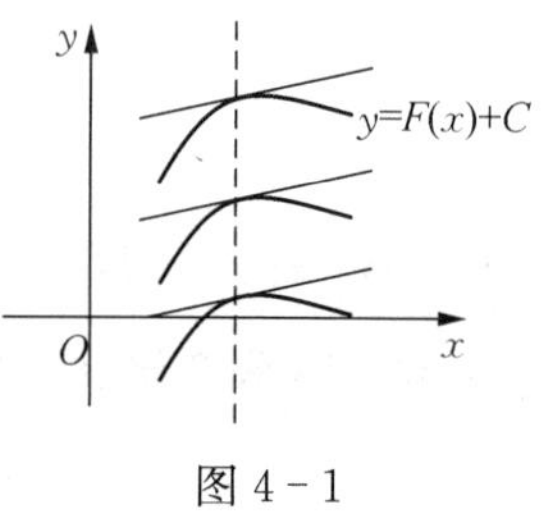

图 4-1

四、不定积分的基本性质

根据不定积分的定义,可推得不定积分的基本性质:

性质 1 $[\int f(x)\mathrm{d}x]'=f(x)$, $\mathrm{d}[\int f(x)\mathrm{d}x]=f(x)\mathrm{d}x$。

即函数 $f(x)$的不定积分的导数等于函数 $f(x)$。

性质 2 $\int f'(x)\mathrm{d}x=f(x)+C$,$\int \mathrm{d}f(x)=f(x)+C$。

性质 3 **设函数 $f(x)$ 有原函数,则$\int kf(x)\mathrm{d}x=k\int f(x)\mathrm{d}x$($k$ 是非零常数)。**

即被积函数中的常数因子可以提到积分号的前面。

性质 4 **设函数 $f(x)$ 与 $g(x)$ 的原函数均存在,则$\int [f(x)\pm$**

$g(x)]\mathrm{d}x=\int f(x)\mathrm{d}x\pm\int g(x)\mathrm{d}x$。

即函数代数和的不定积分等于函数不定积分的代数和。

由于求不定积分与求导运算在相差一个常数的意义下互为逆运算,所以我们可以根据已知的求导公式,列出不定积分基本积分公式。

五、不定积分的基本积分公式

1. $\int x^{\mu}\mathrm{d}x=\frac{x^{\mu+1}}{\mu+1}+C\ (\mu\neq-1)$;

2. $\int\frac{1}{x}\mathrm{d}x=\ln|x|+C$;

3. $\int a^{x}\mathrm{d}x=\frac{a^{x}}{\ln a}+C$;

4. $\int \mathrm{e}^{x}\mathrm{d}x=\mathrm{e}^{x}+C$;

5. $\int\cos x\mathrm{d}x=\sin x+C$;

6. $\int\sin x\mathrm{d}x=-\cos x+C$;

7. $\int\frac{1}{\cos^{2}x}\mathrm{d}x=\int\sec^{2}x\mathrm{d}x=\tan x+C$;

8. $\int\frac{1}{\sin^{2}x}\mathrm{d}x=\int\csc^{2}x\mathrm{d}x=-\cot x+C$;

9. $\int\sec x\tan x\mathrm{d}x=\sec x+C$;

10. $\int\csc x\cot x\mathrm{d}x=-\csc x+C$;

11. $\int\frac{1}{1+x^{2}}\mathrm{d}x=\arctan x+C$;

12. $\int\frac{1}{\sqrt{1-x^{2}}}\mathrm{d}x=\arcsin x+C$。

根据不定积分的基本性质和基本积分公式,可计算一些简单函数的不定积分。

例 4-1-4　求$\int\sqrt[m]{x^{n}}\mathrm{d}x\ (m+n\neq0)$。

解 原式 $=\int x^{\frac{n}{m}}\mathrm{d}x=\frac{m}{m+n}x^{\frac{m+n}{m}}+C$。

例 4-1-5 求 $\int\frac{\mathrm{d}h}{\sqrt{2gh}}$。

解 原式 $=\frac{1}{\sqrt{2g}}\int\frac{\mathrm{d}h}{\sqrt{h}}=\frac{2\sqrt{h}}{\sqrt{2g}}+C=\sqrt{\frac{2h}{g}}+C$。

例 4-1-6 求 $\int\frac{x^2}{1+x^2}\mathrm{d}x$。

解 原式 $=\int\frac{1+x^2-1}{1+x^2}\mathrm{d}x=\int\left(1-\frac{1}{1+x^2}\right)\mathrm{d}x=x-\arctan x+C$。

例 4-1-7 求 $\int 3^x\mathrm{e}^x\mathrm{d}x$。

解 原式 $=\int(3\mathrm{e})^x\mathrm{d}x=\frac{3^x\mathrm{e}^x}{\ln(3\mathrm{e})}+C=\frac{3^x\mathrm{e}^x}{1+\ln 3}+C$。

例 4-1-8 求 $\int\sec x(\sec x-\tan x)\mathrm{d}x$。

解 原式 $=\int(\sec^2 x-\sec x\tan x)\mathrm{d}x=\tan x-\sec x+C$。

例 4-1-9 求 $\int\cos^2\frac{x}{2}\mathrm{d}x$。

解 原式 $=\int\frac{1+\cos x}{2}\mathrm{d}x=\frac{1}{2}(x+\sin x)+C$。

例 4-1-10 求 $\int\frac{\cos 2x}{\cos x-\sin x}\mathrm{d}x$。

解 原式 $=\int\frac{\cos^2 x-\sin^2 x}{\cos x-\sin x}\mathrm{d}x=\sin x-\cos x+C$。

例 4-1-11 求 $\int\frac{1}{\cos^2 x\sin^2 x}\mathrm{d}x$。

解 原式 $=\int\frac{\cos^2 x+\sin^2 x}{\cos^2 x\sin^2 x}\mathrm{d}x=\int(\csc^2 x+\sec^2 x)\mathrm{d}x=-\cot x+\tan x+C$。

例 4-1-12 求 $\int\tan^2 x\mathrm{d}x$。

解　原式 $=\int(\sec^2 x-1)\mathrm{d}x=\int\sec^2 x\mathrm{d}x-\int 1\mathrm{d}x=\tan x-x+C$。

习题 4-1

1. 填空题

(1) $\int \mathrm{d}\arcsin\sqrt{x}=$ ________。

(2) 若 $\int f(x)\mathrm{d}x=x^2\mathrm{e}^{2x}+C$，则 $f(x)=$ ________。

(3) 已知 $f(x)$ 的一个原函数是 x^2，则 $\int f(1-x^2)\mathrm{d}x=$ ________。

(4) 若 $f(x)$ 的导数是 $\sin x$，则 $f(x)=$ ________。

2. 计算下列不定积分：

(1) $\int\left(\sqrt{x}+\dfrac{1}{\sqrt{x}}\right)\mathrm{d}x$；

(2) $\int\left(\dfrac{1}{x}+\mathrm{e}^x+\sin x\right)\mathrm{d}x$；

(3) $\int 2^x\mathrm{e}^x\mathrm{d}x$；

(4) $\int\sqrt{x\sqrt{x\sqrt{x}}}\,\mathrm{d}x$；

(5) $\int\cot^2 x\mathrm{d}x$；

(6) $\int\sin^2\dfrac{x}{2}\mathrm{d}x$；

(7) $\int\dfrac{2\cdot 3^x-5\cdot 2^x}{3^x}\mathrm{d}x$；

(8) $\int\dfrac{\sqrt{x^3}-1}{\sqrt{x}-1}\mathrm{d}x$；

(9) $\int\dfrac{3x^4+3x^2+1}{x^2+1}\mathrm{d}x$；

(10) $\int\dfrac{x^4}{x^2+1}\mathrm{d}x$；

(11) $\int\dfrac{1+\cos^2 x}{1+\cos 2x}\mathrm{d}x$；

(12) $\int\dfrac{\cos 2x}{\sin x+\cos x}\mathrm{d}x$。

第二节　不定积分的计算方法

不定积分的基本计算方法有换元积分法和分部积分法。我们把利用变量代换使积分化为可以利用不定积分的基本性质和基本积分公式求出积分的方法称为**换元积分法，换元积分法又分为第一类换元积分法（凑微分法）和第二类换元积分法。**

一、第一类换元积分法(凑微分法)

定理 1 如果$\int f(u)\mathrm{d}u = F(u) + C$,其中$u = \varphi(x)$连续可微,则

$$\int f(\varphi(x))\varphi'(x)\mathrm{d}x = \int f(\varphi(x))\mathrm{d}(\varphi(x)) = F(\varphi(x)) + C。$$

这个公式启示我们,如果能将被积函数凑成两个因式的乘积$f(\varphi(x))\varphi'(x)$形式,其中第一个因式可以看做中间变量$u=\varphi(x)$的函数,第二个因式恰好就是中间变量u的导函数,且$f(u)$的原函数容易求得或可以从基本积分公式中查到,即可将不定积分求出来。我们称这种方法为**第一类换元积分法或凑微分法。**

例 4-2-1 求$\int 2\cos 2x\mathrm{d}x$。

解 设$u = 2x$,则原式$= \int \cos 2x \cdot (2x)'\mathrm{d}x = \int \cos 2x\mathrm{d}(2x)$

$$= \int \cos u\mathrm{d}u = \sin u + C = \sin 2x + C。$$

运算熟练后,可不写出中间变量u,凑微分法是计算不定积分时使用频率最高的一种技巧,使用它的关键是熟练掌握函数的微分形式。

凑法 1 $f(ax+b)\mathrm{d}x = \dfrac{1}{a}f(ax+b)\mathrm{d}(ax+b)\ (a \neq 0)$。

例 4-2-2 求$\int \dfrac{1}{3+2x}\mathrm{d}x$。

解 设$u = 3+2x$,则原式$= \dfrac{1}{2}\int \dfrac{1}{3+2x}\mathrm{d}(3+2x) = \dfrac{1}{2}\int \dfrac{1}{u}\mathrm{d}u$

$$= \frac{1}{2}\ln|u| + C = \frac{1}{2}\ln|3+2x| + C。$$

例 4-2-3 求$\int \cos^2 x\mathrm{d}x$。

解 原式$= \int \dfrac{1+\cos 2x}{2}\mathrm{d}x = \dfrac{1}{2}x + \dfrac{1}{4}\int \cos 2x\mathrm{d}(2x) = \dfrac{1}{2}x +$

$\frac{1}{4}\sin 2x+C$。

例 4-2-4 求$\int\frac{1}{a^2+x^2}\mathrm{d}x$ $(a\neq 0)$。

解 原式$=\int\frac{1}{a^2\left[1+\left(\frac{x}{a}\right)^2\right]}\mathrm{d}x=\int\frac{1}{a\left[1+\left(\frac{x}{a}\right)^2\right]}\mathrm{d}\left(\frac{x}{a}\right)=\frac{1}{a}\arctan\frac{x}{a}+C$。

例 4-2-5 求$\int\frac{1}{x^2-a^2}\mathrm{d}x$ $(a\neq 0)$。

解 原式$=\frac{1}{2a}\int\left(\frac{1}{x-a}-\frac{1}{x+a}\right)\mathrm{d}x=\frac{1}{2a}[\ln|x-a|-\ln|x+a|]+C=\frac{1}{2a}\ln\left|\frac{x-a}{x+a}\right|+C$。

凑法 2 $\boldsymbol{x^{k-1}f(x^k)\mathrm{d}x=\frac{1}{k}f(x^k)\mathrm{d}(x^k)}$ $\boldsymbol{(k\neq 0)}$。

特别地，有 $xf(x^2)\mathrm{d}x=\frac{1}{2}f(x^2)\mathrm{d}(x^2)$，$\frac{f(\sqrt{x})}{\sqrt{x}}\mathrm{d}x=2f(\sqrt{x})\mathrm{d}(\sqrt{x})$。

例 4-2-6 求$\int x\mathrm{e}^{-x^2}\mathrm{d}x$。

解 原式$=-\frac{1}{2}\int\mathrm{e}^{-x^2}\mathrm{d}(-x^2)=-\frac{1}{2}\mathrm{e}^{-x^2}+C$。

例 4-2-7 求$\int\frac{\sin\sqrt{t}}{\sqrt{t}}\mathrm{d}t$。

解 原式$=2\int\sin\sqrt{t}\,\mathrm{d}\sqrt{t}=-2\cos\sqrt{t}+C$。

例 4-2-8 求$\int\frac{x^2}{\sqrt{2-3x^3}}\mathrm{d}x$。

解 原式$=\frac{1}{3}\int\frac{\mathrm{d}x^3}{\sqrt{2-3x^3}}=-\frac{1}{9}\int\frac{\mathrm{d}(2-3x^3)}{\sqrt{2-3x^3}}=-\frac{2}{9}\sqrt{2-3x^3}+C$。

凑法 3 $f(\sin x)\cos x\mathrm{d}x = f(\sin x)\mathrm{d}\sin x$；$f(\cos x)\sin x\mathrm{d}x = -f(\cos x)\mathrm{d}\cos x$；

$f(\tan x)\sec^2 x\mathrm{d}x = f(\tan x)\mathrm{d}\tan x$；$f(\cot x)\csc^2 x\mathrm{d}x = -f(\cot x)\mathrm{d}\cot x$。

例 4-2-9 求$\int \tan x\mathrm{d}x$。

解 原式 $= \int \frac{\sin x}{\cos x}\mathrm{d}x = -\int \frac{\mathrm{d}\cos x}{\cos x} = -\ln|\cos x| + C = \ln|\sec x| + C$。

类似可得$\int \cot x\mathrm{d}x = \ln|\sin x| + C = -\ln|\csc x| + C$。

例 4-2-10 求$\int \cos^3 x\mathrm{d}x$。

解 原式 $= \int (1-\sin^2 x)\mathrm{d}\sin x = \sin x - \frac{1}{3}\sin^3 x + C$。

例 4-2-11 求$\int \tan^3 x \cdot \sec^2 x\mathrm{d}x$。

解 原式 $= \int \tan^3 x\mathrm{d}\tan x = \frac{1}{4}\tan^4 x + C$。

凑法 4 $f(\mathrm{e}^x)\mathrm{e}^x\mathrm{d}x = f(\mathrm{e}^x)\mathrm{d}\mathrm{e}^x$；$f(a^x)a^x\mathrm{d}x = \frac{f(a^x)}{\ln a}\mathrm{d}a^x$。

例 4-2-12 求$\int \frac{1}{\mathrm{e}^x + \mathrm{e}^{-x}}\mathrm{d}x$。

解 原式 $= \int \frac{\mathrm{e}^x\mathrm{d}x}{1+\mathrm{e}^{2x}} = \int \frac{\mathrm{d}\mathrm{e}^x}{1+\mathrm{e}^{2x}} = \arctan \mathrm{e}^x + C$。

例 4-2-13 求$\int \frac{\mathrm{d}x}{1+\mathrm{e}^x}$。

解 原式$= \int \frac{\mathrm{e}^x + 1 - \mathrm{e}^x}{1+\mathrm{e}^x}\mathrm{d}x = \int \left(1 - \frac{\mathrm{e}^x}{1+\mathrm{e}^x}\right)\mathrm{d}x$

$$= x - \int \frac{1}{1+\mathrm{e}^x}\mathrm{d}(1+\mathrm{e}^x) = x - \ln(1+\mathrm{e}^x) + C。$$

凑法 5 $f(\ln x)\frac{\mathrm{d}x}{x} = f(\ln x)\mathrm{d}\ln x$。

例 4-2-14　求$\int \frac{\ln x}{x}\mathrm{d}x$。

解　原式 $=\int \ln x \mathrm{d}\ln x = \frac{1}{2}\ln^2 x + C$。

例 4-2-15　求$\int \frac{\mathrm{d}x}{x\ln x\ln \ln x}$。

解　原式 $=\int \frac{\mathrm{d}\ln x}{\ln x\ln \ln x} = \int \frac{\mathrm{d}\ln \ln x}{\ln \ln x} = \ln|\ln \ln x| + C$。

凑法 6　$\boldsymbol{\frac{f(\arcsin x)}{\sqrt{1-x^2}}\mathrm{d}x = f(\arcsin x)\mathrm{d}\arcsin x;}$

$\boldsymbol{\frac{f(\arccos x)}{\sqrt{1-x^2}}\mathrm{d}x = -f(\arccos x)\mathrm{d}\arccos x;}$

$\boldsymbol{\frac{f(\arctan x)}{1+x^2}\mathrm{d}x = f(\arctan x)\mathrm{d}\arctan x;}$

$\boldsymbol{\frac{f(\text{arccot}\, x)}{1+x^2}\mathrm{d}x = -f(\text{arccot}\, x)\mathrm{d}\,\text{arccot}\, x}$。

例 4-2-16　求$\int \frac{\mathrm{d}x}{(\arcsin x)^2\sqrt{1-x^2}}$。

解　原式 $=\int \frac{\mathrm{d}\arcsin x}{(\arcsin x)^2} = -\frac{1}{\arcsin x} + C$。

例 4-2-17　求$\int \frac{10^{\arccos x}}{\sqrt{1-x^2}}\mathrm{d}x$。

解　原式 $=-\int 10^{\arccos x}\mathrm{d}\arccos x = -\frac{10^{\arccos x}}{\ln 10} + C$。

例 4-2-18　求$\int \frac{\arctan\sqrt{x}}{\sqrt{x}(1+x)}\mathrm{d}x$。

解　原式 $=2\int \frac{\arctan\sqrt{x}}{1+x}\mathrm{d}\sqrt{x} = 2\int \arctan\sqrt{x}\,\mathrm{d}\arctan\sqrt{x} =$ $(\arctan\sqrt{x})^2 + C$。

此外，还有其他凑法。

例 4-2-19　求$\int \frac{2x+1}{\sqrt{x^2+x+1}}\mathrm{d}x$。

解 原式 $=\int\frac{1}{\sqrt{x^2+x+1}}\mathrm{d}(x^2+x+1)=2\sqrt{x^2+x+1}+C$。

例 4-2-20 求 $\int\frac{\mathrm{e}^x-\mathrm{e}^{-x}}{\mathrm{e}^x+\mathrm{e}^{-x}}\mathrm{d}x$。

解 原式 $=\int\frac{1}{\mathrm{e}^x+\mathrm{e}^{-x}}\mathrm{d}(\mathrm{e}^x+\mathrm{e}^{-x})=\ln(\mathrm{e}^x+\mathrm{e}^{-x})+C$。

例 4-2-21 求 $\int\sec x\mathrm{d}x$。

解 原式 $=\int\frac{\sec x(\sec x+\tan x)}{\sec x+\tan x}\mathrm{d}x=\int\frac{\mathrm{d}(\sec x+\tan x)}{\sec x+\tan x}=\ln|\sec x+\tan x|+C$。

类似可得 $\int\csc x\mathrm{d}x=\ln|\csc x-\cot x|+C$。

二、第二类换元积分法

第一类换元积分法虽然应用相当广泛，但对于某些积分就不适用，如 $\int\frac{\mathrm{d}x}{1+\sqrt{2x}}$，$\int\sqrt{a^2-x^2}\mathrm{d}x$，$\int\frac{1}{1+\sqrt{x+1}}\mathrm{d}x$ 等，为此介绍第二类换元积分法。

例 4-2-22 求 $\int\frac{\mathrm{d}x}{1+\sqrt{2x}}$。

解 此积分的困难是含有根式，能否通过变换把根式去掉？

设 $t=\sqrt{2x}$，则 $x=\frac{1}{2}t^2$，$\mathrm{d}x=t\mathrm{d}t$。

$$\begin{aligned}原式&=\int\frac{t\mathrm{d}t}{1+t}=\int\frac{t+1-1}{1+t}\mathrm{d}t=\int\left(1-\frac{1}{1+t}\right)\mathrm{d}t\\&=t-\ln|1+t|+C=\sqrt{2x}-\ln(1+\sqrt{2x})+C。\end{aligned}$$

回顾一下上面的解题过程：

对不能用基本公式及第一类换元法求解的不定积分 $\int f(x)\mathrm{d}x$，可以通过选择适当的变换 $x=\varphi(t)$，将 $\int f(x)\mathrm{d}x$ 变成 $\int f[\varphi(t)]\varphi'(t)\mathrm{d}t$——

换元，用基本公式或第一类换元法求出积分$\int f[\varphi(t)]\varphi'(t)\mathrm{d}t$后，再以$x=\varphi(t)$的反函数$t=\varphi^{-1}(x)$还原成原积分变量$x$，即得所求积分的结果——还原，这就是**第二类换元积分法**。

定理 2　设 $x=\varphi(t)$ 是单调可微的函数，并且 $\varphi'(t)\neq 0$，$f[\varphi(t)]\varphi'(t)$ 具有原函数 $\Phi(t)$，则有换元公式 $\int f(x)\mathrm{d}x=\int f[\varphi(t)]\mathrm{d}\varphi(t)=\int f[\varphi(t)]\varphi'(t)\mathrm{d}t=\Phi[\varphi^{-1}(x)]+C$。其中 $\varphi^{-1}(x)$ 是 $x=\varphi(t)$ 的反函数。

使用第二类换元法的关键是寻找积分变量x的一个合适的代换$x=\varphi(t)$，常用的积分变量代换有：

被积函数中含有		积分变量代换
$\sqrt[n]{ax+b}$	$\longrightarrow$	$x=\frac{1}{a}(t^n-b)(a\neq 0)$
$\sqrt{a^2-x^2}$	$\longrightarrow$	$x=a\sin t\left(-\frac{\pi}{2}<t<\frac{\pi}{2}\right)$
$\sqrt{a^2+x^2}$	$\longrightarrow$	$x=a\tan t\left(-\frac{\pi}{2}<t<\frac{\pi}{2}\right)$
$\sqrt{x^2-a^2}$	$\longrightarrow$	$x=a\sec t\left(0<t<\frac{\pi}{2}\right)$

例 4-2-23　求$\int\frac{\mathrm{d}x}{\sqrt{x}(1+\sqrt[3]{x})}$。

解　为去掉被积函数中的根式，取根次数2与3的最小公倍数6。

令$t=\sqrt[6]{x}$，则$x=t^6$，$\mathrm{d}x=6t^5\mathrm{d}t$，

$$\text{原式}=\int\frac{6t^5}{t^3(1+t^2)}\mathrm{d}t=6\int\frac{t^2}{1+t^2}\mathrm{d}t$$

$$=6\int\left(1-\frac{1}{1+t^2}\right)\mathrm{d}t=6(t-\arctan t)+C$$

$$=6(\sqrt[6]{x}-\arctan\sqrt[6]{x})+C。$$

例 4-2-24　求$\int\sqrt{a^2-x^2}\mathrm{d}x\ (a>0)$。

解　令 $x=a\sin t\left(-\frac{\pi}{2}<t<\frac{\pi}{2}\right)$,则 $\mathrm{d}x=a\cos t\mathrm{d}t$,于是

$$\text{原式}=\int a\sqrt{1-\sin^2 t}\cdot a\cos t\mathrm{d}t=a^2\int\cos^2 t\mathrm{d}t=\frac{a^2}{2}\int(1+\cos 2t)\mathrm{d}t$$

$$=\frac{a^2}{2}\left(t+\frac{1}{2}\sin 2t\right)+C=\frac{a^2}{2}(t+\sin t\cos t)+C。$$

根据 $x=a\sin t$ 作一辅助直角三角形(见图 4-2),

可知 $\cos t=\frac{\sqrt{a^2-x^2}}{a}$,代入上式得

$$\int\sqrt{a^2-x^2}\mathrm{d}x=\frac{a^2}{2}\arcsin\frac{x}{a}+\frac{x}{2}\sqrt{a^2-x^2}+C。$$

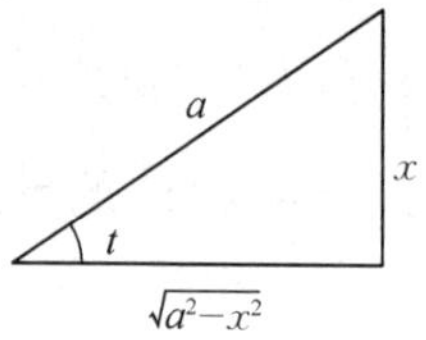

图 4-2

例 4-2-25　求 $\int\frac{1}{\sqrt{x^2+a^2}}\mathrm{d}x\ (a>0)$。

解　类似上例,令 $x=a\tan t\left(-\frac{\pi}{2}<t<\frac{\pi}{2}\right)$,则 $\mathrm{d}x=a\sec^2 t\mathrm{d}t$,原式 $=\int\frac{a\sec^2 t}{a\sec t}\mathrm{d}t=\int\sec t\mathrm{d}t=\ln|\sec t+\tan t|+C$。

由 $x=a\tan t$ 作辅助三角形,见图 4-3,可得 $\sec t=\frac{\sqrt{a^2+x^2}}{a}$,

代入上式得 $\int\frac{1}{\sqrt{x^2+a^2}}\mathrm{d}x=\ln|x+\sqrt{x^2+a^2}|+C$。

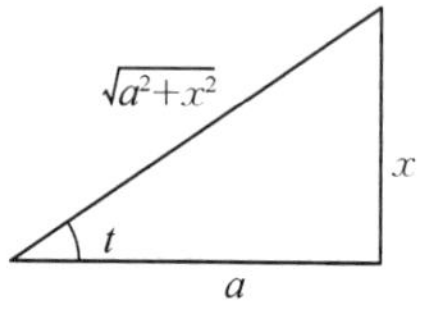

图 4-3

类似还可得 $\int\frac{1}{\sqrt{x^2-a^2}}\mathrm{d}x=\ln|x+\sqrt{x^2-a^2}|+C$。

实际上两种换元法建立的是同一个公式 $\int f(x)\mathrm{d}x=\int f[\varphi(t)]\varphi'(t)\mathrm{d}t$,就是复合函数求导法则在不定积分中的相应公式,将这个公式双向使用,分别就是两种换元法,

$$\int f(x)\mathrm{d}x \xrightleftharpoons[\text{第一类换元法}]{\text{第二类换元法}} \int f[\varphi(t)]\varphi'(t)\mathrm{d}t。$$

总之，应用换元积分法时，关键在于选择适当的变量代换。

三、分部积分法

利用两个函数乘积的求导法则可推得不定积分的另一种积分法——**分部积分法**。

定理 3　设 $u(x)$，$v(x)$ 连续可微，则 $\int u(x)v'(x)\mathrm{d}x = u(x)v(x) - \int u'(x)v(x)\mathrm{d}x$，即

$$\int u(x)\mathrm{d}v(x) = u(x)v(x) - \int v(x)\mathrm{d}u(x)。$$

简记为　$\int u\mathrm{d}v = uv - \int v\mathrm{d}u$。

证明　$(uv)' = u'v + uv'$，

移项得 $uv' = (uv)' - u'v$，对这个等式两边取不定积分，得

$$\begin{aligned}\int u(x)v'(x)\mathrm{d}x &= \int \{[u(x)v(x)]' - v(x)u'(x)\}\mathrm{d}x \\ &= \int [u(x)v(x)]'\mathrm{d}x - \int v(x)u'(x)\mathrm{d}x \\ &= u(x)v(x) - \int v(x)u'(x)\mathrm{d}x,\end{aligned}$$

故 $\int u(x)\mathrm{d}v(x) = u(x)v(x) - \int v(x)\mathrm{d}u(x)$。

上式称为**不定积分分部积分公式**。若 $\int u\mathrm{d}v$ 不易积分，$\int v\mathrm{d}u$ 易积分，通过分部积分法则可求 $\int u\mathrm{d}v$。分部积分法主要用于解决被积函数中含有三角函数、指数函数、对数函数或反三角函数等类型的积分。

例 4－2－26　求 $\int x\cos x\mathrm{d}x$。

解　设 $u = x$，$v = \sin x$，则 $\mathrm{d}u = \mathrm{d}x$，$\mathrm{d}v = \cos x\mathrm{d}x$，

原式 $= \int x\mathrm{d}\sin x = x\sin x - \int \sin x\mathrm{d}x = x\sin x + \cos x + C$。

但是,如果设 $u=\cos x$, $v=\dfrac{x^2}{2}$,则

$$\mathrm{d}u=-\sin x\mathrm{d}x,\ \mathrm{d}v=x\mathrm{d}x,\ \int x\cos x\mathrm{d}x=\frac{x^2}{2}\cos x+\int\frac{x^2}{2}\sin x\mathrm{d}x。$$

上式右端的积分比原积分更不容易求出。

由此可见,u 和 v 选取得当是分部积分法的关键,因此选取 u 和 v 要考虑 $\int v\mathrm{d}u$ 比 $\int u\mathrm{d}v$ 容易积分。

一般地,如果被积函数是如下三组六类:

Ⅰ. $\left\{\begin{matrix}\text{反三角函数}\\ \text{对数函数}\end{matrix}\right\}$ Ⅱ. $\left\{\begin{matrix}\text{有理函数}\\ \text{幂函数}\end{matrix}\right\}$ Ⅲ. $\left\{\begin{matrix}\text{指数函数}\\ \text{三角函数}\end{matrix}\right\}$ 中的两个。我们可按从左到右的顺序来选定 u,既便于具体操作,又在绝大多数情况下可获成功。

例 4-2-27 求 $\int x^2\sin 2x\mathrm{d}x$。

解 原式
$$\begin{aligned}&=-\frac{1}{2}\int x^2\mathrm{d}\cos 2x=-\frac{1}{2}x^2\cos 2x+\frac{1}{2}\int\cos 2x\mathrm{d}x^2\\&=-\frac{1}{2}x^2\cos 2x+\int x\cos 2x\mathrm{d}x\\&=-\frac{1}{2}x^2\cos 2x+\frac{1}{2}\int x\mathrm{d}\sin 2x\\&=-\frac{1}{2}x^2\cos 2x+\frac{1}{2}x\sin 2x-\frac{1}{2}\int\sin 2x\mathrm{d}x\\&=-\frac{1}{2}x^2\cos 2x+\frac{1}{2}x\sin 2x+\frac{1}{4}\cos 2x+C。\end{aligned}$$

例 4-2-28 求 $\int x^2\mathrm{e}^x\mathrm{d}x$。

解 原式
$$\begin{aligned}&=\int x^2\mathrm{d}\mathrm{e}^x=x^2\mathrm{e}^x-2\int x\mathrm{e}^x\mathrm{d}x\\&=x^2\mathrm{e}^x-2\int x\mathrm{e}^x\mathrm{d}x=x^2\mathrm{e}^x-2\left(x\mathrm{e}^x-\int\mathrm{e}^x\mathrm{d}x\right)\\&=(x^2-2x+2)\mathrm{e}^x+C。\end{aligned}$$

可见,有些不定积分需要多次使用分部积分法才可得到结果。

例 4-2-29　求$\int \ln x\mathrm{d}x$。

解　原式 $= x\ln x - \int x\mathrm{d}\ln x = x\ln x - \int \mathrm{d}x = x\ln x - x + C$。

例 4-2-30　求$\int x\ln x\mathrm{d}x$。

解　原式 $= \int \ln x\mathrm{d}\,\dfrac{x^2}{2} = \dfrac{x^2}{2}\ln x - \dfrac{1}{2}\int x\mathrm{d}x = \dfrac{x^2}{2}\ln x - \dfrac{x^2}{4} + C$。

例 4-2-31　求$\int \arccos x\mathrm{d}x$。

解　原式 $= x\arccos x - \int x\mathrm{d}\arccos x = x\arccos x + \int \dfrac{x}{\sqrt{1-x^2}}\mathrm{d}x$

$$= x\arccos x - \frac{1}{2}\int \frac{\mathrm{d}(1-x^2)}{\sqrt{1-x^2}}$$

$$= x\arccos x - \sqrt{1-x^2} + C。$$

类似地，可得$\int \arcsin x\mathrm{d}x = x\arcsin x + \sqrt{1-x^2} + C$；

$$\int \arctan x\mathrm{d}x = x\arctan x - \ln\sqrt{1+x^2} + C;$$

$$\int \operatorname{arccot} x\mathrm{d}x = x\operatorname{arccot} x + \ln\sqrt{1+x^2} + C。$$

例 4-2-32　求$\int \mathrm{e}^x\sin x\mathrm{d}x$。

解　原式 $= -\int \mathrm{e}^x\mathrm{d}\cos x = -\mathrm{e}^x\cos x + \int \mathrm{e}^x\cos x\mathrm{d}x$。

上式左端的积分与等式右端的积分是同一类型的，尝试再用一次分部积分法。

$\int \mathrm{e}^x\sin x\mathrm{d}x = -\mathrm{e}^x\cos x + \int \mathrm{e}^x\mathrm{d}\sin x = -\mathrm{e}^x\cos x + \mathrm{e}^x\sin x - \int \mathrm{e}^x\sin x\mathrm{d}x$，

即 $\int \mathrm{e}^x\sin x\mathrm{d}x = -\mathrm{e}^x\cos x + \mathrm{e}^x\sin x - \int \mathrm{e}^x\sin x\mathrm{d}x$，

移项整理，得 $\int \mathrm{e}^x\sin x\mathrm{d}x = \dfrac{1}{2}\mathrm{e}^x(\sin x - \cos x) + C$。

此题,也可设 $u=\sin x$, $\mathrm{d}v=\mathrm{e}^x\mathrm{d}x$,同样可得以上结果。

习题 4-2

1. 计算下列不定积分:

(1) $\int(ax+b)^{100}\mathrm{d}x$;　(2) $\int\frac{1}{3-4x}\mathrm{d}x$;

(3) $\int x^2\sqrt{4-3x^3}\mathrm{d}x$;　(4) $\int x(3-x^2)^3\mathrm{d}x$;

(5) $\int\frac{1}{x(1+\ln^2 x)}\mathrm{d}x$;　(6) $\int\mathrm{e}^{3x^2+\ln x}\mathrm{d}x$;

(7) $\int\mathrm{e}^x\sin\mathrm{e}^x\mathrm{d}x$;　(8) $\int\frac{1}{\sqrt{9-4x^2}}\mathrm{d}x$;

(9) $\int\frac{1+\ln x}{(x\ln x)^2}\mathrm{d}x$;　(10) $\int\frac{\cos x}{1+\sin x}\mathrm{d}x$;

(11) $\int\frac{1}{x^2+4}\mathrm{d}x$;　(12) $\int\frac{1}{x^4+x^2}\mathrm{d}x$;

(13) $\int\frac{\mathrm{d}x}{x^2+2x-3}$;　(14) $\int\frac{\mathrm{d}x}{\mathrm{e}^x+\mathrm{e}^{-x}}$;

(15) $\int\frac{\mathrm{e}^{3x}-1}{\mathrm{e}^x-1}\mathrm{d}x$;　(16) $\int\frac{\mathrm{e}^{\arcsin x}}{\sqrt{1-x^2}}\mathrm{d}x$。

2. 计算下列不定积分:

(1) $\int\frac{\sin\sqrt{x}}{\sqrt{x}}\mathrm{d}x$;　(2) $\int\frac{1}{\sqrt{x+1}+1}\mathrm{d}x$;

(3) $\int\frac{\mathrm{d}x}{\sqrt{x}-\sqrt[3]{x^2}}$;　(4) $\int\mathrm{e}^{\sqrt{x}}\mathrm{d}x$;

(5) $\int\frac{1}{\sqrt{1+\mathrm{e}^x}}\mathrm{d}x$;　(6) $\int\frac{1}{x\sqrt{1-x^2}}\mathrm{d}x$;

(7) $\int(1-x^2)^{-\frac{3}{2}}\mathrm{d}x$;　(8) $\int(1+x^2)^{-\frac{3}{2}}\mathrm{d}x$。

3. 计算下列不定积分:

(1) $\int x\sin 2x\mathrm{d}x$;　(2) $\int x^2\cos 2x\mathrm{d}x$;

(3) $\int xe^{-x}dx$；　　(4) $\int x^3e^{x^2}dx$；

(5) $\int \frac{\ln x}{x^2}dx$；　　(6) $\int \ln^2 x dx$；

(7) $\int x^2\ln x dx$；　　(8) $\int x\arctan x dx$；

(9) $\int \frac{x\arcsin x}{\sqrt{1-x^2}}dx$；　　(10) $\int (\arcsin x)^2 dx$；

(11) $\int e^{ax}\cos bx dx$；　　(12) $\int \cos\ln x dx$。

第三节　定积分的概念与性质

一、定积分的定义

引例 1　平面图形面积问题

如何求一个不规则平面图形的面积。

不规则图形 A(见图 4-4)可分为下面两个图形(见图 4-5)，显然 $A=A_1-A_2$，我们将 A_1 和 A_2 这类图形称为曲边梯形。下面具体讨论，如何求一个曲边梯形面积。

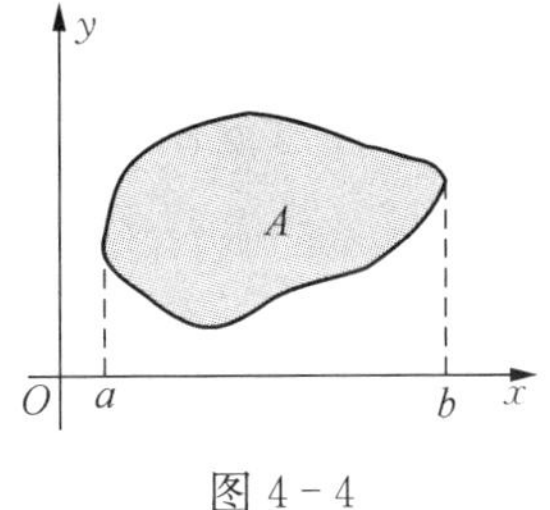

图 4-4

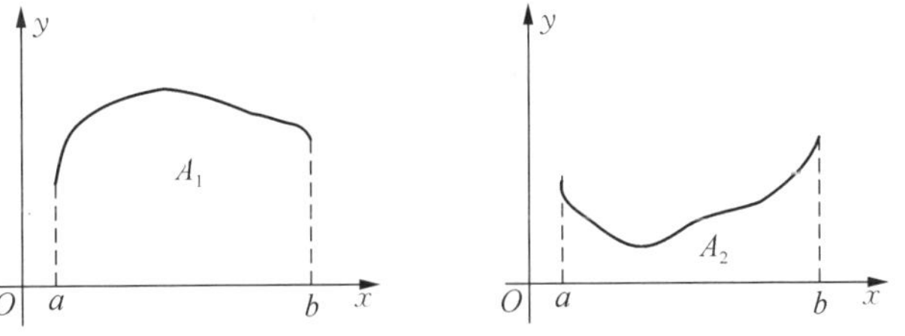

图 4-5

设 $y=f(x)$是闭区间$[a, b]$上的非负连续函数，求由 $x=a$、$x=b$、$y=f(x)$以及 $y=0$ 围成的曲边梯形面积(如图 4-6 所示)。

由于曲边梯形的高 $f(x)$在区间$[a, b]$上是连续变化的，虽然无

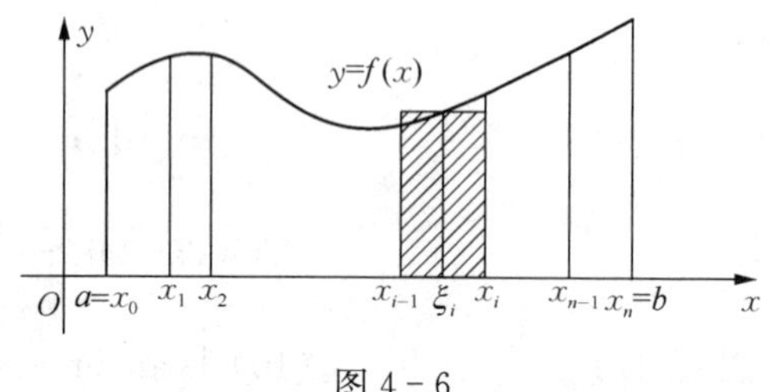

图 4-6

法直接用已有的梯形面积公式去计算,但区间很小时,高 $f(x)$的变化也很小。因此,如果把区间$[a, b]$分成许多小区间,在每个小区间上用某一点处的高近似代替该区间上的小曲边梯形的变高。这样,每个小曲边梯形就可近似看成小矩形,从而所有小矩形面积之和就可作为曲边梯形面积的近似值。如果将区间$[a, b]$无限细分下去,即让每个小区间的长度都趋于零,这时,所有小矩形面积之和的极限就是曲边梯形的面积。其具体做法如下:

(1) 任意分割　在区间$[a, b]$内任意插入$(n-1)$个分点

$$a = x_0 < x_1 < x_2 < x_3 < \cdots < x_{n-1} < x_n = b,$$

把区间$[a, b]$分成 n 个小区间$[x_{i-1}, x_i]$ $(i = 1, 2, \cdots, n)$,各小区间$[x_{i-1}, x_i]$的长度依次记为 $\Delta x_i = x_i - x_{i-1}$ $(i = 1, 2, \cdots, n)$,过各个分点作垂直于 x 轴的直线,将整个曲边梯形分成 n 个小曲边梯形(见图 4-7),第 i 个小曲边梯形的面积记为 ΔA_i $(i = 1, 2, \cdots, n)$。

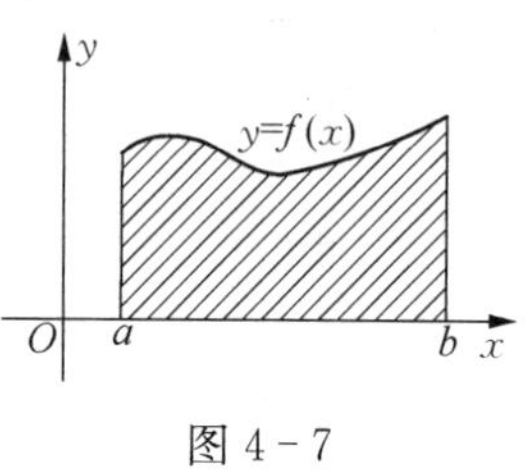

图 4-7

(2) 取近似值　在每个小区间$[x_{i-1}, x_i]$上任意取一点 ξ_i $(x_{i-1} \leqslant \xi_i \leqslant x_i)$,作以 $f(\xi_i)$ 为高,Δx_i 为底边的小矩形,其面积为 $f(\xi_i)\Delta x_i$,它可作为第 i 个小曲边梯形面积的近似值,即 $\Delta A_i \approx f(\xi_i)\Delta x_i$ $(i = 1, 2, \cdots, n)$。

(3) 求和　把 n 个小矩形的面积加起来,就得到整个曲边梯形

面积 A 的近似值 $A=\sum\limits_{i=1}^{n}\Delta A_i\approx\sum\limits_{i=1}^{n}f(\xi_i)\Delta x_i$。

(4) 取极限　记 $\lambda=\max\{\Delta x_1,\Delta x_2,\cdots,\Delta x_n\}$，则当 $\lambda\to 0$ 时，每个小区间 $[x_{i-1},x_i]$ 的长度 Δx_i 也趋于零，此时和式 $\sum\limits_{i=1}^{n}f(\xi_i)\Delta x_i$ 的极限便是所求曲边梯形面积 A 的精确值，即

$$A=\lim_{\lambda\to 0}\sum_{i=1}^{n}f(\xi_i)\Delta x_i。$$

引例 2　变速直线运动问题

设一物体作变速直线运动，其速度 v 是时间 t 的函数 $v=v(t)$ $(v(t)\geqslant 0)$，$v(t)$ 在 $[a,b]$ 上连续，求该物体从时刻 a 到时刻 b 经过的路程。

用若干分点 $a=t_0<t_1<\cdots<t_n=b$ 把这段时间分成 n 小段，每一小时间段内的速度可近似地看作匀速 $v(\tau_j)$，$\tau_j\in[t_{j-1},t_j]$，路程近似为 $v(\tau_j)\Delta t_j$，$\Delta t_j=t_j-t_{j-1}$，则总路程 S 近似等于 $\sum\limits_{j=1}^{n}v(\tau_j)\Delta t_j$，且当分割的时间间隔越来越短时，上述和式的极限值即为所求的路程，即 $S=\lim\limits_{\lambda\to 0}\sum\limits_{j=1}^{n}v(\tau_j)\Delta t_j$，$\lambda=\max\{\Delta t_1,\Delta t_2,\cdots,\Delta t_n\}$。

我们看到，虽然曲边梯形面积和变速直线运动路程的实际意义不同，但解决问题的方法完全相同，概括起来就是任意分割、近似求和、取极限。抛开它们各自所代表的实际意义，抓住其共同本质与特点加以概括，就可得到下述定积分的定义。

定义 1　**设函数 $y=f(x)$ 在区间 $[a,b]$ 上有界。在 $[a,b]$ 上任意插入若干个分点**

$$a=x_0<x_1<x_2<x_3<\cdots<x_{n-1}<x_n=b,$$

将区间 $[a,b]$ 分成 n 个小区间 $[x_0,x_1]$，$[x_1,x_2]$，$\cdots$，$[x_{n-1},x_n]$，各小区间的长度依次记为 $\Delta x_i=x_i-x_{i-1}(i=1,2,\cdots,n)$，在每个小区间上任取一点 $\xi_i(x_{i-1}\leqslant\xi_i\leqslant x_i)$，作乘积 $f(\xi_i)\Delta x_i(i=1,2,\cdots,n)$，

求和$\sum_{i=1}^{n} f(\xi_i)\Delta x_i$,记$\lambda=\max_{1\leqslant i\leqslant n}\{\Delta x_i\}$。如果不论对区间$[a, b]$怎样分法,区间$[x_{i-1}, x_i]$上点$\xi_i$怎样取法,只要当$\lambda\to 0$时,和式$\sum_{i=1}^{n} f(\xi_i)\Delta x_i$总趋于确定的值$I$,则称此极限值$I$为函数$f(x)$在$[a, b]$上的定积分,记作$\int_a^b f(x)\mathrm{d}x$,即

$$\int_a^b f(x)\mathrm{d}x=\lim_{\lambda\to 0}\sum_{i=1}^{n} f(\xi_i)\Delta x_i, \text{并称 } f(x) \text{ 在}[a, b]\text{上可积,}$$

其中$f(x)$叫做被积函数,$f(x)\mathrm{d}x$叫做被积表达式,x叫做积分变量,a叫做积分下限,b叫做积分上限,$[a, b]$叫做积分区间。

上述两引例用定积分定义可分别表示为$A=\int_a^b f(x)\mathrm{d}x$,$S=\int_a^b v(t)\mathrm{d}t$。

由定积分定义分析知道,定积分只取决于被积函数$f(x)$及积分区间$[a, b]$,与积分变量采用什么字母无关.即$\int_a^b f(x)\mathrm{d}x=\int_a^b f(t)\mathrm{d}t=\int_a^b f(u)\mathrm{d}u$。

定义中要求$a<b$,补充规定如下:

(1) 当$a>b$时,$\int_a^b f(x)\mathrm{d}x=-\int_b^a f(x)\mathrm{d}x$;

(2) 当$a=b$时,$\int_a^b f(x)\mathrm{d}x=0$。

函数$f(x)$在$[a, b]$上满足什么条件一定可积?

定理1　如果$f(x)$在区间$[a, b]$上连续,则$f(x)$在$[a, b]$上可积。

定理2　如果$f(x)$在区间$[a, b]$上只有有限个第一类间断点,则$f(x)$在$[a, b]$上可积。

显然,初等函数在其定义闭区间内都是可积的。

二、定积分的几何意义

(1) 若在$[a, b]$上$f(x) \geqslant 0$,则定积分$\int_a^b f(x)\mathrm{d}x$表示以$x=a$、$x=b$、$y=f(x)$及$y=0$围成的曲边梯形面积A,即

$$\int_a^b f(x)\mathrm{d}x = A。$$

(2) 若在$[a, b]$上$f(x) \leqslant 0$,因$f(\xi_i) \leqslant 0$,从而$\sum_{i=1}^{n} f(\xi_i)\Delta x_i \leqslant 0$,$\int_a^b f(x)\mathrm{d}x \leqslant 0$。此时$\int_a^b f(x)\mathrm{d}x$等于由$x=a$、$x=b$、$y=f(x)$及$y=0$围成的曲边梯形面积的负值(见图 4-8),

$$\int_a^b f(x)\mathrm{d}x = -A。$$

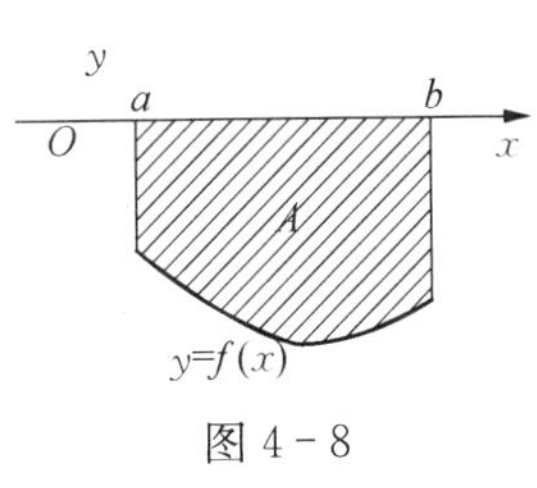

图 4-8

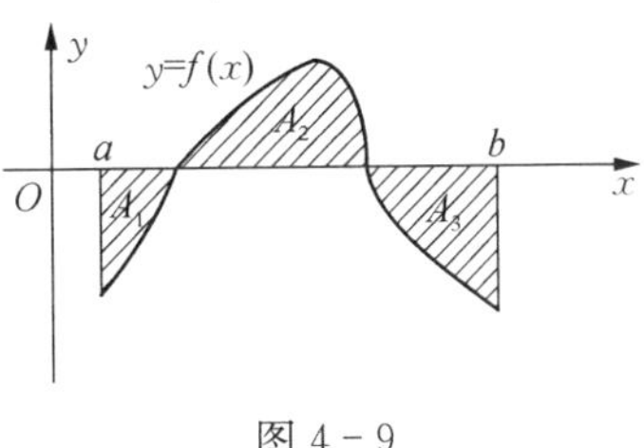

图 4-9

(3) 若在$[a, b]$上$f(x)$有正有负,则$\int_a^b f(x)\mathrm{d}x$等于$[a, b]$上位于x轴上方的图形面积减去位于x轴下方的图形面积。如图 4-9 所示,$\int_a^b f(x)\mathrm{d}x = -A_1 + A_2 - A_3$。

例 4-3-1 利用定积分的定义计算$\int_0^1 x^2\mathrm{d}x$。

解 因为x^2在$[0, 1]$上连续,所以定积分$\int_0^1 x^2\mathrm{d}x$存在,且积分$\int_0^1 x^2\mathrm{d}x$与区间$[0, 1]$的分法及ξ_i的取法无关。

① 分割　把区间[0, 1]分成n等分，分点为$x_0=0$, $x_1=\frac{1}{n}$, …, $x_i=\frac{i}{n}$, …, $x_n=1$，每个小区间长度都为$\Delta x_i=\frac{1}{n}(i=1, 2, \cdots, n)$。

② 近似求和　取$\xi_i=\frac{i}{n}(i=1, 2, \cdots, n)$,

$$\begin{aligned}\sum_{i=1}^{n} f(\xi_i)\Delta x_i &= \sum_{i=1}^{n}\xi_i^2\Delta x_i=\sum_{i=1}^{n}\left(\frac{i}{n}\right)^2\frac{1}{n}\\ &=\frac{1}{n^3}\sum_{i=1}^{n} i^2=\frac{1}{6}\,\frac{(n+1)(2n+1)}{n^2}\end{aligned}$$

③ 取极限　由于$\lambda=\frac{1}{n}$，所以$\lambda\to 0$，即$n\to+\infty$。

$$\lim_{\lambda\to 0}\sum_{i=1}^{n} f(\xi_i)\Delta x_i=\lim_{n\to\infty}\frac{1}{6}\,\frac{(n+1)(2n+1)}{n^2}=\frac{1}{3}\text{，故}\int_0^1 x^2\,\mathrm{d}x=\frac{1}{3}\text{。}$$

例 4-3-2　计算$\int_0^a\sqrt{a^2-x^2}\,\mathrm{d}x\ (a>0)$。

解　如果根据定积分的定义来求，则计算较为复杂，下面我们利用定积分的几何意义来计算。

由定积分的几何意义，$\int_0^a\sqrt{a^2-x^2}\,\mathrm{d}x$的值等于由曲线$x=0$、$x=a$、$y=\sqrt{a^2-x^2}$、以及$x$轴所围成的曲边梯形面积，即圆面积的四分之一(如图4-10所示)。

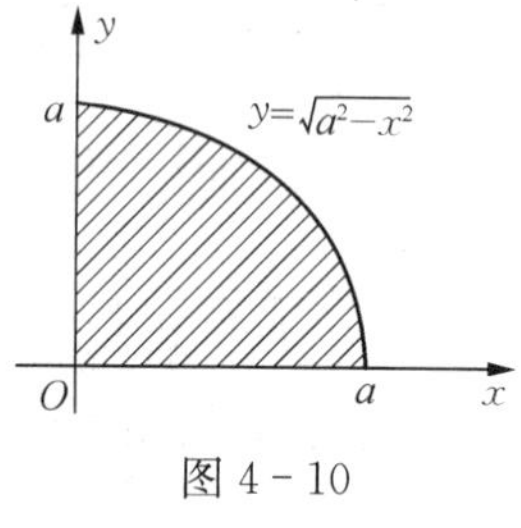

图 4-10

故$\int_0^a\sqrt{a^2-x^2}\,\mathrm{d}x=\frac{\pi}{4}a^2$。

三、定积分的性质

设$f(x)$与$g(x)$在下列所讨论的区间上均可积。

性质 1　$\int_a^b kf(x)\mathrm{d}x=k\int_a^b f(x)\mathrm{d}x$，**即被积函数中常数因子可以提到积分号的前面。**

性质 2　$\int_a^b [f(x)+g(x)]\mathrm{d}x = \int_a^b f(x)\mathrm{d}x + \int_a^b g(x)\mathrm{d}x$，

$$\int_a^b [f(x)-g(x)]\mathrm{d}x = \int_a^b f(x)\mathrm{d}x - \int_a^b g(x)\mathrm{d}x。$$

即两函数代数和的定积分等于两定积分的代数和。

性质 3　$\int_a^b f(x)\mathrm{d}x = \int_a^c f(x)\mathrm{d}x + \int_c^b f(x)\mathrm{d}x$，即定积分对积分区间具有可加性。

性质 4　$\int_a^b 1\mathrm{d}x = \int_a^b \mathrm{d}x = b-a$，即被积函数为1的定积分值等于区间长度 $b-a$。

性质 5（保号性）　若在区间 $[a, b]$ 上，$f(x) \geqslant g(x)$，则 $\int_a^b f(x)\mathrm{d}x \geqslant \int_a^b g(x)\mathrm{d}x$。

性质 6（估值不等式）　设 M, m 为 $f(x)$ 在 $[a, b]$ 上的最大值、最小值，则 $m(b-a) \leqslant \int_a^b f(x)\mathrm{d}x \leqslant M(b-a)$。

性质 7（积分中值定理）　设 $f(x)$ 在闭区间 $[a, b]$ 上连续，则至少有存在一点 $\xi \in [a, b]$，使

$$\int_a^b f(x)\mathrm{d}x = f(\xi)(b-a)。$$

该性质从几何上可理解为，在区间 $[a, b]$ 上至少存在一点 ξ，使得以 $x=a$、$x=b$、$y=f(x)$ 及 $y=0$ 所围成的曲边梯形面积等于以区间 $[a, b]$ 为底边、高为 $f(\xi)$ 的矩形面积。（见图 4-11）

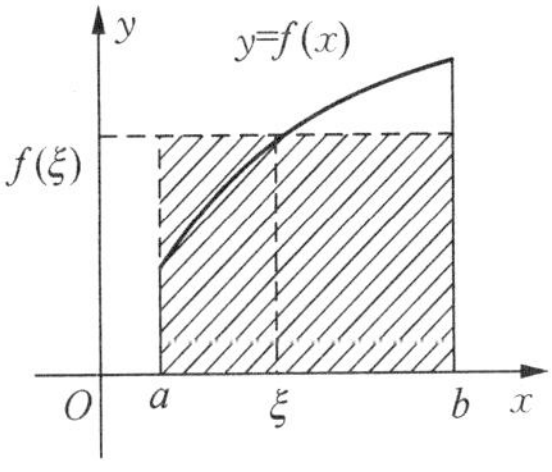

图 4-11

习题 4-3

1. 利用定积分的定义计算 $\int_a^b x\mathrm{d}x\ (a<b)$。

2. 定积分 $\int_0^2 x^3\mathrm{d}x$ 的几何意义是什么？

3. 利用定积分的几何意义,说明下列等式成立:

(1) $\int_0^1 2x\mathrm{d}x = 1$; (2) $\int_a^b K\mathrm{d}x = K(b-a)$;

(3) $\int_{-\pi}^{\pi} \sin x\mathrm{d}x = 0$; (4) $\int_{-1}^{1} x^3\mathrm{d}x = 0$。

4. 比较下列各对积分的大小:

(1) $\int_0^1 x^2\mathrm{d}x$ 与 $\int_0^1 x\mathrm{d}x$; (2) $\int_0^{\frac{\pi}{2}} \sin x\mathrm{d}x$ 与 $\int_0^{\frac{\pi}{2}} \sin^2 x\mathrm{d}x$;

(3) $\int_1^2 (\ln x)^2\mathrm{d}x$ 与 $\int_1^2 (\ln x)^3\mathrm{d}x$; (4) $\int_0^1 \mathrm{e}^x\mathrm{d}x$ 与 $\int_0^1 (1+x)\mathrm{d}x$。

5. 求证 $\frac{\pi}{2} < \int_0^{\frac{\pi}{2}} \frac{1}{\sqrt{1-\frac{1}{2}\sin^2 x}}\mathrm{d}x < \frac{\pi}{\sqrt{2}}$。

6. 估计下列定积分的值:

(1) $\int_1^4 (x^2+1)\mathrm{d}x$; (2) $\int_{\frac{1}{\sqrt{3}}}^{\sqrt{3}} x\arctan x\mathrm{d}x$。

第四节　牛顿-莱布尼兹公式

在本章引例 2 中,我们求得一物体做变速直线运动时,其路程 $S=\int_a^b v(t)\mathrm{d}t$。假设其位置函数为 $S(t)$,则路程 $S=S(b)-S(a)$,故 $\int_a^b v(t)\mathrm{d}t = S(b)-S(a)$。由导数定义有 $S'(t)=v(t)$,即定积分 $\int_a^b v(t)\mathrm{d}t$ 等于被积函数 $v(t)$ 的原函数 $S(t)$ 在积分区间 $[a, b]$ 上的增量 $S(b)-S(a)$。

这样结果具有普遍性,即**牛顿-莱布尼兹公式**。为了得到这个重要的公式,我们先来了解积分上限函数。

一、积分上限函数及其导数

定义　设 $f(x)$ 在区间 $[a, b]$ 上连续,则称 $\int_a^x f(t)\mathrm{d}t\,(x\in[a, b])$ 为变上限积分。显然此积分是积分上限 x 的函数,故又称

$\int_a^x f(t)\mathrm{d}t(x\in[a,\ b])$ 为积分上限函数，记为 $\Phi(x)$，即

$$\Phi(x)=\int_a^x f(t)\mathrm{d}t,\ x\in[a,\ b]。$$

定理 1　若 $f(x)$ 在区间$[a,\ b]$上连续，则 $\Phi(x)=\int_a^x f(t)\mathrm{d}t$ 可导，且 $\Phi'(x)=\frac{\mathrm{d}}{\mathrm{d}x}\int_a^x f(t)\mathrm{d}t=f(x)$，即 $\Phi(x)$ 为 $f(x)$ 的一个原函数。

证明　$\Delta\Phi(x)=\Phi(x+\Delta x)-\Phi(x)=\int_a^{x+\Delta x}f(t)\mathrm{d}t-\int_a^x f(t)\mathrm{d}t=\int_x^{x+\Delta x}f(t)\mathrm{d}t$，由积分中值定理，$\int_x^{x+\Delta x}f(t)\mathrm{d}t=f(\xi)\Delta x$，$\xi$ 在 x 与 $x+\Delta x$ 之间，$\lim\limits_{\Delta x\to 0}\frac{\Delta\Phi(x)}{\Delta x}=\lim\limits_{\Delta x\to 0}f(\xi)=\lim\limits_{\xi\to x}f(\xi)=f(x)$，即 $\Phi'(x)=f(x)$。

推论　若 $f(x)$ 在区间$[a,\ b]$上连续，则$\frac{\mathrm{d}}{\mathrm{d}x}\int_x^b f(t)\mathrm{d}t=-f(x)$。

例 4-4-1　求$\frac{\mathrm{d}}{\mathrm{d}x}\int_x^0\sin(1+t^2)\mathrm{d}t$。

解　$\frac{\mathrm{d}}{\mathrm{d}x}\int_x^0\sin(1+t^2)\mathrm{d}t=-\sin(1+x^2)$。

例 4-4-2　求$\frac{\mathrm{d}}{\mathrm{d}x}\int_0^{\sin x}\ln(1+t^2)\mathrm{d}t$。

解　$\frac{\mathrm{d}}{\mathrm{d}x}\int_0^{\sin x}\ln(1+t^2)\mathrm{d}t=\ln(1+\sin^2 x)\cdot(\sin x)'=\cos x\cdot\ln(1+\sin^2 x)$。

例 4-4-3　求$\lim\limits_{x\to 0}\frac{\int_0^x(\mathrm{e}^{-t^2}-1)\mathrm{d}t}{x^3}$。

解

$$\lim_{x\to 0}\frac{\int_0^x(\mathrm{e}^{-t^2}-1)\mathrm{d}t}{x^3}=\lim_{x\to 0}\frac{\left(\int_0^x(\mathrm{e}^{-t^2}-1)\mathrm{d}t\right)'}{(x^3)'}=\lim_{x\to 0}\frac{\mathrm{e}^{-x^2}-1}{3x^2}$$

$$=\lim_{x\to 0}\frac{-2x\mathrm{e}^{-x^2}}{6x}=\lim_{x\to 0}\frac{-\mathrm{e}^{-x^2}}{3}=-\frac{1}{3}。$$

二、牛顿-莱布尼兹公式

定理 2(微积分基本定理,积分形式) 设 $f(x)$ 在区间$[a, b]$上连续,$F(x)$为$f(x)$在$[a, b]$上的一个原函数,则$\int_a^b f(x)\mathrm{d}x = F(b) - F(a)$,也可记为$\int_a^b f(x)\mathrm{d}x = F(x)\Big|_a^b$。

上式称为牛顿-莱布尼兹公式。

证明 因为$f(x)$在区间$[a, b]$上连续,所以$\int_a^x f(t)\mathrm{d}t$也为$f(x)$的一个原函数。

又$F(x)$为$f(x)$的一个原函数,故$F(x) - \int_a^x f(t)\mathrm{d}t = C$。

令$x = a$,得$C = F(a)$,从而$\int_a^x f(t)\mathrm{d}t = F(x) - F(a)$。

再令$x = b$,即得$\int_a^b f(x)\mathrm{d}x = F(b) - F(a)$。

牛顿-莱布尼茨公式架起了微分学和积分学之间的桥梁,使微积分成为一个有机的整体。

例 4-4-4 求$\int_a^b x^n \mathrm{d}x$(n为正整数)。

解 原式$= \dfrac{x^{n+1}}{n+1}\Big|_a^b = \dfrac{1}{n+1}(b^{n+1} - a^{n+1})$。

例 4-4-5 求$\int_a^b \mathrm{e}^x \mathrm{d}x$。

解 原式$= \mathrm{e}^x \big|_a^b = \mathrm{e}^b - \mathrm{e}^a$。

例 4-4-6 求$\int_a^b \dfrac{\mathrm{d}x}{x^2}$ $(0 < a < b)$。

解 原式$= -\dfrac{1}{x}\Big|_a^b = \dfrac{1}{a} - \dfrac{1}{b}$。

例 4-4-7 求$\int_0^\pi \sin x \mathrm{d}x$。

解 原式$= -\cos x \big|_0^\pi = 2$。

例 4-4-8　求$\int_0^2 x\sqrt{4-x^2}\,dx$。

解　原式$=-\frac{1}{2}\int_0^2\sqrt{4-x^2}\,d(4-x^2)=-\frac{1}{3}\sqrt{(4-x^2)^3}\Big|_0^2=\frac{8}{3}$。

例 4-4-9　求$\int_0^1\frac{\ln(1+x)}{1+x}dx$。

解　原式$=\int_0^1\ln(1+x)d\ln(1+x)=\frac{1}{2}\ln^2(1+x)\Big|_0^1=\frac{1}{2}\ln^2 2$。

习题 4-4

1. 求下列函数的导数：

(1) $y=\int_0^x\ln(t^2+1)dt$；　(2) $y=\int_x^{-1}\arctan t\,dt$；

(3) $y=\int_0^{2x}t\sin(t+1)dt$；　(4) $y=\int_x^{\ln x}\sqrt{t}\,e^t\,dt$。

2. 求下列极限：

(1) $\lim\limits_{x\to 0}\frac{1}{x^3}\int_0^x\sin t^2\,dt$；　(2) $\lim\limits_{x\to 0}\frac{\int_0^{\sqrt{x}}(1-\cos t^2)dt}{x^{\frac{5}{2}}}$。

3. 求下列定积分值：

(1) $\int_1^4\sqrt[4]{x}\,dx$；　(2) $\int_1^2\left(x^2+\frac{1}{x^2}\right)dx$；

(3) $\int_0^a(\sqrt{x}-\sqrt{a})^2dx$；　(4) $\int_1^2\frac{x^2}{1+x^2}dx$；

(5) $\int_{-\frac{1}{2}}^{\frac{1}{2}}\frac{1}{\sqrt{1-x^2}}dx$；　(6) $\int_0^1\frac{x^2-1}{x^2+1}dx$；

(7) $\int_0^\pi\cos^2\frac{x}{2}dx$；　(8) $\int_1^2\frac{x^4}{1+x^2}dx$；

(9) $\int_{-3}^5|2x+4|\,dx$；　(10) $\int_0^{2\pi}|\sin x|\,dx$。

4. 计算下列定积分：

(1) $\int_0^{\frac{3}{2}} \frac{dx}{\sqrt{9-x^2}}$；　　(2) $\int_0^a \frac{x}{\sqrt{x^2+a^2}}dx\ (a>0)$；

(3) $\int_1^2 \frac{e^{\frac{1}{x}}}{x^2}dx$；　　(4) $\int_1^e \frac{1+5\ln x}{x}dx$；

(5) $\int_1^{e^3} \frac{1}{x\sqrt{1+\ln x}}dx$；　　(6) $\int_0^{\ln 2} e^x(1+e^x)^2dx$；

(7) $\int_0^1 \frac{dx}{e^x+e^{-x}}$；　　(8) $\int_0^{\frac{\pi}{2}} \sin^3 x dx$；

(9) $\int_0^{\frac{\pi}{2}} \cos^3 x\sin x dx$；　　(10) $\int_0^{\pi} \sqrt{\sin^3 x-\sin^5 x}\,dx$。

5. 设 $f(x)=\begin{cases} x^4+2x, & -1\leqslant x\leqslant 0 \\ \sqrt{x}+3, & 0<x\leqslant 1 \end{cases}$，求 $\int_{-1}^1 f(x)dx$。

第五节　定积分的计算方法

一、定积分的换元积分法

定理　**设 $f(x)$ 在区间 $[a, b]$ 上连续，$x=\varphi(t)$ 满足下列条件：**

(1) $\varphi(\alpha)=a$，$\varphi(\beta)=b$，且当 t 在 $[\alpha, \beta]$ 或 $[\beta, \alpha]$ 上变化时，相应地 $\varphi(t)$ 在区间 $[a, b]$ 上变化；

(2) $\varphi(t)$ 在 $[\alpha, \beta]$ 或 $[\beta, \alpha]$ 上具有连续导数，

则 $\int_a^b f(x)dx=\int_\alpha^\beta f[\varphi(t)]\varphi'(t)dt$。

证明　设 $F(x)$ 为 $f(x)$ 在 $[a, b]$ 上的一个原函数，则 $\int_a^b f(x)dx=F(b)-F(a)$，

又 $(F[\varphi(t)])'=F'[\varphi(t)]\varphi'(t)=f[\varphi(t)]\varphi'(t)$，即 $F[\varphi(t)]$ 为 $f[\varphi(t)]\varphi'(t)$ 的原函数，

有 $\int_\alpha^\beta f[\varphi(t)]\varphi'(t)dt=F[\varphi(t)]\big|_\alpha^\beta=F[\varphi(\beta)]-F[\varphi(\alpha)]=F(b)-F(a)$

故$\int_a^b f(x)\mathrm{d}x = \int_\alpha^\beta f[\varphi(t)]\varphi'(t)\mathrm{d}t$。

例 4-5-1　求$\int_0^a \sqrt{a^2 - x^2}\,\mathrm{d}x\ (a > 0)$。

解　令 $x = a\sin t$，则$\sqrt{a^2 - x^2} = a\cos t$，$\mathrm{d}x = a\cos t\mathrm{d}t$。

当 $x = 0$ 时，$t = 0$；当 $x = a$ 时，$t = \frac{\pi}{2}$。

原式 $= \int_0^{\frac{\pi}{2}} a\cos t \cdot a\cos t\mathrm{d}t = a^2\int_0^{\frac{\pi}{2}} \frac{1 + \cos 2t}{2}\mathrm{d}t = \frac{a^2}{2}\left(t + \frac{1}{2}\sin 2t\right)\Big|_0^{\frac{\pi}{2}} = \frac{\pi}{4}a^2$。

例 4-5-2　求$\int_1^4 \frac{\mathrm{d}x}{1 + \sqrt{x}}$。

解　令$\sqrt{x} = t$，则 $x = t^2$，$\mathrm{d}x = 2t\mathrm{d}t$。

当 $x = 1$ 时，$t = 1$；当 $x = 4$ 时，$t = 2$。

原式$= \int_1^2 \frac{2t\mathrm{d}t}{1 + t} = 2\int_1^2 \left[1 - \frac{1}{1 + t}\right]\mathrm{d}t = 2[t - \ln(1 + t)]\big|_1^2 = 2 - 2\ln\frac{3}{2}$。

从以上例题可看出，定积分的换元法中，积分变量变换后，相应的积分上、下限也要进行变化，简称**“换元必换限”**。

例 4-5-3　设 $f(x)$ 在$[-a, a]$上连续，

(1) 若 $f(x)$ 在$[-a, a]$上为偶函数，则$\int_{-a}^a f(x)\mathrm{d}x = 2\int_0^a f(x)\mathrm{d}x$；

(2) 若 $f(x)$ 在$[-a, a]$上为奇函数，则$\int_{-a}^a f(x)\mathrm{d}x = 0$。

证明　$\int_{-a}^a f(x)\mathrm{d}x = \int_{-a}^0 f(x)\mathrm{d}x + \int_0^a f(x)\mathrm{d}x$。

对$\int_{-a}^0 f(x)\mathrm{d}x$，令 $x = -t$，则

$$\int_{-a}^{0} f(x)\mathrm{d}x = \int_{a}^{0} f(-t)\mathrm{d}(-t) = \int_{0}^{a} f(-t)\mathrm{d}t = \int_{0}^{a} f(-x)\mathrm{d}x,$$

得$\int_{-a}^{a} f(x)\mathrm{d}x = \int_{0}^{a}[f(x)+f(-x)]\mathrm{d}x$。

(1) 若 $f(x)$ 为偶函数，则 $f(-x)=f(x)$，故$\int_{-a}^{a} f(x)\mathrm{d}x = 2\int_{0}^{a} f(x)\mathrm{d}x$；

(2) 若 $f(x)$ 为奇函数，则 $f(-x)=-f(x)$，故$\int_{-a}^{a} f(x)\mathrm{d}x = 0$。

本题可作为定积分的性质直接应用。

二、定积分的分部积分法

由不定积分的分部积分公式以及牛顿-莱布尼兹公式，可得到**定积分的分部积分公式**

$$\int_{a}^{b} u\mathrm{d}v = [uv]\Big|_{a}^{b} - \int_{a}^{b} v\mathrm{d}u。$$

例 4-5-4 求$\int_{1}^{\mathrm{e}} x\ln x\mathrm{d}x$。

解 原式 $= \dfrac{1}{2}\int_{1}^{\mathrm{e}} \ln x\mathrm{d}x^2 = \dfrac{1}{2}x^2\ln x\Big|_{1}^{\mathrm{e}} - \dfrac{1}{2}\int_{1}^{\mathrm{e}} x^2 \cdot \dfrac{1}{x}\mathrm{d}x$

$$= \frac{\mathrm{e}^2}{2} - \frac{x^2}{4}\Big|_{1}^{\mathrm{e}} = \frac{\mathrm{e}^2+1}{4}。$$

例 4-5-5 求$\int_{0}^{1} x\arctan x\mathrm{d}x$。

解 原式 $= \dfrac{1}{2}\int_{0}^{1}\arctan x\mathrm{d}x^2$

$$= \frac{1}{2}x^2\arctan x\Big|_{0}^{1} - \frac{1}{2}\int_{0}^{1} x^2 \cdot \frac{1}{1+x^2}\mathrm{d}x$$

$$= \frac{\pi}{8} - \frac{1}{2}(x-\arctan x)\Big|_{0}^{1} = \frac{\pi-2}{4}。$$

例 4-5-6 求$\int_{0}^{1} \mathrm{e}^{\sqrt{x}}\mathrm{d}x$。

解　此题先用换元法，再用分部积分法。

令$\sqrt{x}=t$，即$x=t^2$，则

原式$=\int_0^1 e^t 2t\mathrm{d}t=2\int_0^1 t\mathrm{d}e^t=2(te^t\big|_0^1-\int_0^1 e^t\mathrm{d}t)=2e-2e^t\big|_0^1=2$。

利用分部积分法还可推出如下公式：

$$\begin{aligned}&\int_0^{\frac{\pi}{2}}\sin^n x\,\mathrm{d}x\\ =&\int_0^{\frac{\pi}{2}}\cos^n x\,\mathrm{d}x\\ =&\begin{cases}\dfrac{n-1}{n}\cdot\dfrac{n-3}{n-2}\cdots\cdot\dfrac{3}{4}\cdot\dfrac{1}{2}\cdot\dfrac{\pi}{2}, & n\text{ 为正偶数}\\ \dfrac{n-1}{n}\cdot\dfrac{n-3}{n-2}\cdots\cdot\dfrac{4}{5}\cdot\dfrac{2}{3}\cdot 1, & n\text{ 为大于 1 的正奇数}\end{cases}\\ =&\begin{cases}\dfrac{(n-1)!!}{n!!}\cdot\dfrac{\pi}{2}\\ \dfrac{(n-1)!!}{n!!}\end{cases}。\end{aligned}$$

习题 4－5

1. 利用函数的奇偶性计算下列定积分：

(1) $\int_{-\frac{\pi}{2}}^{\frac{\pi}{2}}\dfrac{x^2\sin x}{\cos^2 x}\mathrm{d}x$；　　(2) $\int_{-1}^{1}|x|\,\mathrm{d}x$；

(3) $\int_{-1}^{1}(\sin x+x^7+3x^4)\mathrm{d}x$；　　(4) $\int_{-2}^{2}x^4\arctan x\,\mathrm{d}x$。

2. 计算下列定积分：

(1) $\int_1^4\dfrac{\mathrm{d}x}{1+\sqrt{x}}$；　　(2) $\int_4^9\dfrac{\sqrt{x}}{\sqrt{x}-1}\mathrm{d}x$；

(3) $\int_0^4\dfrac{x+2}{\sqrt{2x+1}}\mathrm{d}x$；　　(4) $\int_{-2}^{2}\sqrt{4-x^2}\,\mathrm{d}x$；

(5) $\int_0^1(1+x^2)^{-\frac{3}{2}}\mathrm{d}x$；　　(6) $\int_{\frac{3}{4}}^{1}\dfrac{\mathrm{d}x}{\sqrt{1-x}-1}$。

3. 设 $f(x)$ 在$[-a, a]$上连续,证明:$\int_{-a}^{a} f(x)\mathrm{d}x = \int_{-a}^{a} f(-x)\mathrm{d}x$。

4. 若 $f(x)$ 在$[0, 1]$上连续,证明:

(1) $\int_{0}^{\frac{\pi}{2}} f(\sin x)\mathrm{d}x = \int_{0}^{\frac{\pi}{2}} f(\cos x)\mathrm{d}x$;

(2) $\int_{0}^{\pi} xf(\sin x)\mathrm{d}x = \frac{\pi}{2}\int_{0}^{\pi} f(\sin x)\mathrm{d}x$。

5. 计算下列定积分:

(1) $\int_{1}^{\mathrm{e}} x\ln x\mathrm{d}x$;　　(2) $\int_{0}^{1} t\mathrm{e}^{t}\mathrm{d}t$;

(3) $\int_{1}^{4} \frac{\ln x}{\sqrt{x}}\mathrm{d}x$;　　(4) $\int_{0}^{\frac{\pi}{2}} x^{2}\sin x\mathrm{d}x$;

(5) $\int_{0}^{\frac{1}{2}} \arcsin x\mathrm{d}x$;　　(6) $\int_{0}^{\frac{\pi}{2}} \mathrm{e}^{x}\sin x\mathrm{d}x$;

(7) $\int_{-\pi}^{\pi} |x| \cos 2x\mathrm{d}x$;　　(8) $\int_{\frac{1}{\mathrm{e}}}^{\mathrm{e}} |\ln x| \mathrm{d}x$;

(9) $\int_{1}^{\mathrm{e}} \ln^{3} x\mathrm{d}x$;　　(10) $\int_{0}^{\frac{\pi}{2}} x\cos^{2} x\mathrm{d}x$。

第六节　广义积分

在前面所讨论的定积分中,积分区间均是有限的,但在实际问题中,往往会碰到积分区间是无限或者被积函数无界的积分问题,因此我们须将积分概念推广,这种推广后的积分称为广义积分。

一、无穷区间的广义积分

定义 1　**设函数 $f(x)$ 在区间$[a, +\infty)$上连续,取 $b > a$,如果极限 $\lim\limits_{b\to+\infty}\int_{a}^{b} f(x)\mathrm{d}x$ 存在,则称此极限为函数 $f(x)$ 在无穷区间$[a, +\infty)$上的广义积分,记作$\int_{a}^{+\infty} f(x)\mathrm{d}x$,即**

$$\int_{a}^{+\infty} f(x)\mathrm{d}x = \lim_{b \to +\infty}\int_{a}^{b} f(x)\mathrm{d}x,$$

这时也称广义积分$\int_{a}^{+\infty} f(x)\mathrm{d}x$收敛；如果上述极限不存在，则称广义积分$\int_{a}^{+\infty} f(x)\mathrm{d}x$发散。

定义 2　设函数 $f(x)$ 在区间$(-\infty,\ b)$上连续，取 $a<b$，如果极限 $\lim\limits_{a \to -\infty}\int_{a}^{b} f(x)\mathrm{d}x$ 存在，则称此极限为函数 $f(x)$ 在无穷区间$(-\infty,\ b)$上的广义积分，记作$\int_{-\infty}^{b} f(x)\mathrm{d}x$，即

$$\int_{-\infty}^{b} f(x)\mathrm{d}x = \lim_{a \to -\infty}\int_{a}^{b} f(x)\mathrm{d}x,$$

这时也称广义积分$\int_{-\infty}^{b} f(x)\mathrm{d}x$收敛；如果上述极限不存在，则称广义积分$\int_{-\infty}^{b} f(x)\mathrm{d}x$发散。

定义 3　设函数 $f(x)$ 在区间$(-\infty,\ +\infty)$上连续，如果广义积分$\int_{0}^{+\infty} f(x)\mathrm{d}x$和$\int_{-\infty}^{0} f(x)\mathrm{d}x$都收敛，则称上述两个广义积分之和为函数 $f(x)$ 在区间$(-\infty,\ +\infty)$上的广义积分，记作$\int_{-\infty}^{+\infty} f(x)\mathrm{d}x$，即$\int_{-\infty}^{+\infty} f(x)\mathrm{d}x = \int_{-\infty}^{0} f(x)\mathrm{d}x + \int_{0}^{+\infty} f(x)\mathrm{d}x = \lim\limits_{a \to -\infty}\int_{a}^{0} f(x)\mathrm{d}x + \lim\limits_{b \to +\infty}\int_{0}^{b} f(x)\mathrm{d}x$，这时也称广义积分$\int_{-\infty}^{+\infty} f(x)\mathrm{d}x$收敛；否则，则称广义积分$\int_{-\infty}^{+\infty} f(x)\mathrm{d}x$发散。

为方便起见，设 $F(x)$是函数 $f(x)$的一个原函数，且广义积分收敛，根据牛顿-莱布尼兹公式，**无穷区间的广义积分也可简记为：**

$\int_{a}^{+\infty} f(x)\mathrm{d}x = F(+\infty) - F(a) = [F(x)]_{a}^{+\infty}$；$\int_{-\infty}^{b} f(x)\mathrm{d}x = F(b) - F(-\infty) = [F(x)]_{-\infty}^{b}$；

$\int_{-\infty}^{+\infty} f(x)\mathrm{d}x = F(+\infty) - F(-\infty) = [F(x)]_{-\infty}^{+\infty}$，其中，$F(+\infty) = \lim\limits_{x\to+\infty} F(x)$，$F(-\infty) = \lim\limits_{x\to-\infty} F(x)$。

例 4-6-1 求$\int_{-\infty}^{+\infty} \frac{\mathrm{d}x}{1+x^2}$。

解 原式 $= \arctan x \mid_{-\infty}^{+\infty} = \frac{\pi}{2} - \left(-\frac{\pi}{2}\right) = \pi$。

例 4-6-2 求$\int_{\frac{2}{\pi}}^{+\infty} \frac{1}{x^2}\sin\frac{1}{x}\mathrm{d}x$。

解 原式 $=-\int_{\frac{2}{\pi}}^{+\infty} \sin\frac{1}{x}\mathrm{d}\frac{1}{x} = \cos\frac{1}{x}\Big|_{\frac{2}{\pi}}^{+\infty} = 1$。

例 4-6-3 讨论广义积分$\int_{1}^{+\infty} \frac{\mathrm{d}x}{x^p}$的敛散性。

解 $p=1$ 时，$\int_{1}^{+\infty} \frac{\mathrm{d}x}{x^p} = \ln x \mid_{1}^{+\infty} = +\infty$；$p\neq 1$ 时，$\int_{1}^{+\infty} \frac{\mathrm{d}x}{x^p} = \frac{1}{1-p}x^{1-p} \mid_{1}^{+\infty} = \begin{cases} +\infty & p<1 \\ \frac{1}{p-1} & p>1 \end{cases}$。

故 $p\leqslant 1$ 时，积分发散；$p>1$ 时，积分收敛于$\frac{1}{p-1}$。

二、无界函数的广义积分

定义 4 设函数 $f(x)$ 在$(a, b]$上连续且在点 a 的右邻域内无界，若极限$\lim\limits_{c\to a^+}\int_{c}^{b} f(x)\mathrm{d}x$ 存在，则称此极限为函数 $f(x)$ 在$(a, b]$上的广义积分，记作$\int_{a}^{b} f(x)\mathrm{d}x$，即

$$\int_{a}^{b} f(x)\mathrm{d}x = \lim_{c\to a^+}\int_{c}^{b} f(x)\mathrm{d}x,$$

同时称广义积分$\int_{a}^{b} f(x)\mathrm{d}x$ 收敛；如果上述极限不存在，称广义积分$\int_{a}^{b} f(x)\mathrm{d}x$ 发散。

类似地,设函数 $f(x)$ 在区间$[a, b)$ 上连续且在点 b 的左邻域内无界,若极限$\lim\limits_{c\to b^-}\int_a^c f(x)\mathrm{d}x$ 存在,则函数 $f(x)$ 在区间$[a, b)$ 上的广义积分定义为

$$\int_a^b f(x)\mathrm{d}x = \lim_{c\to b^-}\int_a^c f(x)\mathrm{d}x,$$

同时也称广义积分$\int_a^b f(x)\mathrm{d}x$ 收敛,否则,称广义积分$\int_a^b f(x)\mathrm{d}x$ 发散。

设函数 $f(x)$ 在区间$[a, b]$ 上除点 $c(a<c<b)$ 外连续,且在点 c 的邻域内无界,如果广义积分$\int_a^c f(x)\mathrm{d}x$ 和$\int_c^b f(x)\mathrm{d}x$ 都收敛,则函数 $f(x)$ 在区间$[a, b]$ 上广义积分收敛且定义为

$$\int_a^b f(x)\mathrm{d}x = \int_a^c f(x)\mathrm{d}x + \int_c^b f(x)\mathrm{d}x,$$

否则,称广义积分$\int_a^b f(x)\mathrm{d}x$ 发散。

上述定义中涉及的无穷间断点叫做被积函数的**瑕点**,故无界函数的广义积分又称为**瑕积分**。瑕积分也可以用**牛顿-莱布尼兹公式**来表示,以第一种情况为例:

$$\int_a^b f(x)\mathrm{d}x = \lim_{c\to a^+}\int_c^b f(x)\mathrm{d}x = F(b) - F(a+0) = [F(x)]_a^b,$$

其中,$F(x)$ 是 $f(x)$ 的一个原函数,$F(a+0)$ 表示 $F(x)$ 在 $x=a$ 处的右极限。

例 4-6-4 求$\int_0^a \frac{1}{\sqrt{a^2-x^2}}\mathrm{d}x$。

解 $x=a$ 是函数$\frac{1}{\sqrt{a^2-x^2}}$ 的无穷间断点,即 $x=a$ 为积分的瑕点。

原式 $= \arcsin\frac{x}{a}\Big|_0^a = \frac{\pi}{2}$。

例 4-6-5 讨论瑕积分$\int_0^1 \frac{dx}{x^p}$的敛散性。

解 $x=0$ 为积分的瑕点。

当 $p=1$ 时,$\int_0^1 \frac{dx}{x^p} = \ln x \big|_0^1 = +\infty$;

当 $p \neq 1$ 时,$\int_0^1 \frac{dx}{x^p} = \frac{1}{1-p} x^{1-p} \Big|_0^1 = \begin{cases} +\infty, & p > 1 \\ \frac{1}{1-p}, & p < 1 \end{cases}$;

故当 $p \geqslant 1$ 时,积分发散;$p < 1$ 时,积分收敛于$\frac{1}{1-p}$。

习题 4-6

1. 讨论下列广义积分,如果收敛,求其值:

(1) $\int_0^{+\infty} e^{-2x} dx$;　(2) $\int_0^{+\infty} \frac{dx}{1+x^2}$;

(3) $\int_{-\infty}^0 x e^x dx$;　(4) $\int_0^{+\infty} e^{-x} \sin x dx$;

(5) $\int_{-\infty}^{+\infty} \frac{1}{x^2+2x+2} dx$;　(6) $\int_1^2 \frac{x}{\sqrt{x-1}} dx$;

(7) $\int_1^e \frac{1}{x\sqrt{1-\ln^2 x}} dx$;　(8) $\int_{-2}^3 \frac{1}{\sqrt[3]{x^2}} dx$。

2. 讨论广义积分$\int_a^b \frac{1}{(x-a)^q} dx$ 的收敛性。

第七节 定积分在几何上的应用

本节中将应用前面学过的定积分理论来分析、解决一些几何上的问题,其目的不仅在于建立这些几何的计算公式,更重要的在于介绍运用**微元分析法**——将一个量表达成为定积分的分析方法。

一、定积分的微元分析法

在定积分的应用中,经常采用所谓**微元分析法**。为了说明这种方法，先回顾一下前面讨论过的曲边梯形面积问题。

设 $y=f(x)$ 在区间 $[a, b]$ 上连续且 $f(x)\geqslant 0$，求由 $y=f(x)$、$x=a$、$x=b$ 以及 x 轴所围平面图形的面积 S（见图 4-12）。把这个面积 S 表示为定积分 $S=\int_a^b f(x)\mathrm{d}x$ 的步骤是：

(1) 任意分割　用任意一组分点 $a=x_0<x_1<x_2<x_3<\cdots<x_{n-1}<x_n=b$ 把区间 $[a, b]$ 分成长度为 Δx_i 的 n 个小区间，相应地把曲边梯形分成 n 个窄曲边梯形，第 i 个窄曲边梯形的面积设为 ΔS_i，于是 $S=\sum_{i=1}^{n}\Delta S_i$；

(2) 取近似值　第 i 个窄曲边梯形面积

$$\Delta S_i \approx f(\xi_i)\Delta x_i (x_{i-1}\leqslant \xi_i \leqslant x_i);$$

(3) 求和　曲边梯形面积 $S\approx \sum_{i=1}^{n} f(\xi_i)\Delta x_i$；

(4) 取极限　曲边梯形面积 $S=\lim_{\lambda\to 0}\sum_{i=1}^{n} f(\xi_i)\Delta x_i=\int_a^b f(x)\mathrm{d}x$。

在上述问题中我们注意到，所求量（即面积 S）与区间有关，如果把区间分成许多部分区间，则所求量相应地分成许多部分量（即 ΔS_i），而所求量等于所有部分量之和（即 $S=\sum_{i=1}^{n}\Delta S_i$），这一性质称为所求量对于区间 $[a, b]$ 具有可加性。此外，以近似值代替部分量时，要求它们只相差一个比 Δx_i 高阶的无穷小，以便使和式 $\sum_{i=1}^{n} f(\xi_i)\Delta x_i$ 的极限是 S 的精确值，从而 S 可以表示为定积分 $S=\lim_{\lambda\to 0}\sum_{i=1}^{n} f(\xi_i)\Delta x_i=\int_a^b f(x)\mathrm{d}x$。

在引出 S 的积分表达式的四个步骤中，主要是第二步要确定近似值 $f(\xi_i)\Delta x_i$，使得 $S=\lim_{\lambda\to 0}\sum_{i=1}^{n} f(\xi_i)\Delta x_i=\int_a^b f(x)\mathrm{d}x$。在实用上，为了简便起见，省略下标，用 ΔS 表示在任一小区间 $[x, x+\mathrm{d}x]$ 上的窄

曲边梯形的面积,这样 $S=\sum\Delta S$,取$[x, x+\mathrm{d}x]$的左端点 x 为 ξ,以点 x 处的函数值 $f(x)$ 为高、$\mathrm{d}x$ 为底的矩形的面积 $f(x)\mathrm{d}x$ 为 ΔS 的近似值(如图 4-12 阴影部分所示),即 $\Delta S\approx f(x)\mathrm{d}x$,$f(x)\mathrm{d}x$ 称为**面积微元**,记为 $\mathrm{d}S=f(x)\mathrm{d}x$。于是 $S\approx\sum f(x)\mathrm{d}x$,因此 $S=\lim\sum f(x)\mathrm{d}x=\int_a^b f(x)\mathrm{d}x$。

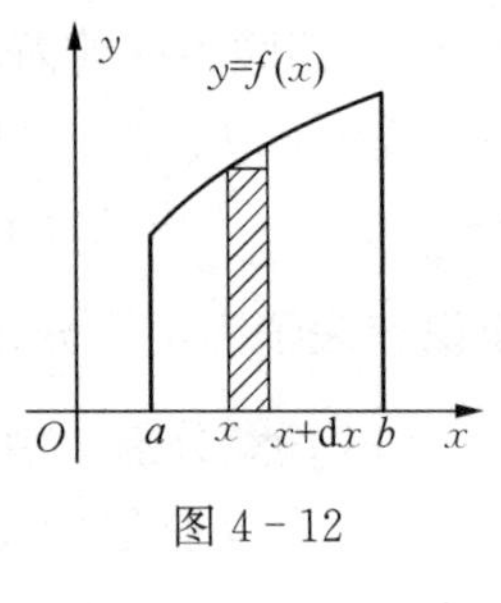

图 4-12

一般地,如果某一实际问题中的所求量 U 符合下列条件:

(1) U 是与一个变量的变化区间$[a, b]$有关的量;

(2) U 对于区间$[a, b]$具有可加性,就是说,如果把区间$[a, b]$分成许多部分区间,则 U 相应地分成许多部分量,而 U 等于所有部分量之和;

(3) 部分量 ΔU_i 的近似值可表示为 $f(\xi_i)\Delta x_i$,则可考虑用定积分来表示这个量 U。

通常写出这个量 U 的积分表达式的步骤是:

(1) 根据问题的具体情况,选取一个变量例如 x 为积分变量,并确定它的变化区间$[a, b]$;

(2) 设想把区间$[a, b]$分成 n 个小区间,取其中任一小区间并记作$[x, x+\mathrm{d}x]$,求出相应于这个小区间的部分量 ΔU 的近似值。如果能近似地表示为$[a, b]$上的一个连续函数在 x 处的值 $f(x)$ 与 $\mathrm{d}x$ 的乘积,就把 $f(x)\mathrm{d}x$ 称为量 U 的**微元**并记作 $\mathrm{d}U$,即 $\mathrm{d}U=f(x)\mathrm{d}x$;

(3) 以所求量 U 的微元 $f(x)\mathrm{d}x$ 为被积表达式,在区间$[a, b]$上作定积分,得 $U=\int_a^b f(x)\mathrm{d}x$,这就是所求量$[a, b]$的积分表达式。

这个方法通常叫做**微元分析法**。下面我们将应用这个方法来讨论几何上的一些问题。

二、平面图形面积

设曲线 $y=f(x)$、$y=g(x)$ 在$[a, b]$上连续,其中 $f(x)>$

$g(x)$。求由 $y=f(x)$、$y=g(x)$、$x=a$ 以及 $x=b$ 所围平面图形的面积。

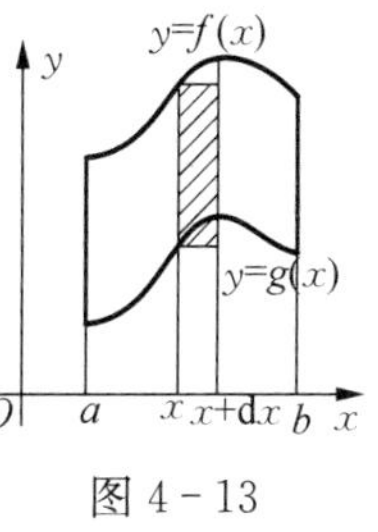

图 4-13

解　任取 $x\in[a, b]$，$x+\mathrm{d}x\in[a, b]$ $(\mathrm{d}x>0)$（见图 4-13）。

因为 $y=f(x)$，$y=g(x)$在$[a, b]$上连续，所以 $\mathrm{d}x\to 0$ 时，$f(x+\mathrm{d}x)\to f(x)$，$g(x+\mathrm{d}x)\to g(x)$。

从而 $\mathrm{d}x\to 0$ 时，$f(x+\mathrm{d}x)-g(x+\mathrm{d}x)\to f(x)-g(x)$，

则面积微元 $\mathrm{d}S=[f(x)-g(x)]\mathrm{d}x$，

所求面积 $S=\int_a^b[f(x)-g(x)]\mathrm{d}x$。

例 4-7-1　计算 $y=x^2$ 与 $x=y^2$ 围成的平面图形面积（见图 4-14）。

解　解方程组 $\begin{cases}y=x^2\\x=y^2\end{cases}$，得 $\begin{cases}x=0\\y=0\end{cases}$，$\begin{cases}x=1\\y=1\end{cases}$。

所求面积 $S=\int_0^1(\sqrt{x}-x^2)\mathrm{d}x=\frac{2}{3}x^{\frac{3}{2}}\Big|_0^1-\frac{1}{3}x^3\Big|_0^1=\frac{1}{3}$。

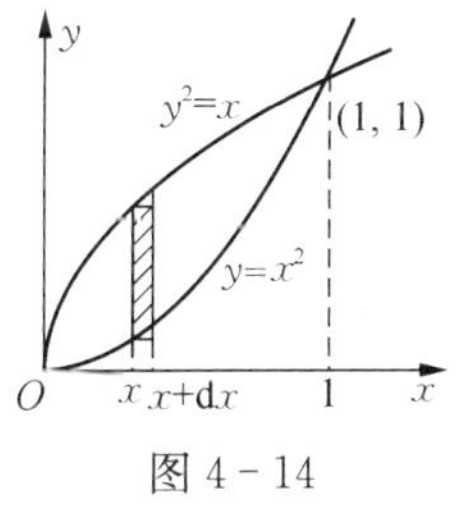

图 4-14

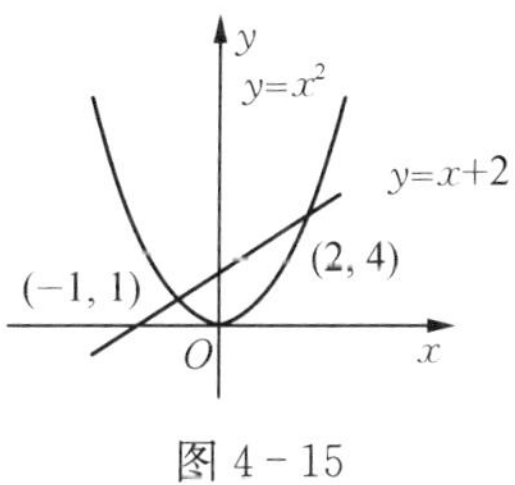

图 4-15

例 4-7-2　计算 $y=x^2$ 与 $y=x+2$ 围成的平面图形的面积（见图 4-15）。

解　解方程组 $\begin{cases}y=x^2\\y=x+2\end{cases}$，得 $\begin{cases}x=-1\\y=1\end{cases}$，$\begin{cases}x=2\\y=4\end{cases}$。

所求面积 $S=\int_{-1}^2(x+2-x^2)\mathrm{d}x$

$$=\frac{1}{2}x^2\Big|_{-1}^{2}+2x\,\Big|_{-1}^{2}-\frac{1}{3}x^3\Big|_{-1}^{2}=\frac{9}{2}。$$

例 4-7-3 计算 $xy=1$、$y=x$、$x=\frac{1}{2}$ 以及 $x=2$ 围成的平面图形面积(见图 4-16)。

解 解方程组 $\begin{cases}y=x\\xy=1\end{cases}$,得 $\begin{cases}x=-1\\y=-1\end{cases}$, $\begin{cases}x=1\\y=1\end{cases}$。

$S_1=\int_1^2\left(x-\frac{1}{x}\right)\mathrm{d}x=\frac{1}{2}x^2\Big|_1^2-\ln x\,\Big|_1^2=\frac{3}{2}-\ln 2$。

$S_2=\int_{\frac{1}{2}}^1\left(\frac{1}{x}-x\right)\mathrm{d}x=\ln x\,\Big|_{\frac{1}{2}}^1-\frac{1}{2}x^2\Big|_{\frac{1}{2}}^1=\ln 2-\frac{3}{8}$。

所求面积 $S=S_1+S_2=\frac{9}{8}$。

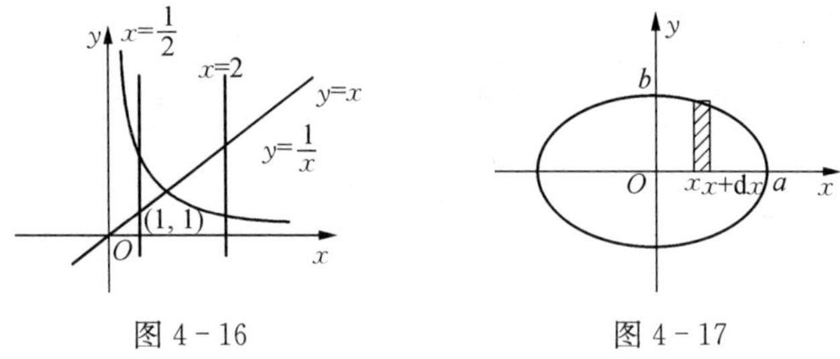

图 4-16　　　　图 4-17

例 4-7-4 计算椭圆 $\frac{x^2}{a^2}+\frac{y^2}{b^2}=1$ 的面积(见图 4-17)。

解 $\frac{x^2}{a^2}+\frac{y^2}{b^2}=1$,$y^2=b^2\left(1-\frac{x^2}{a^2}\right)=\frac{b^2}{a^2}(a^2-x^2)$。

所求面积 $S=4\int_0^a\frac{b\sqrt{a^2-x^2}}{a}\mathrm{d}x$

$$=\frac{4b}{a}\int_0^a\sqrt{a^2-x^2}\,\mathrm{d}x$$

$$=\frac{4b}{a}\cdot\frac{1}{4}\pi a^2=\pi ab。$$

特别地,$a=b$ 时椭圆 $\frac{x^2}{a^2}+\frac{y^2}{b^2}=1$ 就成为半径为 a 的圆,它的面积为

πa^2。

例 4-7-5　计算 $y=\cos x$（$x\in[0,2\pi]$）、$y=-\dfrac{1}{2}$ 以及 x 轴围成的平面图形面积(见图 4-18)。

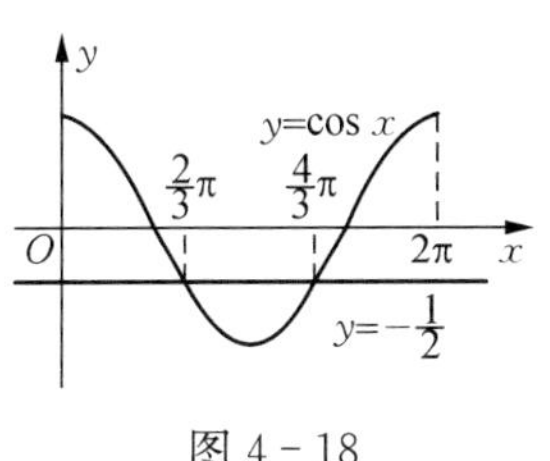

图 4-18

解　$S_1=\displaystyle\int_{\frac{\pi}{2}}^{\frac{2\pi}{3}}[0-\cos x]\mathrm{d}x$

$$=-\sin x\Big|_{\frac{\pi}{2}}^{\frac{2\pi}{3}}=1-\frac{\sqrt{3}}{2},$$

$$S_2=\int_{\frac{4\pi}{3}}^{\frac{3\pi}{2}}[0-\cos x]\mathrm{d}x$$

$$=-\sin x\Big|_{\frac{4\pi}{3}}^{\frac{3\pi}{2}}=1-\frac{\sqrt{3}}{2},$$

$$S_3=\frac{1}{2}\cdot\frac{2\pi}{3}=\frac{\pi}{3},$$

所求面积 $S=S_1+S_2+S_3=2+\dfrac{\pi}{3}-\sqrt{3}$。

设曲线 $x=\varphi(y)$、$x=\psi(y)$ 在 $[c,d]$ 上连续，$\varphi(y)\leqslant\psi(y)$，求 $x=\varphi(y)$、$x=\psi(y)$、$y=c$ 以及 $y=d$ 围成的平面图形面积(见图 4-19)。

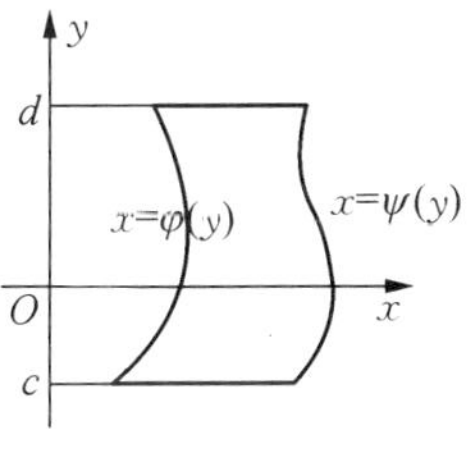

图 4-19

解　任取 $y\in[c,d]$，$y+\mathrm{d}y\in[c,d]$ $(\mathrm{d}y>0)$。

因为 $x=\varphi(y)$、$x=\psi(y)$ 在 $[c,d]$ 上连续，

所以 $\mathrm{d}y\to 0$ 时，$\varphi(y+\mathrm{d}y)\to\varphi(y)$，$\psi(y+\mathrm{d}y)\to\psi(y)$，$\psi(y+\mathrm{d}y)-\varphi(y+\mathrm{d}y)\to\psi(y)-\varphi(y)$。

则面积微元 $\mathrm{d}S=[\psi(y)-\varphi(y)]\mathrm{d}y$，

所求面积 $S=\displaystyle\int_c^d[\psi(y)-\varphi(y)]\mathrm{d}y$。

例 4-7-6 计算 $xy=1$、$y=x$ 以及 $y=\frac{1}{2}$ 围成的平面图形面积(见图 4-20)。

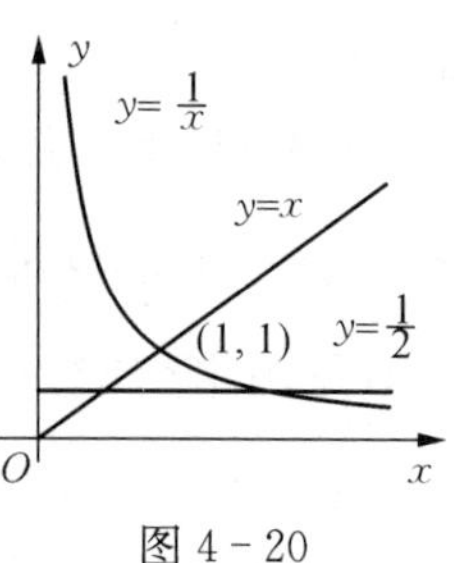

图 4-20

解法一 解方程组 $\begin{cases} y=x \\ xy=1 \end{cases}$,得 $\begin{cases} x=-1 \\ y=-1 \end{cases}$,$\begin{cases} x=1 \\ y=1 \end{cases}$。

所求面积 $S=\int_{\frac{1}{2}}^{1}\left[\frac{1}{y}-y\right]\mathrm{d}y=\ln y\Big|_{\frac{1}{2}}^{1}-\frac{1}{2}y^2\Big|_{\frac{1}{2}}^{1}=\ln 2-\frac{3}{8}$。

解法二 所求面积 $S=\int_{\frac{1}{2}}^{1}\left(x-\frac{1}{2}\right)\mathrm{d}x+\int_{1}^{2}\left(\frac{1}{x}-\frac{1}{2}\right)\mathrm{d}x=\ln 2-\frac{3}{8}$。

例 4-7-7 计算 $x=y^2$ 与 $y=x-6$ 围成的平面图形面积(见图 4-21)。

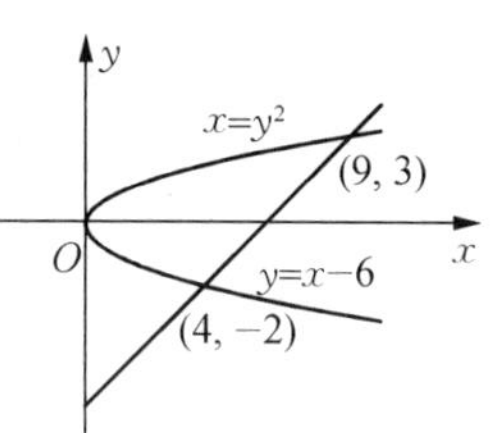

图 4-21

解 解方程组 $\begin{cases} x=y^2 \\ y=x-6 \end{cases}$,得 $\begin{cases} x=4 \\ y=-2 \end{cases}$,$\begin{cases} x=9 \\ y=3 \end{cases}$。

所求面积 $S=\int_{-2}^{3}[y+6-y^2]\mathrm{d}y$

$$=\frac{1}{2}y^2\Big|_{-2}^{3}+6y\,\Big|_{-2}^{3}-\frac{1}{3}y^3\Big|_{-2}^{3}=\frac{125}{6}。$$

例 4-7-8 求由抛物线 $y^2=4(x+1)$ 与抛物线 $y^2=2(x+2)$ 围成的平面图形面积(见图 4-22)。

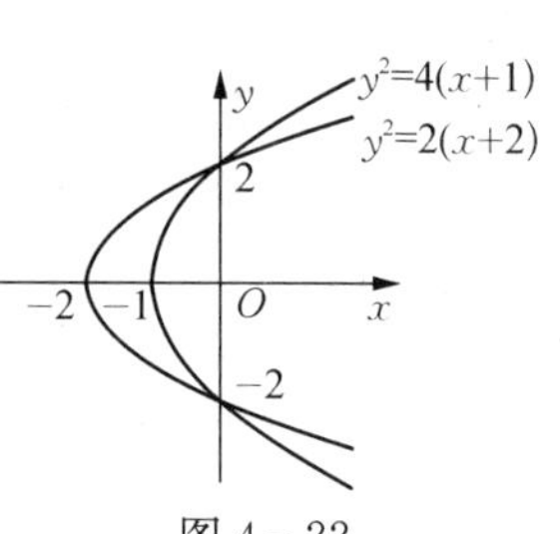

图 4-22

解 解方程组 $\begin{cases} y^2=4(x+1) \\ y^2=2(x+2) \end{cases}$,得 $\begin{cases} x=0 \\ y=-2 \end{cases}$,$\begin{cases} x=0 \\ y=2 \end{cases}$。

两抛物线方程可表为 $x=\dfrac{y^2-4}{4}$，$x=\dfrac{y^2-4}{2}$。

所求面积 $S=\int_{-2}^{2}\left[\dfrac{y^2-4}{4}-\dfrac{y^2-4}{2}\right]\mathrm{d}y=-\int_{-2}^{2}\dfrac{y^2-4}{4}\mathrm{d}y$

$$=-\int_{0}^{2}\frac{y^2-4}{2}\mathrm{d}y=\frac{1}{2}\left(4y-\frac{1}{3}y^3\right)\Bigg|_0^2=\frac{8}{3}。$$

设 $\varphi(\theta)$ 在 $[\alpha,\beta]$ 上连续，且 $\varphi(\theta)\geqslant 0$，求由曲线 $\rho=\varphi(\theta)$、$\theta=\alpha$ 以及 $\theta=\beta$ 围成的平面图形面积（见图 4-23）。

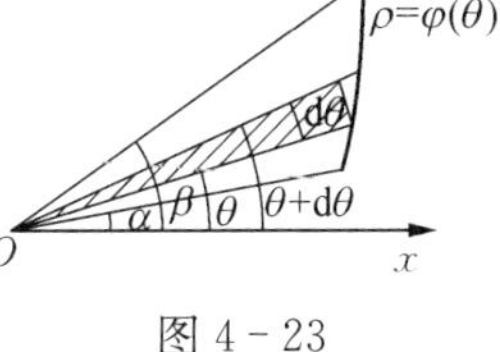

图 4-23

解　任取 $\theta\in[\alpha,\beta]$，$\theta+\mathrm{d}\theta\in[\alpha,\beta]$（$\mathrm{d}\theta>0$）。

因为 $\varphi(\theta)$ 在 $[\alpha,\beta]$ 上连续，所以 $\mathrm{d}\theta\to 0$ 时，$\varphi(\theta+\mathrm{d}\theta)\to\varphi(\theta)$。

则面积微元 $\mathrm{d}S=\dfrac{1}{2}[\varphi(\theta)]^2\mathrm{d}\theta$，

所求面积 $S=\int_{\alpha}^{\beta}\dfrac{1}{2}[\varphi(\theta)]^2\mathrm{d}\theta$。

例 4-7-9　计算阿基米德螺线 $\rho=a\theta(a>0)$ 上相应于 θ 从 0 到 2π 的一段弧与极轴围成的平面图形面积（见图 4-24）。

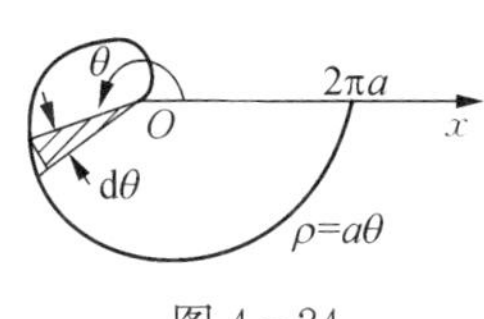

图 4-24

解　面积微元 $\mathrm{d}S=\dfrac{1}{2}(a\theta)^2\mathrm{d}\theta$，

所求面积 $S=\int_{0}^{2\pi}\dfrac{1}{2}(a\theta)^2\mathrm{d}\theta=\dfrac{a^2}{2}\cdot\dfrac{1}{3}\theta^3\Bigg|_0^{2\pi}$

$$=\frac{4}{3}a^2\pi^3。$$

三、旋转体的体积

设 $y=f(x)$ 在区间 $[a,b]$ 上连续，求由 $y=f(x)$、$x=a$、$x=b$ 以及 x 轴所围平面图形绕 x 轴旋转一周所得旋转体的体积（见图 4-25）。

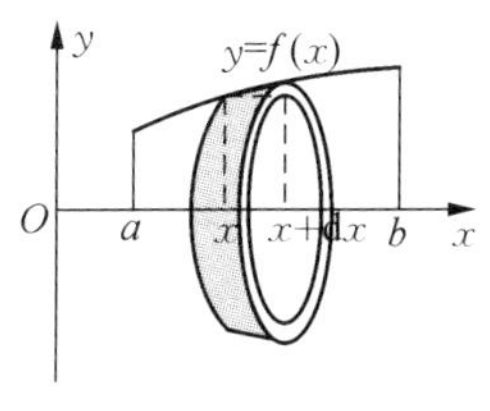

图 4-25

解　任取 $x \in [a, b]$, $x + \mathrm{d}x \in [a, b]$ $(\mathrm{d}x > 0)$,相应于任一小区间$[x, x+\mathrm{d}x]$上的窄曲边梯形绕 x 轴旋转一周的薄片体积近似等于以 $|f(x)|$ 为底半径、$\mathrm{d}x$ 为高的圆柱体的体积,即体积微元 $\mathrm{d}V = \pi[f(x)]^2\mathrm{d}x$。以 $\pi[f(x)]^2\mathrm{d}x$ 为被积表达式,在区间$[a, b]$上作定积分,从而得到所求旋转体体积 $V = \int_a^b \pi f^2(x)\mathrm{d}x$。

例 4-7-10　计算底半径为 r,高为 h 的圆锥体的体积。

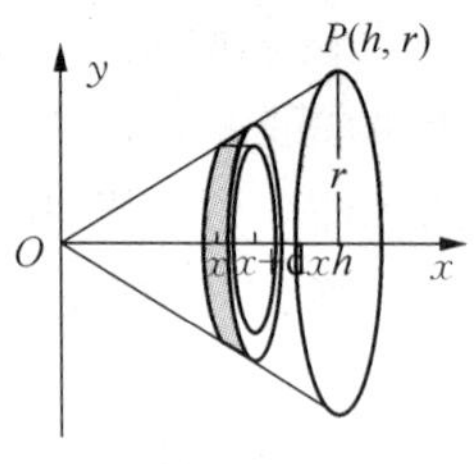

图 4-26

解　建立如图(4-26)所示的直角坐标系。

所求圆锥体的体积可看作 $y=\frac{r}{h}x$、$x=0$、$x=r$ 以及 x 轴所围的图形绕 x 轴旋转一周所得旋转体体积。

$$V = \int_0^h \pi\left(\frac{r}{h}x\right)^2\mathrm{d}x = \pi\frac{r^2}{h^2}\left[\frac{x^3}{3}\right]_0^h = \frac{\pi}{3}r^2h。$$

例 4-7-11　求由椭圆$\frac{x^2}{a^2}+\frac{y^2}{b^2}=1$围成的图形绕 x 轴旋转一周所得旋转体的体积。

解　所得旋转体的体积可看作半个椭圆 $y=\frac{b}{a}\sqrt{a^2-x^2}$ 与 x 轴围成的图形绕 x 轴旋转一周所得旋转体的体积(见图 4-17)。

$$V = \int_{-a}^{a}\pi\left(\frac{b}{a}\sqrt{a^2-x^2}\right)^2\mathrm{d}x = 2\int_0^a\frac{\pi b^2}{a^2}(a^2-x^2)\mathrm{d}x = \frac{4}{3}\pi ab^2。$$

特别地,$a=b$ 时旋转体就成为半径为 a 的球体,它的体积为$\frac{4}{3}\pi a^3$。

例 4-7-12　求圆 $x^2+(y-b)^2=a^2$ $(0<a<b)$ 绕 x 轴旋转一周所得旋转体的体积(见图 4-27)。

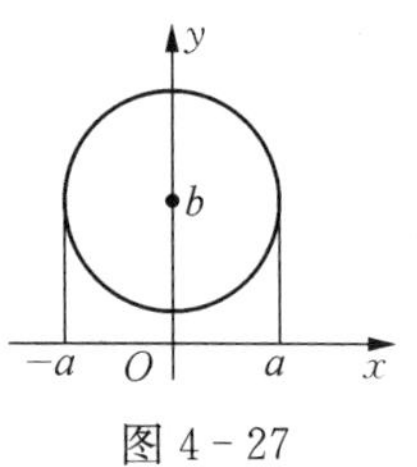

图 4-27

解　所得旋转体的体积可看作 $x=a$、$x=-a$、$y=b+\sqrt{a^2-x^2}$ 以及 x 轴围成的图形绕 x 轴旋转一周所得旋转体的体积减去 $x=a$、$x=-a$、$y=b-\sqrt{a^2-x^2}$ 以及 x 轴所围成的平面图形绕 x 轴旋转一周所得旋转体的体积。

$$
\begin{aligned}
V &= \int_{-a}^{a}\pi(b+\sqrt{a^2-x^2})^2\mathrm{d}x-\int_{-a}^{a}\pi(b-\sqrt{a^2-x^2})^2\mathrm{d}x \\
&= \int_{-a}^{a}4\pi b\sqrt{a^2-x^2}\,\mathrm{d}x = 8\int_{0}^{a}\pi b\sqrt{a^2-x^2}\,\mathrm{d}x = 2\pi^2a^2b。
\end{aligned}
$$

设 $x=\varphi(y)$ 在 $[c,\ d]$ 上连续，求由 $x=\varphi(y)$、$y=c$、$y=d$ 以及 y 轴所围图形绕 y 轴旋转一周所得旋转体的体积。

解　任取 $y\in[c,\ d]$，$y+\mathrm{d}y\in[c,\ d]$ $(\mathrm{d}y>0)$，相应于任一小区间 $[y,\ y+\mathrm{d}y]$ 上的窄曲边梯形绕 y 轴旋转形成的薄片体积近似等于以 $|\varphi(y)|$ 为底半径、$\mathrm{d}y$ 为高的圆柱体的体积(见图 4－28)，即体积微元 $\mathrm{d}V=\pi[\varphi(y)]^2\mathrm{d}y$。以 $\pi[\varphi(y)]^2\mathrm{d}y$ 为被积表达式，在区间 $[c,\ d]$ 上作定积分，从而得到所求旋转体体积 $V=\int_c^d\pi\varphi^2(y)\mathrm{d}y$。

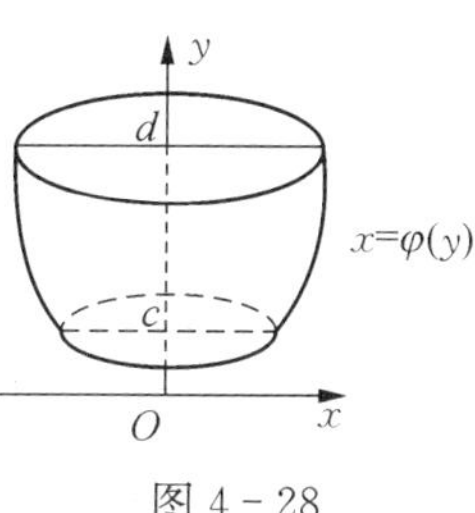

图 4－28

例 4－7－13　求由椭圆 $\dfrac{x^2}{a^2}+\dfrac{y^2}{b^2}=1$ 围成的图形绕 y 轴旋转一周所得旋转体体积。

解　所得旋转体的体积可看作半个椭圆 $x=\dfrac{a}{b}\sqrt{b^2-y^2}$ 以及 y 轴围成的图形绕 y 轴旋转一周所得旋转体体积(见图 4－17)。

$$
V=\int_{-b}^{b}\pi\left(\frac{a}{b}\sqrt{b^2-y^2}\right)^2\mathrm{d}y=2\int_0^b\frac{\pi a^2}{b^2}(b^2-y^2)\mathrm{d}y=\frac{4}{3}\pi a^2b。
$$

特别地，$a=b$ 时旋转椭球体就成为半径为 a 的球体，它的体积为 $\dfrac{4}{3}\pi a^3$。

例 4-7-14 求由 $xy=1$、$x=y$ 以及 $y=2$ 围成的平面图形绕 y 轴旋转一周所得旋转体的体积。

解 所求旋转体的体积可看作 $y=1$、$y=2$、$y=x$ 以及 y 轴围成的图形绕 y 轴旋转一周所得旋转体的体积减去 $y=1$、$y=2$、$xy=1$ 以及 y 轴围成的平面图形绕 y 轴旋转一周所得旋转体的体积。

$$V=\int_1^2 \pi y^2 \mathrm{d}y-\int_1^2 \pi\left(\frac{1}{y}\right)^2 \mathrm{d}y=\frac{\pi}{3}y^3\Big|_1^2+\pi y^{-1}\Big|_1^2=\frac{11}{6}\pi。$$

习题 4-7

1. 计算 $xy=1$、$y=x$ 以及 $x=3$ 围成的平面图形的面积。
2. 计算 $y=\sin x(x\in[0,2\pi])$、$y=0$ 以及 $y=\frac{1}{2}$ 围成的平面图形的面积。
3. 计算抛物线 $y^2=-4(x-1)$ 与抛物线 $y^2=-2(x-2)$ 围成的平面图形的面积。
4. 计算阿基米德螺线 $\rho=a\theta(a>0)$ 与 $\theta=\frac{\pi}{4}$、$\theta=\frac{\pi}{2}$ 围成的平面图形面积。
5. 计算 $\rho=2\cos\theta$ 与 $\theta=0$、$\theta=\frac{\pi}{4}$ 围成的平面图形面积。
6. 计算 $y=x^2$、$y=0$ 以及 $x=2$ 围成的平面图形分别绕 x 轴与 y 轴旋转一周所得旋转体的体积。
7. 计算 $(x-3)^2+y^2=4$ 绕 y 轴旋转一周所得旋转体的体积。
8. 计算 $y=x^2$ 与 $x=y^2$ 围成的平面图形分别绕 x 轴与 y 轴旋转一周所得旋转体的体积。

第八节 应用举例

一、定积分在物理学上的应用

例 4-8-1 弹簧在拉伸过程中需要的力 F(单位:N)与伸长量

S(单位:cm)成正比,即 $F = KS$ (K 是比例常数)。若把弹簧由原长拉伸 4 cm,计算所做的功。

解　功的微元 $\mathrm{d}W = KS\mathrm{d}S$。

所求的功 $W = \int_0^4 KS\mathrm{d}S = \frac{1}{2}KS^2\Big|_0^4 = 8K(\mathrm{N}\cdot\mathrm{cm}) = 0.08K(\mathrm{J})$。

例 4-8-2　一个横放着的圆柱形水桶,桶内盛有半桶水(见图 7-29(a))。设桶的底半径为 R,水的密度为 ρ,计算桶的一个端面上所受的压力。

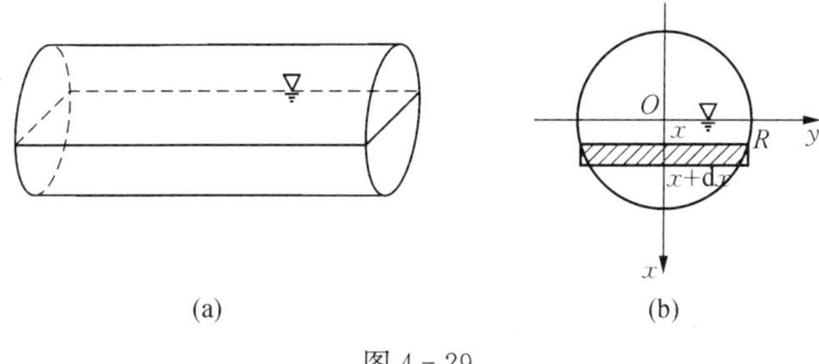

图 4-29

解　桶的一个端面是圆片,所以现在要计算的是当水平面通过圆心时,铅直放置的一个半圆片的一侧所受到的水压力。

如图 7-29(b),在这个圆片上取过圆心且铅直向下的直线为 x 轴,过圆心的水平线为 y 轴。对这个坐标系来讲,所讨论的半圆方程为 $x^2+y^2=R^2(0\leqslant x\leqslant R)$。取 x 为积分变量,它的变化区间为$[0, R]$。设$[x, x+\mathrm{d}x]$为上$[0, R]$的任一小区间,半圆片上相应于$[x, x+\mathrm{d}x]$的窄条上各点处的压强近似于 ρgx,这窄条的面积近似于 $2\sqrt{R^2-x^2}\,\mathrm{d}x$。因此,这窄条一侧所受水压力的近似值,即压力元素为 $\mathrm{d}F = 2\rho gx\sqrt{R^2-x^2}\,\mathrm{d}x$

于是所求压力为 $F = \int_0^R 2\rho gx\sqrt{R^2-x^2}\,\mathrm{d}x$

$$= -\rho g\int_0^R \sqrt{R^2-x^2}\,\mathrm{d}(R^2-x^2)$$

$$= -\rho g\left[\frac{2}{3}(R^2-x^2)^{\frac{3}{2}}\right]_0^R = \frac{2\rho g}{3}R^3。$$

例 4-8-3 设一锥形贮水池,深 15 m,口径 20 m,盛满水,若将水吸尽,需要做多少功?

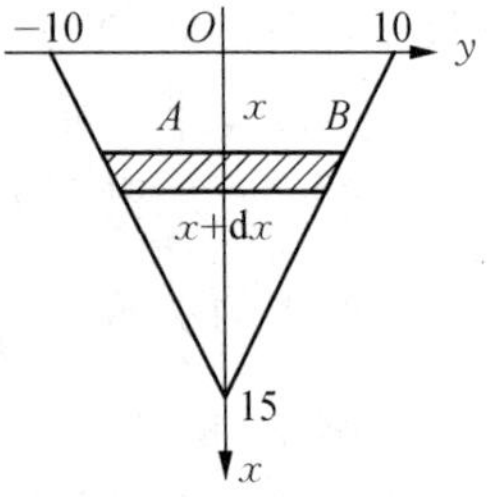

解 建立如图 4-30 所示的直角坐标系。

$A(x,\ 0)$, $B\left(x,\ 10-\frac{2}{3}x\right)$。

图 4-30

任取 $x \in [0,\ 15]$, $x+\mathrm{d}x \in [0,\ 15]$ $(\mathrm{d}x>0)$,

体积微元 $\mathrm{d}V=\pi\left(10-\frac{2}{3}x\right)^2\mathrm{d}x$,

则将这层水吸出池面所作的功的微元 $\mathrm{d}W=xg\pi\left(10-\frac{2}{3}x\right)^2\mathrm{d}x$,

于是将水吸尽所作的功为 $W=\int_0^{15}xg\pi\left(10-\frac{2}{3}x\right)^2\mathrm{d}x=g\pi\left(50x^2-\frac{40}{9}x^3+\frac{1}{9}x^4\right)\Big|_0^{15}=57\,697.5(\mathrm{kJ})$。

二、定积分在经济工作中的应用

定积分除了应用于解决几何、物理问题外,在经济管理中应用也很广泛,下面我们举例说明。

例 4-8-4 商店售出 x 台录像机的总利润 $L(x)$ 的变化率 $L'(x)=20-\frac{x}{20}$ $(x\geqslant 0)$,求:(1)售出 40 台时的总利润;(2)售出 80 台时,前 40 台的平均利润和后 40 台的平均利润。

解 (1)由于 $L'(x)=20-\frac{x}{20}$,

所以售出 40 台的总利润为 $L(40)=\int_0^{40}\left(20-\frac{x}{20}\right)\mathrm{d}x=\left(20x-\frac{x^2}{40}\right)\Big|_0^{40}=760$。

(2) 售出 80 台时,前 40 台的平均利润为 $\frac{1}{40}\int_0^{40}\left(20-\frac{x}{20}\right)\mathrm{d}x=$

19，

后 40 台的平均利润为 $\frac{1}{40}\int_{40}^{80}\left(20-\frac{x}{20}\right)\mathrm{d}x = 17$。

例 4-8-5 已知某商品每周生产 x 个单位时，总费用 $F(x)$ 的变化率为 $F'(x) = 0.2x - 6$(元/单位)，且已知 $F(0) = 40$(元)，求：(1)总费用函数 $F(x)$；(2)如果该商品的销售单价为 10 元/单位，求总利润 $L(x)$，并求每周生产多少个单位时，才能获得最大利润？

解 (1) 总费用函数 $F(x) = \int F'(x)\mathrm{d}x = \int (0.2x - 6)\mathrm{d}x = 0.1x^2 - 6x + C$。

由于 $F(0) = 40$，得 $C = 40$，所以 $F(x) = 0.1x^2 - 6x + 40$。

(2) 因为总收入 $R(x) = 10x$，
所以 $L(x) = R(x) - F(x) = 10x - (0.1x^2 - 6x + 40) = -0.1x^2 + 16x - 40$，
$L'(x) = -0.2x + 16$。

令 $L'(x) = 0$，得 $x = 80$。又因为 $L''(x) = -0.2 < 0$，所以当 $x = 80$(单位) 时，$L(x)$ 达到最大值，最大利润为 $L(80) = 600$(元)。

习题 4-8

1. 弹簧在拉伸过程中需要的力 F(单位:N)与伸长量 S(单位:cm)成正比，即 $F = KS$ (K 是比例常数)。若用 5 N 的力把弹簧由原长拉伸 2 cm，计算力所做的功。
2. 一圆柱形的贮水桶高为 5 m，底圆半径为 3 m，桶内盛满了水，试问要把桶内的水全部吸出需作多少功？
3. 已知某产品生 x 个单位时，总收益的变化(即边际收益)为

$$R'(x) = 200 - \frac{x}{100}\ (x \geqslant 0)。$$

(1) 求生产了 50 个单位时的总收益；

(2) 如果已经生产了 100 个单位，求再生产了 100 个单位时的总收益。

4. 某产品的总成本 $C(x)$(万元)的变化(即边际成本) $C'(x) = 1$，总

收益 $R(x)$(万元)的变化(即边际收益)为产量 x(百台)的函数 $R'(x)=5-x$。

(1) 求产量等于多少时,总利润 $L=R(x)-C(x)$ 最大?

(2) 达到利润最大的产量后生产了1(百台),总利润减少了多少?

自测题4

一、选择题:

1. 下列等式正确的是(　　)。

A. $\frac{\mathrm{d}}{\mathrm{d}x}\int_a^b f(x)\mathrm{d}x=f(x)$;　　B. $\frac{\mathrm{d}}{\mathrm{d}x}\int f(x)\mathrm{d}x=f(x)$;

C. $\frac{\mathrm{d}}{\mathrm{d}x}\int_a^x f(t)\mathrm{d}x=f(t)$;　　D. $\int f'(x)\mathrm{d}x=f(x)$。

2. 下列计算正确的是(　　)。

A. $\int 3^x\mathrm{d}x=3^x+c$;

B. $\int\frac{1}{\sqrt{1+x^2}}\mathrm{d}x=\arctan x+c$;

C. $\int\frac{1}{\sqrt{x}}\mathrm{d}x=2\sqrt{x}+c$;

D. $\int\ln x\mathrm{d}x=\frac{1}{x}+c$。

3. 比较 $\int_0^1 \mathrm{e}^x\mathrm{d}x$ 与 $\int_0^1 \mathrm{e}^{x^2}\mathrm{d}x$,下列(　　)成立。

A. $\int_0^1 \mathrm{e}^x\mathrm{d}x<\int_0^1 \mathrm{e}^{x^2}\mathrm{d}x$;　　B. $\int_0^1 \mathrm{e}^x\mathrm{d}x>\int_0^1 \mathrm{e}^{x^2}\mathrm{d}x$;

C. $(\int_0^1 \mathrm{e}^x\mathrm{d}x)^2=\int_0^1 \mathrm{e}^{x^2}\mathrm{d}x$;　　D. $\int_0^1 \mathrm{e}^x\mathrm{d}x=\int_0^1 \mathrm{e}^{x^2}\mathrm{d}x$。

4. 下列积分值为0的是(　　)。

A. $\int_{-1}^1 \frac{\mathrm{e}^x-\mathrm{e}^{-x}}{2}\mathrm{d}x$;　　B. $\int_{-1}^1 \frac{\mathrm{e}^x+\mathrm{e}^{-x}}{2}\mathrm{d}x$;

C. $\int_{-\frac{\pi}{2}}^{\frac{\pi}{2}}(x^3+\cos x)\mathrm{d}x$;　　D. $\int_{-\pi}^{\pi}(x^2+\sin x)\mathrm{d}x$。

5. 下列无穷积分收敛的是(　　)。

A. $\int_0^{+\infty} \sin x \mathrm{d}x$；　　B. $\int_0^{+\infty} \mathrm{e}^{-2x} \mathrm{d}x$；

C. $\int_1^{+\infty} \frac{1}{x} \mathrm{d}x$；　　D. $\int_1^{+\infty} \frac{1}{\sqrt{x}} \mathrm{d}x$。

二、填空题：

1. 若 $\int f(x)\mathrm{d}x = \frac{x+1}{x-1} + c$，则 $f(x) =$ ________。

2. 设 $\int f(x)\mathrm{d}x = F(x) + c$，则 $\int \mathrm{e}^x f(\mathrm{e}^x)\mathrm{d}x =$ ________。

3. $\int_{-1}^{1} \left(\frac{\arcsin x}{1+x^2} - x^2\right)\mathrm{d}x =$ ________。

4. $\frac{\mathrm{d}}{\mathrm{d}x}\int_1^{x^2} \frac{\sin t}{t}\mathrm{d}x =$ ________。

5. $\frac{\mathrm{d}}{\mathrm{d}x}\int_1^{\mathrm{e}} \ln(x^2+1)\mathrm{d}x =$ ________。　　**6.** $\int_{-\infty}^{0} \mathrm{e}^{2x}\mathrm{d}x =$ ________。

7. $\int_{-\infty}^{1} \frac{1}{1+x^2}\mathrm{d}x =$ ________。　　**8.** $\int \tan x \sec^2 x \mathrm{d}x =$ ________。

9. $\int \frac{\cot x}{\sin^2 x}\mathrm{d}x =$ ________。　　**10.** $\int \frac{1}{x\ln x}\mathrm{d}x =$ ________。

三、计算题：

1. $\int \frac{1}{1+\cos 2x}\mathrm{d}x$；　　**2.** $\int \frac{2^x}{1+4^x}\mathrm{d}x$；

3. $\int \mathrm{e}^{\sqrt{2x-1}}\mathrm{d}x$；　　**4.** $\int x\sin 2x\mathrm{d}x$；

5. $\int x^2 \ln x\mathrm{d}x$；　　**6.** $\int x\mathrm{e}^{-x}\mathrm{d}x$；

7. $\int x^2 \sin 3x\mathrm{d}x$；　　**8.** $\int \mathrm{e}^{-x}\cos 2x\mathrm{d}x$；

9. $\int_0^1 x\cos \pi x\mathrm{d}x$；　　**10.** $\int_0^3 \frac{x}{\sqrt{1+x}}\mathrm{d}x$；

11. $\int_0^{\mathrm{e}-1} \ln(x+1)\mathrm{d}x$；　　**12.** $\int_0^1 \arccos x\mathrm{d}x$；

13. $\int_0^4 \mathrm{e}^{\sqrt{x}}\mathrm{d}x$；　　**14.** $\int_{\frac{1}{\mathrm{e}}}^{\mathrm{e}} |\ln x|\mathrm{d}x$；

15. $\int_{\frac{\pi}{4}}^{\frac{\pi}{3}} \frac{x}{\cos^2 x}\mathrm{d}x$；　　　　**16.** $\int_0^{\pi}(x\sin x)^2\mathrm{d}x$。

四、设 $f(x)=\begin{cases}\mathrm{e}^{-x} & x<0\\ \sqrt{x} & 0\leqslant x\leqslant 4\\ 2 & x>4\end{cases}$，求$\int_{-6}^{6}f(x)\mathrm{d}x$。

五、设 $f(x)$ 是$[-1,1]$上连续的偶函数，证明：$\int_0^{2\pi}f(\cos x)\mathrm{d}x=4\int_0^{\frac{\pi}{2}}f(\cos x)\mathrm{d}x$。

六、设 $f(x)$ 是以 T 为周期的连续函数，则它在任何一个长度等于 T 的区间上的积分都相等。即对任何 a，$\int_a^{a+T}f(x)\mathrm{d}x=\int_0^T f(x)\mathrm{d}x$。

七、判断下列广义积分是否收敛，若收敛，求其值。

(1) $\int_{-\infty}^{+\infty}\frac{1}{4+9x^2}\mathrm{d}x$；　　　　(2) $\int_1^{+\infty}\frac{x}{1+x^2}\mathrm{d}x$；

(3) $\int_1^{+\infty}x\mathrm{e}^{-x^2}\mathrm{d}x$；　　　　(4) $\int_1^{+\infty}\frac{1}{x^2}\sin\frac{1}{x}\mathrm{d}x$。

八、应用题：

1. 计算 $y=x^2$ 与 $y=x+6$ 围成的平面图形面积。

2. 计算抛物线 $y^2=-9(x-1)$ 与抛物线 $y^2=-3(x-3)$ 围成的平面图形的面积。

3. (1) 计算 $y=x^2$ 与 $y=9$ 围成的平面图形面积。

(2) 计算 $y=x^2$ 与 $y=9$ 围成的平面图形分别绕 x 轴与 y 轴旋转一周所得旋转体的体积。

4. 设一锥形贮水池，深 3 m，口径 4 m，盛满水，若将水吸尽，需要做多少功？

5. 设某种商品每天生产 x 单位时固定成本为 20 元，达际成本函数为 $C'(x)=0.4x+2$（元/单位），求总成本函数 $C(x)$。如果这种商品规定的销售单价为 18 元，且产品可以全部售出，求总利润函数 $L(x)$，并问每天生产多少单位时才能获得最大利润。

第五章 微分方程

为解决现实世界中的许多实际问题,如人口问题、环境污染问题、刑事侦查中死亡时间的鉴定问题、元素原子数的衰变问题、经济问题中由边际函数求总函数的问题、肿瘤生长问题等等,往往不能直接找出需要的函数关系,但比较容易建立未知函数及其导数(或微分)与自变量的关系式——**微分方程**。本章将主要介绍可分离变量的微分方程、齐次微分方程、一阶、二阶线性微分方程以及可降阶的一些微分方程求解方法和几个微分方程的模型。

第一节　微分方程的基本概念

一、微分方程举例

例 5-1-1　一曲线通过点(2, 1),且在该曲线上的任意点 $M(x, y)$ 处的切线斜率为 $2x$,求这条曲线的方程。

解　设所求曲线的方程为 $y = f(x)$,则 $\frac{\mathrm{d}y}{\mathrm{d}x} = 2x$,两边积分,得

$y = \int 2x\mathrm{d}x$,

即 $y = x^2 + C$(其中 C 为任意常数),

又 $y(2) = 1$,得 $1 = 2^2 + C$,故 $C = -3$,

于是所求曲线的方程为 $y = x^2 - 3$。

例 5-1-2　一质点由原点开始 $(t = 0)$ 沿 Ox 轴运动,已知在时

刻 t,质点的加速度为 t^2-1,而在 $t=1$ 时,速度为$\frac{1}{3}$,求 x 与 t 的函数关系。

解　由题意,有 $\frac{d^2x}{dt^2}=t^2-1$,两边对 t 积分,得$\frac{dx}{dt}=\frac{1}{3}t^3-t+C_1$。

$t=1$ 时,速度$\frac{dx}{dt}$ 为$\frac{1}{3}$,即$\left.\frac{dx}{dt}\right|_{t=1}=\left.\left(\frac{t^3}{3}-t+C_1\right)\right|_{t=1}$,$\frac{1}{3}=\frac{1}{3}-1+C_1$,所以 $C_1=1$,于是$\frac{dx}{dt}=\frac{1}{3}t^3-t+1$。

再对 t 积分得 $x=\frac{1}{12}t^4-\frac{1}{2}t^2+t+C_2$,

又 $x|_{t=0}=0$,即 $x|_{t=0}=\left.\left(\frac{1}{12}t^4-\frac{1}{2}t^2+t+C_2\right)\right|_{t=0}=0$,得 $C_2=0$。

所求的 x 与 t 的函数关系为 $x=\frac{1}{12}t^4-\frac{1}{2}t^2+t$。

以上两个例子中所列的方程都是含有未知函数及其导数的方程,我们利用不定积分可以求出未知函数。

二、常微分方程的基本概念

1. 常微分方程和偏微分方程

含有未知函数、未知函数的导数或微分与自变量之间关系的方程称为微分方程。未知函数是一元函数的微分方程称为常微分方程,未知函数是多元函数的微分方程称为偏微分方程。

例如,方程 $\frac{d^2y}{dt^2}+b\frac{dy}{dt}+cy=t$,$\left(\frac{dy}{dt}\right)^2+t\frac{dy}{dt}+y=0$,都是常微分方程,这里 y 是未知函数,t 是自变量。

方程 $\frac{\partial T}{\partial x}+\frac{\partial T}{\partial y}=1$,$\frac{\partial^2 T}{\partial x^2}+\frac{\partial^2 T}{\partial y^2}+\frac{\partial^2 T}{\partial z^2}=0$,都是偏微分方程的例子,这里 T 是未知函数,x、y、z 都是自变量。

本章只讨论一些简单的常微分方程,并且把常微分方程简称为微分方程,有时更简称为方程。

2. 微分方程的阶

微分方程中未知函数的最高阶导数的阶数称为该微分方程的阶。

例如,方程 $\frac{d^2y}{dt^2}+b\frac{dy}{dt}+cy=t$ 是二阶常微分方程,而方程 $\frac{\partial^2 T}{\partial x^2}+\frac{\partial^2 T}{\partial y^2}+\frac{\partial^2 T}{\partial z^2}=0$ 是二阶偏微分方程。又如,方程 $x^3y'''+x^2y''-5xy'=3x^2$ 是三阶常微分方程。

注意 方程的"阶数"与"次数"的区别。

一般地,n 阶微分方程具有形式

$$F(x,\ y,\ y',\ \cdots,\ y^{(n)})=0,$$

其中 $F(x,\ y,\ y',\ \cdots,\ y^{(n)})$是 $x,\ y,\ y',\ \cdots,\ y^{(n)}$ 的已知函数,y 是未知函数,x 是自变量,而且 $F(x,\ y,\ y',\ \cdots,\ y^{(n)})$一定含有 $y^{(n)}$。

3. 微分方程的通解和特解

如果函数 $y=f(x)$ 代入方程 $F(x,\ y,\ y',\ \cdots,\ y^{(n)})=0$ 后使方程成为一个恒等式,则称函数 $y=f(x)$ 是方程 $F(x,\ y,\ y',\ \cdots,\ y^{(n)})=0$ 的解。

如果微分方程的解中含有相互独立(即不能合并)的任意常数,且这些任意常数的个数与该微分方程的阶数相同,则称这样的解为该微分方程的通解。在例 1 中,函数 $y=x^2+C$ (C 为任意常数) 就是方程 $y'=2x$ 的通解。

为了确定微分方程的一个特定的解,我们通常给出这个解所必须满足的附加条件,这些附加条件称为**初始条件**。n 阶微分方程的初始条件是 $y|_{x=x_0}=y_0,\ y'|_{x=x_0}=y'_0,\ \cdots,\ y^{(n-1)}|_{x=x_0}=y_0^{(n-1)}$;或 $y(x_0)=y_0,\ y'(x_0)=y'_0,\ \cdots,\ y^{(n-1)}(x_0)=y_0^{(n-1)}$。如在例 1 中,"曲线通过点(2, 1)"为初始条件。由初始条件"曲线通过点(2, 1)",即 $y(2)=1$,确定了任意常数 $C=-3$,得解 $y=x^2-3$。**我们称这种确定了任意常数的微分方程的解为微分方程的特解。**

求微分方程满足初始条件特解的问题称为初值问题。一阶微分方程的初值问题常记为

$$\begin{cases} y' = f(x, y) \\ y|_{x=x_0} = y_0 \end{cases},$$

它的几何意义是指通过点(x_0, y_0)且在该点处的切线斜率为y'_0的那条积分曲线。二阶微分方程的初值问题常记为

$$\begin{cases} y'' = f(x, y, y') \\ y|_{x=x_0} = y_0, \ y'|_{x=x_0} = y'_0 \end{cases}。$$

例 5-1-3 验证函数$y = x\tan(x+C)$是方程$x\frac{dy}{dx} = x^2 + y^2 + y$的通解,其中$C$为任意常数;并求出满足初始条件$y|_{x=1} = 1$的特解。

证明 $y = x\tan(x+C)$, $\frac{dy}{dx} = \tan(x+C) + x\sec^2(x+C)$,

代入方程$x\frac{dy}{dx} = x^2 + y^2 + y$,得

$$\begin{aligned} 左边 &= x[\tan(x+C) + x\sec^2(x+C)] \\ &= x\tan(x+C) + x^2\sec^2(x+C) \\ &= x\tan(x+C) + x^2[\tan^2(x+C) + 1] = y + y^2 + x^2 \\ &= 右边, \end{aligned}$$

故$y = x\tan(x+C)$是微分方程$x\frac{dy}{dx} = x^2 + y^2 + y$的解。

又因该方程为一阶微分方程,且$y = x\tan(x+C)$中含有一个任意常数,任意常数的个数与微分方程的阶数相同,所以此解$y = x\tan(x+C)$是原方程的通解。

由$y|_{x=1} = 1$,得$\tan(1+C) = 1$,

所以$1+C = \frac{\pi}{4}$, $C = \frac{\pi}{4} - 1$,故所求特解为$y = x\tan\left(x + \frac{\pi}{4} - 1\right)$。

习题 5-1

1. 指出下列微分方程的阶数,并回答方程是否为线性的。

(1) $\frac{dy}{dx} = 4x^2 - y$; (2) $\frac{d^2y}{dx^2} - \left(\frac{dy}{dx}\right)^2 + 3xy = 0$;

(3) $y^3\frac{d^2y}{dx^2}+1=0$；　　(4) $y''+2y'-5y+e^x=0$；

(5) $\frac{dy}{dx}+\cos y+2x=0$；　　(6) $\sin x\left(\frac{d^2y}{dx^2}\right)+e^y=x$。

2. 指出下列各题中的函数是否为所给微分方程的解，若是，指出是通解还是特解。

(1) $y''-\frac{2}{x}y'+\frac{2y}{x^2}=0$，$y=C_1x+C_2x^2$；

(2) $xy'=2y$，$y=5x^2$；

(3) $y''-7y'+12y=0$，$y=C_1e^{3x}+C_2e^{4x}$；

(4) $\frac{dx}{y}+\frac{dy}{x}=0$，$x^2+y^2=C$。

第二节　一阶微分方程

一阶微分方程的一般形式是 $F(x, y, y')=0$，其通解含有一个任意常数。为了确定这个任意常数，必须给出一个初始条件。通常给出 $x=x_0$ 时未知函数对应的值 $y=y_0$，记做 $y(x_0)=y_0$ 或 $y|_{x=x_0}=y_0$。

解微分方程的步骤首先是判断方程的类型，其次根据类型选择解法。

一、可分离变量的微分方程

形如 $\frac{dy}{dx}=f(x)g(y)$（其中 $f(x)$，$g(y)$ 是连续函数）的一阶微分方程称为可分离变量的微分方程。 其解法步骤如下：

(1) 分离变量，将方程变形为 $\frac{dy}{g(y)}=f(x)dx$，使方程左右两边各含有一个变量及其微分；

(2) 两边积分得 $\int\frac{dy}{g(y)}=\int f(x)dx$，求得通解为 $G(y)=$

$F(x)+C$。其中 $G(y)$，$F(x)$分别是$\frac{1}{g(y)}$，$f(x)$的原函数。

例 5-2-1 求微分方程 $\frac{\mathrm{d}y}{\mathrm{d}x}=3x^2y$ 的通解。

解 将方程的变量进行分离,得 $\frac{\mathrm{d}y}{y}=3x^2\mathrm{d}x$,

两边积分,得 $\int\frac{\mathrm{d}y}{y}=\int 3x^2\mathrm{d}x$,

$$\ln|y|=x^3+C_1。\tag{1}$$

由于当 C 取遍全体正数时 $\ln C$ 取遍全体实数,所以我们常将(1)式中的任意常数 C_1 写成 $\ln C$,这里 $C>0$,即 $\ln|y|=x^3+\ln C$。于是

$$y=\pm Ce^{x^3},$$

这时,$\pm C$ 取遍全体非零实数,又 $y=0$ 也是原方程的解,所以原方程的通解可表示成 $y=Ce^{x^3}$,(其中 C 为任意实数)

根据以上分析,我们可以由 $\int\frac{\mathrm{d}y}{y}=\int 3x^2\mathrm{d}x$ 两边积分得 $\ln y=x^3+\ln C$,并由此直接得原方程的通解 $y=Ce^{x^3}$。

例 5-2-2 求解方程 $(e^{x+y}-e^x)\mathrm{d}x+(e^{x+y}+e^y)\mathrm{d}y=0$。

解法一 将方程变形为

$$(e^y-1)e^x\mathrm{d}x+(e^x+1)e^y\mathrm{d}y=0,$$

$$\frac{e^x}{(e^x+1)}\mathrm{d}x=-\frac{e^y}{e^y-1}\mathrm{d}y,$$

两边积分 $\ln(e^x+1)=-\ln(e^y-1)+\ln C$,

通解为 $(e^x+1)(e^y-1)=C$。

解法二 将方程变形为 $e^y\mathrm{d}e^x+e^x\mathrm{d}e^y-e^x\mathrm{d}x+e^y\mathrm{d}y=0$,

即 $\mathrm{d}(e^{x+y})-\mathrm{d}e^x+\mathrm{d}e^y=0$,

通解为 $e^{x+y}-e^x+e^y=C$。

例 5-2-3 求微分方程 $\mathrm{d}y=x(2y\mathrm{d}x-x\mathrm{d}y)$ 满足初始条件

$y(1)=4$ 的特解。

解 原方程可化为 $(1+x^2)\mathrm{d}y=2xy\mathrm{d}x$，

分离变量，得 $\dfrac{\mathrm{d}y}{y}=\dfrac{2x\mathrm{d}x}{1+x^2}$，两边积分，得 $\ln y=\ln(1+x^2)+\ln C$，

通解为 $y=C(1+x^2)$。

由初始条件 $y(1)=4$，得 $4=C(1+1)$，即 $C=2$，

所求特解为 $y=2(1+x^2)$。

例 5-2-4 已知 $y(x)$ 是连续可导函数且满足 $x\int_0^x y(t)\mathrm{d}t=(x+1)\int_0^x ty(t)\mathrm{d}t$，求 $y(x)$。

解 此方程不是微分方程，将方程两边求导，得

$$\int_0^x y(t)\mathrm{d}t+xy(x)=\int_0^x ty(t)\mathrm{d}t+(x+1)xy(x),$$

再求导，得 $y(x)+y(x)+xy'(x)=xy(x)+xy(x)+(x+1)y(x)+(x+1)xy'(x)$。

整理并注意到 $y=y(x)$，得 $x^2y'=(1-3x)y$，

分离变量，得 $\dfrac{\mathrm{d}y}{y}=\dfrac{1-3x}{x^2}\mathrm{d}x$，

两边积分 $\ln y=-\dfrac{1}{x}-3\ln x+\ln C$，所以 $y=\dfrac{C}{x^3}\mathrm{e}^{-\frac{1}{x}}$。

又因为 $y(x)$ 是连续函数，且 $\lim\limits_{x\to0^+}\dfrac{1}{x^3}\mathrm{e}^{-\frac{1}{x}}=\lim\limits_{u\to+\infty}u^3\mathrm{e}^{-u}=\lim\limits_{u\to+\infty}\dfrac{u^3}{\mathrm{e}^u}=\lim\limits_{u\to+\infty}\dfrac{3u^2}{\mathrm{e}^u}=\lim\limits_{u\to+\infty}\dfrac{6}{\mathrm{c}^u}=0$，

故 $y=\begin{cases}\dfrac{C}{x^3}\mathrm{e}^{-\frac{1}{x}}, & x\neq0\\ 0, & x=0\end{cases}$。

二、齐次微分方程

形如 $\dfrac{\mathrm{d}y}{\mathrm{d}x}=f\left(\dfrac{y}{x}\right)$ 的方程，称为齐次微分方程，简称齐次方程。

例如，$\dfrac{dy}{dx}=\dfrac{y^2}{xy-x^2}$ 可化为 $\dfrac{dy}{dx}=\dfrac{\left(\dfrac{y}{x}\right)^2}{\left(\dfrac{y}{x}\right)-1}$；

又如，$(xy-y^2)dx-(x^2-2xy)dy=0$ 可化为 $\dfrac{dy}{dx}=\dfrac{xy-y^2}{x^2-2xy}=$
$\dfrac{\left(\dfrac{y}{x}\right)-\left(\dfrac{y}{x}\right)^2}{1-2\left(\dfrac{y}{x}\right)}$，所以它们都是齐次微分方程。

齐次微分方程可以利用变量代换转化为可分离变量的微分方程，转化的方法是：

在 $\dfrac{dy}{dx}=f\left(\dfrac{y}{x}\right)$ 中，令 $u=\dfrac{y}{x}$，从而 $y=ux$，$\dfrac{dy}{dx}=u+x\dfrac{du}{dx}$ 代入方程 $\dfrac{dy}{dx}=f\left(\dfrac{y}{x}\right)$ 得 $u+x\dfrac{du}{dx}=f(u)$，于是得 $\dfrac{du}{dx}=\dfrac{f(u)-u}{x}$，然后用可分离变量微分方程的解法求出它的通解，最后代回原变量。

例 5-2-5 求微分方程 $x\dfrac{dy}{dx}=y\ln\dfrac{y}{x}$ 的通解。

解 原方程变为 $\dfrac{dy}{dx}=\dfrac{y}{x}\ln\dfrac{y}{x}$，

令 $u=\dfrac{y}{x}$，则 $y=ux$，$\dfrac{dy}{dx}=u+x\dfrac{du}{dx}$。

$u+x\dfrac{du}{dx}=u\ln u$，即 $\dfrac{du}{u(\ln u-1)}=\dfrac{dx}{x}$，

两边积分，得 $\ln(\ln u-1)=\ln x+\ln C$，即 $u=e^{Cx+1}$，

将 $u=\dfrac{y}{x}$ 代入即得原方程的通解为 $y=xe^{Cx+1}$。

例 5-2-6 求微分方程 $(x^2+2xy-y^2)dx+(y^2+2xy-x^2)dy=0$，满足初始条件 $y|_{x=1}=1$ 的特解。

解 原方程化为 $\frac{dy}{dx}=\frac{\left(\frac{y}{x}\right)^2-2\frac{y}{x}-1}{\left(\frac{y}{x}\right)^2+2\frac{y}{x}-1}$，　　(2)

令 $u=\frac{y}{x}$，则 $y=ux$，$\frac{dy}{dx}=u+x\frac{du}{dx}$。

$u+x\frac{du}{dx}=\frac{u^2-2u-1}{u^2+2u-1}$，即 $-\frac{u^2+2u-1}{u^3+u^2+u+1}du=\frac{dx}{x}$，

亦即 $\left(\frac{1}{u+1}-\frac{2u}{u^2+1}\right)du=\frac{dx}{x}$，

两边积分，得 $\ln\frac{u+1}{u^2+1}=\ln x+\ln C$，

即 $u+1=Cx(u^2+1)$，将 $u=\frac{y}{x}$ 代入即得原方程的通解为 $x+y=C(x^2+y^2)$。

由初始条件 $y|_{x=1}=1$，得 $C=1$，
因而所求的特解为 $x+y=x^2+y^2$。

三、一阶线性微分方程

形如 $y'+P(x)y=Q(x)$ 的方程称为一阶线性微分方程，其中 $P(x)$，$Q(x)$ 都是连续函数。

当 $Q(x)\equiv 0$ 时，方程为 $y'+P(x)y=0$ 称为与方程 $y'+P(x)y=Q(x)$ 对应的**一阶线性齐次微分方程**[①]，简称**线性齐次方程。**

显然，方程 $y'+P(x)y=0$ 是可分离变量的方程，不难求出它的通解为 $y=Ce^{-\int P(x)dx}$（C 为任意常数）。

当一阶线性方程的自由项 $Q(x)\neq 0$ 时，方程 $y'+P(x)y=Q(x)$ 的通解为 $y=\left[\int Q(x)e^{\int P(x)dx}dx+C\right]e^{-\int P(x)dx}$，

---

① 一阶线性非齐次方程 $y'+P(x)y=Q(x)$ 的通解可由与它对应的一阶线性齐次方程 $y'+P(x)y=0$ 的通解 $y=Ce^{-\int P(x)dx}$ 中令 $C=C(x)$ 代换，即用常数变异法而求得。

或 $y=Ce^{-\int P(x)dx}+e^{-\int P(x)dx}\cdot\int Q(x)e^{\int P(x)dx}dx$ (C 为任意常数)。

事实上,由函数 $y=[\int Q(x)e^{\int P(x)dx}dx+C]e^{-\int P(x)dx}$ 两边对自变量 x 求导,得 $y'=Q(x)e^{\int P(x)dx}e^{-\int P(x)dx}+[\int Q(x)e^{\int P(x)dx}dx+C]e^{-\int P(x)dx}[-P(x)]=Q(x)-P(x)y$,故 $y'+P(x)y=Q(x)$ 成立。

又因为函数 y 的表达式中含有一个任意常数 C (与方程的阶数相同),所以公式 $y=Ce^{-\int P(x)dx}$ 是方程 $y'+P(x)y=0$ 的通解公式。

公式 $y=Ce^{-\int P(x)dx}+e^{-\int P(x)dx}\cdot\int Q(x)e^{\int P(x)dx}dx$ 形式比较复杂,其实它是由两项 $e^{-\int P(x)dx}\cdot\int Q(x)e^{\int P(x)dx}dx$ 和 $Ce^{-\int P(x)dx}$ 组成,前者是一阶线性非齐次方程的一个特解,后者是它对应的齐次方程的通解。

例 5-2-7 求方程 $x\frac{dy}{dx}-3y=x^4$ 的通解。

解 原方程可化为 $\frac{dy}{dx}-\frac{3}{x}y=x^3$,

这里 $P(x)=-\frac{3}{x}$, $Q(x)=x^3$。

因为公式 $y=[\int Q(x)e^{\int P(x)dx}dx+C]e^{-\int P(x)dx}$ 中已有任意常数 C,所以计算那些不定积分时不要再加任意积分常数,并且可直接利用公式 $\int\frac{dx}{x}=\ln x+C$,而不必用 $\int\frac{dx}{x}=\ln|x|+C$,以免去一些琐碎的整理和简化。于是 $y=e^{\int\frac{3}{x}dx}(\int x^3e^{-\int\frac{3}{x}dx}dx+C)=e^{\ln x^3}(\int x^3e^{-\ln x^3}dx+C)$

$$=x^3\left(\int x^3\cdot\frac{1}{x^3}dx+C\right)=x^3(x+C)。$$

例 5-2-8 求方程 $y'+y=e^x$ 满足初始条件 $y|_{x=0}=2$ 的特解。

解 由一阶线性方程的通解公式得 $y=\mathrm{e}^{-\int \mathrm{d}x}(\int \mathrm{e}^{x}\mathrm{e}^{\int \mathrm{d}x}\mathrm{d}x+C)=\mathrm{e}^{-x}(\int \mathrm{e}^{2x}\mathrm{d}x+C)=\mathrm{e}^{-x}\left(\frac{1}{2}\mathrm{e}^{2x}+C\right)=\frac{1}{2}\mathrm{e}^{x}+C\mathrm{e}^{-x}$，其中 C 为任意常数。

由初始条件 $y|_{x=0}=2$，得 $C=\frac{3}{2}$，

故所求的特解为 $y=\frac{1}{2}\mathrm{e}^{x}+\frac{3}{2}\mathrm{e}^{-x}$。

注意 满足微分方程 $\frac{\mathrm{d}y}{\mathrm{d}x}+P(x)y=Q(x)$ 与初始条件 $y(x_0)=y_0$ 的特解公式为

$$y(x)=\mathrm{e}^{-\int_{x_0}^{x}P(x)\mathrm{d}x}\left[\int_{x_0}^{x}Q(x)\mathrm{e}^{\int_{x_0}^{x}P(x)\mathrm{d}x}\mathrm{d}x+y_0\right]。$$

本题也可直接带入这个公式求特解如下：

$$\begin{aligned}y(x)&=\mathrm{e}^{-\int_0^x \mathrm{d}x}\left[\int_0^x \mathrm{e}^{x}\mathrm{e}^{\int_0^x \mathrm{d}x}\mathrm{d}x+2\right]=\mathrm{e}^{-x}\left[\int_0^x \mathrm{e}^{x}\mathrm{e}^{x}\mathrm{d}x+2\right]=\mathrm{e}^{-x}\left[\frac{1}{2}\mathrm{e}^{2x}\Big|_0^x+2\right]\\&=\mathrm{e}^{-x}\left[\frac{1}{2}\mathrm{e}^{2x}-\frac{1}{2}\mathrm{e}^{0}+2\right]=\frac{1}{2}\mathrm{e}^{x}+\frac{3}{2}\mathrm{e}^{-x}。\end{aligned}$$

例 5-2-9 求方程 $y^2\mathrm{d}x+(3xy-4y^3)\mathrm{d}y=0$ 的通解。

解 这里若把 x 看作自变量，y 看作因变量，它是 $(3xy-4y^3)\frac{\mathrm{d}y}{\mathrm{d}x}+y^2=0$，不是一阶线性方程，也不是变量可分离的方程和齐次方程。现在换一个角度，若视 y 为自变量，x 为因变量，原方程可化为

$y^2\frac{\mathrm{d}x}{\mathrm{d}y}+3xy-4y^3=0$，

即 $\frac{\mathrm{d}x}{\mathrm{d}y}+\frac{3}{y}x=4y$。

利用一阶线性方程的通解公式得 $x=\mathrm{e}^{-\int \frac{3}{y}\mathrm{d}y}\left[\int 4y\mathrm{e}^{\int \frac{3}{y}\mathrm{d}y}\mathrm{d}y+C\right]=\mathrm{e}^{\ln y^{-3}}\left[\int 4y\mathrm{e}^{\ln y^{3}}\mathrm{d}y+C\right]=\frac{1}{y^3}\left[\int 4y^4\mathrm{d}y+C\right]=\frac{1}{y^3}\left[\frac{4}{5}y^5+C\right]=$

$\frac{4}{5}y^2+\frac{C}{y^3}$,

即 $x=\frac{4}{5}y^2+\frac{C}{y^3}$,故所求的通解为 $xy^3-\frac{4}{5}y^5=C$。

例 5-2-10 求方程 $xy'+y=x^4y^3$ 的通解。

解 原方程可化为 $y'+\frac{1}{x}y=x^3y^3$,它是一个伯努利方程①,

两边同除以 y^3,得 $y^{-3}\frac{dy}{dx}+\frac{1}{x}y^{-2}=x^3$。

令 $y^{-2}=v$, $-2y^{-3}\frac{dy}{dx}=\frac{dv}{dx}$,代入上一方程得 $-\frac{1}{2}\frac{dv}{dx}+\frac{1}{x}v=x^3$,

即 $\frac{dv}{dx}-\frac{2}{x}v=-2x^3$。

利用一阶线性方程的通解公式得

$$v=e^{\int\frac{2}{x}dx}\left[\int(-2x^3)e^{\int\frac{-2}{x}dx}dx+C\right]=e^{\ln x^2}\left[\int(-2x^3)e^{\ln x^{-2}}dx+C\right]$$

$$=x^2\left[\int(-2x^3)\frac{1}{x^2}dx+C\right]$$

$$=x^2\left[\int(-2x)dx+C\right]=x^2[-x^2+C]=-x^4+Cx^2。$$

代回原变量,有 $\frac{1}{y^2}=-x^4+Cx^2$,

故原方程的通解为 $x^2y^2(C-x^2)=1$(其中 C 为任意常数)。

习题 5-2

1. 求下列微分方程的通解:

(1) $ydy=xdx$;

(2) $ydx=xdy$;

(3) $(x+xy^2)dx+(y-x^2y)dy=0$;

---

① 形如 $y'+P(x)y=Q(x)y^n$ $(n\neq 0, 1)$ 的方程称为伯努利方程。

(4) $\frac{dy}{dx}=e^{x+y}$；

(5) $xy'-y\ln y=0$；

(6) $\cos x\sin y dx+\sin x\cos y dy=0$；

(7) $\sec^2 x\tan y dx+\sec^2 y\tan x dy=0$；

(8) $(e^{x+y}-e^x)dx+(e^{x+y}+e^y)dy=0$。

2. 求下列齐次微分方程的通解：

(1) $y'=\frac{y}{x}+\tan\frac{y}{x}$；　　(2) $(x+y)y'+(x-y)=0$；

(3) $(x^2+y^2)dx-xy dy=0$；　　(4) $2x^3y'=y(2x^2-y^2)$。

3. 求下列一阶线性微分方程的通解：

(1) $\frac{dy}{dx}+y=0$；　　(2) $\frac{dy}{dx}+y=e^{-x}$；

(3) $xy'+2y=x$；　　(4) $y dx+(x-y^3)dy=0$。

4. 求下列微分方程满足所给初始条件的特解：

(1) $(y+3)dx+\cot x dy=0$，$y|_{x=0}=1$；

(2) $y'\sin^2 x=y\ln y$，$y|_{x=\frac{\pi}{2}}=e$；

(3) $\cos y dx+(1+e^{-x})\sin y dy=0$，$y|_{x=0}=\frac{\pi}{4}$；

(4) $y'=\frac{x}{y}+\frac{y}{x}$，$y|_{x=1}=2$；

(5) $\frac{dy}{dx}+3y=8$，$y|_{x=0}=2$。

第三节　可降阶的一些高阶微分方程

上一节讨论了几种一阶微分方程的解法，对于二阶及二阶以上的微分方程，即所谓**高阶微分方程**，常设法使它们降阶为一阶微分方程来求解。

本节介绍三种类型的高阶微分方程的求解方法。

一、$y^{(n)}=f(x)$ 型的微分方程

微分方程 $y^{(n)}=f(x)$ 的右端只含有自变量 x,把 $y^{(n-1)}$ 作为新的未知函数,利用不定积分可知

$$y^{(n-1)}=\int f(x)\,\mathrm{d}x+C_1,$$

同理可得 $y^{(n-2)}=\int[\int f(x)\mathrm{d}x+C_1]\mathrm{d}x+C_2$,依此进行下去,可得方程 $y^{(n)}=f(x)$ 的通解。

例 5-3-1 求方程 $\dfrac{\mathrm{d}^5x}{\mathrm{d}t^5}-\dfrac{1}{t}\dfrac{\mathrm{d}^4x}{\mathrm{d}t^4}=0$ 的解。

解 令 $\dfrac{\mathrm{d}^4x}{\mathrm{d}t^4}=y$,原方程化为$\dfrac{\mathrm{d}y}{\mathrm{d}t}-\dfrac{1}{t}y=0$,

这是一阶方程,积分后得 $y=Ct$。

即 $\dfrac{\mathrm{d}^4x}{\mathrm{d}t^4}=Ct$。于是逐步积分可得原方程的通解为

$$x=C_1t^5+C_2t^3+C_3t^2+C_4t+C_5,$$

其中 C_1, C_2, …, C_5 为任意常数。

二、$y''=f(x, y')$型的微分方程

方程 $y''=f(x, y')$ 的右端不显含未知函数 y,我们把 y'看作新的未知函数 p,即 $y'=p$,那么 $y''=p'$,方程 $y''=f(x, y')$ 就成为

$$p'=f(x, p)$$

这是以 x 为自变量,以 p 为未知函数的一阶微分方程。

设其通解为 $p=\varphi(x, C_1)$,

即 $\dfrac{\mathrm{d}y}{\mathrm{d}x}=\varphi(x, C_1)$,

对它积分即得原微分方程 $y''=f(x, y')$ 的通解 $y=\int\varphi(x, C_1)\mathrm{d}x+C_2$($C_1$, C_2 为任意常数)。

例 5-3-2　求方程 $y''=y'+x$ 的通解。

解　令 $y'=p$，则 $y''=p'$，原方程化为 $p'=p+x$，这是以 x 为自变量，以 p 为未知函数的一阶线性微分方程 $p'-p=x$，从而

$$\begin{aligned}p&=e^{\int dx}\left(\int xe^{-\int dx}dx+C_1\right)=C_1e^x+e^x\int xe^{-x}dx\\&=C_1e^x+e^x(-xe^{-x}-e^{-x})\\&=C_1e^x-x-1,\text{即 } y'=C_1e^x-x-1。\end{aligned}$$

两边积分得

$y=\int(C_1e^x-x-1)dx=C_1e^x-\frac{1}{2}x^2-x+C_2$，其中 C_1，C_2 为任意常数，

即 $y=C_1e^x-\frac{1}{2}x^2-x+C_2$ 为原方程的通解。

例 5-3-3　求微分方程 $(1+x^2)y''=2xy'$ 满足初始条件 $y|_{x=0}=y'|_{x=0}=1$ 的特解。

解　原方程属于 $y''=f(x,y')$ 型，令 $y'=p$，则 $y''=p'$，代入原方程得

$$(1+x^2)p'=2xp,$$

分离变量得 $\frac{dp}{p}=\frac{2x}{1+x^2}dx$，

两边积分得 $\ln p=\ln(1+x^2)+\ln C_1$，即 $p=C_1(1+x^2)$。

由初始条件 $y'|_{x=0}=1$，得 $C_1=1$。于是有 $p=1+x^2$。

即 $y'=1+x^2$，$y=x+\frac{1}{3}x^3+C_2$。

由初始条件 $y|_{x=0}=1$，得 $C_2=1$，

于是原微分方程的特解为 $y=\frac{1}{3}x^3+x+1$。

三、$y''=f(y,y')$ 型的微分方程

方程 $y''=f(y,y')$ 的右端不显含自变量 x，为了降阶，我们令

$y'=p$,并利用复合函数的求导法则把 **y''转化为对 y 的导数:**

$$y''=\frac{\mathrm{d}y'}{\mathrm{d}x}=\frac{\mathrm{d}p}{\mathrm{d}x}=\frac{\mathrm{d}p}{\mathrm{d}y}\cdot\frac{\mathrm{d}y}{\mathrm{d}x}=p\frac{\mathrm{d}p}{\mathrm{d}y}$$

代入原方程,得

$$p\frac{\mathrm{d}p}{\mathrm{d}y}=f(y,\ p)$$

这是一个以 y 为自变量,p 为未知函数的一阶微分方程。

设它的通解为 $y'=p=\varphi(y,\ C_1)$,
再分离变量并积分,便可得方程(22)的通解

$$\int\frac{\mathrm{d}y}{\varphi(y,\ C_1)}=x+C_2\quad(C_1,\ C_2\text{ 为任意常数})。$$

例 5-3-4 求方程 $yy''+(y')^2=0$ 的通解。

解 这是不显含自变量 x 的可降阶的二阶方程。

设 $y'=p,\ y''=p'=\dfrac{\mathrm{d}p}{\mathrm{d}x}=\dfrac{\mathrm{d}p}{\mathrm{d}y}\dfrac{\mathrm{d}y}{\mathrm{d}x}=p\dfrac{\mathrm{d}p}{\mathrm{d}y}$ 代入原方程得

$$yp\frac{\mathrm{d}p}{\mathrm{d}y}+p^2=0,\text{即 }y\frac{\mathrm{d}p}{\mathrm{d}y}=-p,$$

这是一个以 y 为自变量,以 p 为未知函数的可分离变量的微分方程。

$\dfrac{\mathrm{d}p}{p}=-\dfrac{\mathrm{d}y}{y}$,

解得 $p=\dfrac{C_0}{y}$(其中 C_0 为任意常数)。

将 $p=\dfrac{\mathrm{d}y}{\mathrm{d}x}$ 代入得$\dfrac{\mathrm{d}y}{\mathrm{d}x}=\dfrac{C_0}{y}$,

这还是一个可分离变量的微分方程,分离变量得 $y\mathrm{d}y=C_0\mathrm{d}x$, $\dfrac{1}{2}y^2=C_0x+C$, 所求通解为 $y^2=C_1x+C_2$,其中 $C_1=2C_0$, $C_2=2C$ 均为任意常数。

例 5-3-5 求方程 $y''-(y')^2=0$ 在初始条件 $y|_{x=0}=0$, $y'|_{x=0}=-1$ 下的特解。

解　这是不显含自变量 x 的可降阶的二阶微分方程。

设 $y'=p$，$y''=p'=\dfrac{dp}{dx}=\dfrac{dp}{dy}\cdot\dfrac{dy}{dx}=p\dfrac{dp}{dy}$，

则 $p\dfrac{dp}{dy}-p^2=0$，即$\dfrac{dp}{dy}=p$。

这是可分离变量的方程，积分得 $p=C_1e^y$，

即 $y'=C_1e^y$。

把初始条件 $y|_{x=0}=0$，$y'|_{x=0}=-1$，代入上式可得 $C_1=-1$。

从而 $\dfrac{dy}{dx}=-e^y$，$y=-\ln|x+C_2|$，

再由初始条件 $y|_{x=0}=0$，代入上式可得 $C_2=1$，

故所求原微分方程的特解为 $y=-\ln|x+1|$。

习题 5-3

1. 求下列微分方程的通解：

(1) $y'''=e^{2x}-\cos x$；　(2) $y''=x+\sin x$；

(3) $xy''+y'=0$；　(4) $x^2y''=2xy'+(y')^2$；

(5) $y''=(y')^3+y'$；　(6) $2yy''+(y')^2=0$。

2. 求下列微分方程在指定条件下的特解：

(1) $y'''=e^x$，$y|_{x=1}=y'|_{x=1}=y''|_{x=1}=0$；

(2) $y^3y''+1=0$，$y|_{x=1}=1$，$y'|_{x=1}=0$；

(3) $y''=3\sqrt{y}$，$y|_{x=0}=1$，$y'|_{x=0}=2$。

第四节　二阶线性微分方程

前面介绍了一阶微分方程的几种解法，实际应用中，大多数微分方程都是线性的，但从物理、化学、力学中导出的微分方程有时往往是非线性的。由于非线性微分方程的求解比较困难，所以常常根据一定的简化条件将微分方程线性化，把线性化后的方程求出的解，作为原方程的近似解。下面主要介绍几类特殊且有重要应用的二阶线

性微分方程的一些有关理论和解法。

一、二阶线性微分方程解的结构

形如 $y''+P(x)y'+Q(x)y=f(x)$ 的方程称为二阶线性微分方程,简称二阶线性方程。其中,$P(x)$、$Q(x)$、$f(x)$ 都是连续函数,$f(x)$ 称为自由项。在 $y''+P(x)y'+Q(x)y=f(x)$ 方程中,如果 $f(x)\equiv 0$,则方程 $y''+P(x)y'+Q(x)y=0$ 称为二阶线性齐次微分方程,简称二阶线性齐次方程。当 $f(x)\neq 0$ 时,方程 $y''+P(x)y'+Q(x)y=f(x)$ 称为二阶线性非齐次方程。

二阶线性微分方程的通解,一般来说,不能用初等积分法求得,这是它与一阶线性方程的一个很大区别。为此,先从理论上弄清楚二阶线性微分方程的通解结构,对以后的求解方法具有重要的意义。

定理 1　如果函数 $y_1(x)$ 和 $y_2(x)$ 是齐次线性方程 $y''+P(x)y'+Q(x)y=0$ 的两个解,则函数 $y=C_1y_1(x)+C_2y_2(x)$ 也是方程 $y''+P(x)y'+Q(x)y=0$ 的解,其中 C_1、C_2 是任意常数。

证　因为函数 $y_1(x)$ 和 $y_2(x)$ 是齐次线性方程 $y''+P(x)y'+Q(x)y=0$ 的解,所以有

$$y''_1+P(x)y'_1+Q(x)y_1=0,\quad y''_2+P(x)y'_2+Q(x)y_2=0$$

又因为 $y'=C_1y'_1(x)+C_2y'_2(x)$,$y''=C_1y''_1(x)+C_2y''_2(x)$,代入方程 $y''+P(x)y'+Q(x)y=0$ 左端,
$y''+P(x)y'+Q(x)y=C_1y''_1(x)+C_2y''_2(x)+P(x)(C_1y'_1(x)+C_2y'_2(x))+Q(x)(C_1y_1(x)+C_2y_2(x))=C_1(y''_1+P(x)y'_1+Q(x)y_1)+C_2(y''_2+P(x)y'_2+Q(x)y_2)=0$。

所以 $y=C_1y_1(x)+C_2y_2(x)$ 是方程 $y''+P(x)y'+Q(x)y=0$ 的解。

例如:函数 $y_1(x)=\cos 2x$ 和 $y_2(x)=\sin 2x$ 是方程 $y''+4y=0$ 的解,由定理 1,函数 $C_1\cos 2x+C_2\sin 2x$ 也是原方程 $y''+4y=0$ 的解,其中 C_1、C_2 是任意常数。

既然函数 $y=C_1y_1(x)+C_2y_2(x)$ 也是方程 $y''+P(x)y'+Q(x)y=0$ 的解,而且也含有两个任意常数,那么,它是否为方程的

通解呢？这还要看这两个任意常数是否互相独立，也就是由它们能否合并成一个任意常数。

例如：$y_1(x)=\mathrm{e}^x$，$y_2(x)=\mathrm{e}^{x+2}$ 是方程 $y''-2y'+y=0$ 的解，由定理 1，$y=C_1\mathrm{e}^x+C_2\mathrm{e}^{x+2}$ 也是该方程的解，但是 $y=C_1\mathrm{e}^x+C_2\mathrm{e}^{x+2}=\mathrm{e}^x(C_1+C_2\mathrm{e}^2)=C\mathrm{e}^x$，其中，$C=C_1+C_2\mathrm{e}^2$，所以事实上仍是一个任意常数，所以它不是 $y''-2y'+y=0$ 齐次方程的通解。为此引进一个新的概念——函数的线性相关与线性无关。

定义 1 **设 $y_1(x)$ 和 $y_2(x)$ 是定义在区间 (a, b) 内的两个函数，如果存在两个不全为零的常数 k_1 和 k_2，使得对区间 (a, b) 内的一切 x 都有恒等式 $k_1y_1(x)+k_2y_2(x)=0$ 成立，则称函数 $y_1(x)$ 和 $y_2(x)$ 在 (a, b) 内线性相关，否则就称函数 $y_1(x)$ 和 $y_2(x)$ 在 (a, b) 内线性无关。**

由定义可知，$y_1(x)$ 和 $y_2(x)$ 两个函数线性相关，则存在不全为零的常数 k_1 和 k_2，使得 $k_1y_1(x)+k_2y_2(x)=0$。不妨设 $k_2\neq 0$，则 $\dfrac{y_2}{y_1}=-\dfrac{k_1}{k_2}$，即 $y_1(x)$ 与 $y_2(x)$ 之比为常数。反之，$y_1(x)$ 与 $y_2(x)$ 之比为常数，设 $\dfrac{y_1}{y_2}=C$，即 $y_1(x)-Cy_2(x)=0$，所以 $y_1(x)$ 与 $y_2(x)$ 线性相关。因此，**若两个函数之比是一常数，则这两个函数线性相关；如果不是常数，则它们线性无关。**

例 5-4-1 判断 $\sin x$ 和 $\cos x$ 的线性相关性。

解 因为 $\dfrac{\sin x}{\cos x}=\tan x$ 不是常数，所以 $\sin x$ 和 $\cos x$ 线性无关。

例 5-4-2 证明函数 1 和 x^2 在任何区间内是线性无关的。

证 因为 $\dfrac{1}{x^2}$ 不是常数，所以函数 1 和 x^2 线性无关。

同样可证，x 和 $x^2\mathrm{e}^x$ 是线性无关的函数。

定理 2 **如果函数 $y_1(x)$ 和 $y_2(x)$ 是齐次线性方程 $y''+P(x)y'+Q(x)y=0$ 两个线性无关的解，则函数 $y=C_1y_1(x)+C_2y_2(x)$ 是方程 $y''+P(x)y'+Q(x)y=0$ 的通解，其中 C_1、C_2 是任意常数。**

证 因为 $y_1(x)$ 和 $y_2(x)$ 是齐次线性方程 $y''+P(x)y'+Q(x)y=0$ 的两个解，所以由定理 1 知，$y=C_1y_1(x)+C_2y_2(x)$ 也是该方程的解。又因为 y_1、y_2 线性无关，即 $y_1(x)$ 与 $y_2(x)$ 之比不为常数，所以它们中任一个都不能用另一个来表示，所以不能合并为一个任意常数，因此，$y=C_1y_1(x)+C_2y_2(x)$ 是方程 $y''+P(x)y'+Q(x)y=0$ 的通解。

例如，函数 $y_1(x)=\cos 2x$ 和 $y_2(x)=\sin 2x$ 是方程 $y''+4y=0$ 的解，由定理 1，函数 $C_1\cos 2x+C_2\sin 2x$ 也是原方程 $y''+4y=0$ 的解，其中 C_1、C_2 是任意常数。因 $y_1(x)=\cos 2x$ 与 $y_2(x)=\sin 2x$ 是线性无关的，所以 $C_1\cos 2x+C_2\sin 2x$ 是方程 $y''+4y=0$ 的通解。

又例如，$y_1(x)=e^x$，$y_2(x)=e^{2x}$ 是方程 $y''-3y'+2y=0$ 的解，因 $\frac{y_1}{y_2}=\frac{1}{e^x}$ 是常数，即它们线性无关，所以 $y=C_1e^x+C_2e^{2x}$ 是该方程的通解。

一阶线性非齐次微分方程的通解由两个部分构成：一部分是对应的齐次方程的通解；另一部分是非齐次方程本身的一个特解。实际上，不仅一阶非齐次线性微分方程的通解具有这样的结构，而且二阶及更高阶的非齐次线性方程的通解也具有同样的结构。

定理 3 如果函数 y^* 是二阶非齐次线性方程 $y''+P(x)y'+Q(x)y=f(x)$ 的一个特解，Y 是该方程所对应的齐次线性方程 $y''+P(x)y'+Q(x)y=0$ 的通解，则 $Y+y^*$ 是线性非齐次方程 $y''+P(x)y'+Q(x)y=f(x)$ 的通解。

证 因为 y^* 是线性非齐次方程 $y''+P(x)y'+Q(x)y=f(x)$ 的解，Y 是齐次线性方程 $y''+P(x)y'+Q(x)y=0$ 的解，所以有

$$y^{*\prime\prime}+P(x)y^{*\prime}+Q(x)y^*=f(x)$$

$$Y''+P(x)Y'+Q(x)Y=0。$$

又因为 $y'=Y'+y^{*\prime}$；$y''=Y''+y^{*\prime\prime}$，代入方程 $y''+P(x)y'+Q(x)y=f(x)$ 左端

$$\begin{aligned}&y''+P(x)y'+Q(x)y\\=&(Y''+y^{*\prime\prime})+P(x)(Y'+y^{*\prime})+Q(x)(Y+y^*)\end{aligned}$$

$=(Y''+P(x)Y'+Q(x)Y)+(y^{*\prime\prime}+P(x)y^{*\prime}+Q(x)y^{*})=f(x)$，

即 $Y+y^*$ 是线性非齐次方程的解。

又 Y 是线性齐次方程 $y''+P(x)y'+Q(x)y=0$ 的通解，它含有两个独立的任意常数，故 Y 中含有两个独立的任意常数，所以 $Y+y^*$ 为非齐次线性方程的通解。

例如，方程 $y''+4y=x$，因为 $C_1\cos 2x+C_2\sin 2x$ 是对应的齐次方程 $y''+4y=0$ 的通解，又容易验证 $y^*=\frac{1}{4}x$ 是所给非齐次方程 $y''+4y=x$ 的一个特解，所以 $C_1\cos 2x+C_2\sin 2x+\frac{1}{4}x$ 是所给方程 $y''+4y=x$ 的通解。

定理 4　如果 y_1^* 与 y_2^* 分别是方程 $y''+P(x)y'+Q(x)y=f_1(x)$，$y''+P(x)y'+Q(x)y=f_2(x)$ 的特解，则 $y_1^*+y_2^*$ 就是方程 $y''+P(x)y'+Q(x)y=f_1(x)+f_2(x)$ 的特解。

这个定理的证明留给读者自己完成。

定理 4 通常称为线性微分方程的解的叠加原理。

例如，$y_1^*=\frac{1}{4}x$ 是方程 $y''+4y=x$ 的特解，$y_2^*=\frac{1}{5}e^x$ 是方程 $y''+4y=e^x$ 的特解，所以 $y=\frac{1}{5}e^x+\frac{1}{4}x$ 是方程 $y''+4y=x+e^x$ 的特解。

上述四个定理是求线性微分方程通解的理论基础，读者应正确理解。

二、二阶线性常系数齐次微分方程

对于二阶线性齐次方程的求解问题，可归结为寻找它的两个线性无关的特解，但是除了一些特殊类型的方程外，对于一般的二阶线性齐次方程却是一个难题，下面仅对常系数线性齐次方程的求解问题作些介绍。

形如 $y''+py'+qy=0$ 的微分方程，其中 p、q 为常数，称为二阶常系数线性齐次方程。

考虑到方程 $y''+py'+qy=0$ 左边 p、q 均为常数,而指数函数 $y=e^{rx}$ 和它的各阶导数都只相差一个常数因子,因此可以设想方程 $y''+py'+qy=0$ 具有形式 $y=e^{rx}$ 的解,其中 r 为待定常数。由于 $y'=re^{rx}$,$y''=r^2e^{rx}$,代入方程 $y''+py'+qy=0$,得 $e^{rx}(r^2+pr+q)=0$

由于 $e^{rx}\neq0$,所以得到一个以 r 为未知数的一元二次代数方程 $r^2+pr+q=0$。其中,r^2、r 的系数及常数项分别恰好是微分方程 $y''+py'+qy=0$ 中 y''、y'及 y 的系数。不难看出,只要 r 是方程 $r^2+pr+q=0$ 的根,$y=e^{rx}$ 则就一定是方程 $y''+py'+qy=0$ 的解。我们称 $r^2+pr+q=0$ **为方程 $y''+py'+qy=0$ 的特征方程,特征方程的根称为特征根。**这样,求常系数线性齐次微分方程的 $y''+py'+qy=0$ 解的问题,就归结为求它的特征方程 $r^2+pr+q=0$ 根的问题。因为判别式 $\Delta=p^2-4q$ 有三种可能的情况,以下分别就三种情况加以介绍:

(1) $\Delta>0$,此时 $r^2+pr+q=0$ 有两个不相等的实根 r_1、r_2,由此得到两个特解 $y_1=e^{r_1x}$、$y_2=e^{r_2x}$。由于 $r_1\neq r_2$,则 $\dfrac{y_1}{y_2}=e^{(r_1-r_2)x}\neq$ 常数,故 y_1 与 y_2 线性无关,所以方程的通解为 $y=C_1e^{r_1x}+C_2e^{r_2x}$

例 5-4-3 求方程 $y''+3y'-4y=0$ 的通解。

解 特征方程为 $r^2+3r-4=0$,即 $(r+4)(r-1)=0$,

所以特征方程有两个不相等的实根 $r_1=-4$、$r_2=1$。因此,原方程有两个线性无关的解 $y_1=e^{-4x}$、$y_2=e^x$,从而原方程的通解为 $y=C_1e^{-4x}+C_2e^x$。

例 5-4-4 求方程 $y''+3y'+2y=0$ 的通解。

解 特征方程为 $r^2+3r+2=0$,即 $(r+2)(r+1)=0$,

所以特征方程有两个不相等的实根 $r_1=-2$、$r_2=-1$。因此,原方程有两个线性无关的解 $y_1=e^{-2x}$、$y_2=e^{-x}$,从而原方程的通解为 $y=C_1e^{-2x}+C_2e^{-x}$。

(2) $\Delta=0$,此时 $r^2+pr+q=0$ 有两个相等的实根 $r_1=r_2=$

$-\frac{p}{2}$，所以只得到一个特解 $y_1=e^{r_1x}$，还需要再找一个与 y_1 线性无关的特解 y_2。因为要求 y_1 与 y_2 线性无关，所以假设$\frac{y_1}{y_2}$不是常数，设$\frac{y_2}{y_1}=u(x)$，即 $y_2=u(x)y_1$，将 y_2 求导，得

$$y_2'=e^{r_1x}(u'+r_1u),\ y_2''=e^{r_1x}(u''+2ru'+r_1^2u)。$$

将 y_2、y_2'、y_2''代入微分方程，得

$$e^{r_1x}[(u''+2r_1u'+r_1^2u)+p(u'+r_1u)+qu]=0,$$

整理得　$e^{r_1x}[u''+(2r_1+p)u'+(r_1^2+pr_1+q)u]=0$

由于 r_1 是特征方程 $r^2+pr+q=0$ 的二重根，因此 $r_1^2+pr_1+q=0$，$2r_1+p=0$，且 $e^{r_1x}\neq 0$，于是有 $u''=0$。因为我们只需要得到一个不为常数的解，为简化起见，不妨取 $u=x$，于是得到方程 $y''+py'+qy=0$ 的另一个与 y_1 线性无关的解 $y_2=xe^{r_1x}$。因此方程 $y''+py'+qy=0$ 的通解为 $y=(C_1+C_2x)e^{r_1x}$。

例 5-4-5　求方程 $y''+4y'+4y=0$ 的通解。

解　特征方程为　$r^2+4r+4=0$，即　$(r+2)^2=0$，

所以特征方程有两个相等的实根 $r_1=r_2=-2$。因此原方程的通解为 $y=(C_1+C_2x)e^{-2x}$。

(3) $\Delta<0$，此时得到一对共轭复根 $r_1=\alpha+\beta i$、$r_2=\alpha-\beta i$，其中 $\alpha=\frac{-p}{2}$、$\beta=\frac{\sqrt{4p-p^2}}{2}$，从而得到方程的两个复数解 $y_1=e^{(\alpha+\beta i)x}$，$y_2=e^{(\alpha-\beta i)x}$。

为了得到两个线性无关的实数解，利用欧拉公式 $e^{ix}=\cos x+i\sin x$

则 $y_1=e^{(\alpha+\beta i)x}=e^{\alpha x}(\cos\beta x+i\sin\beta x)$

$$y_2=e^{(\alpha-\beta i)x}=e^{\alpha x}(\cos\beta x-i\sin\beta x)$$

根据定理 1,$\bar{y}_1 = \dfrac{y_1 + y_2}{2} = e^{\alpha x}\cos\beta x$,

$$\bar{y}_2 = \frac{y_1 - y_2}{2i} = e^{\alpha x}\sin\beta x。$$

仍是方程 $y'' + py' + qy = 0$ 的解,且 $\dfrac{\bar{y}_1}{\bar{y}_2} = \dfrac{e^{\alpha x}\cos\beta x}{e^{\alpha x}\sin\beta x} = \cot\beta x$ 不是常数,即 $\bar{y}_1$、$\bar{y}_2$ 线性无关,因此方程 $y'' + py' + qy = 0$ 的通解为 $y = e^{\alpha x}(C_1\cos\beta x + C_2\sin\beta x)$。

例 5-4-6 求方程 $y'' + 2y' + 2y = 0$ 的通解。

解 特征方程为 $r^2 + 2r + 2 = 0$,
所以特征方程有一对共轭复根 $r_1 = -1 + i$、$r_2 = -1 - i$。因此,原方程的通解为 $y = e^{-x}(C_1\cos x + C_2\sin x)$。

至此,我们已经完全解决了求二阶线性常系数齐次方程的通解问题。通过上述分析,找到了解的形式,并弄清了通解的结构,从而把解微分方程 $y'' + py' + qy = 0$ 的问题转化为代数方程 $r^2 + pr + q = 0$ 的求解问题,使解法变得非常简单。

综上所述,求 $y'' + py' + qy = 0$ 通解的步骤是:

(1) 写出微分方程的特征方程。

(2) 求出特征方程的特征根。

(3) 根据特征根的三种不同情况,写出对应的特解,并按照下表写出方程的通解。

特征方程 $r^2 + pr + q = 0$ 的两个根 r_1、r_2	微分方程 $y'' + py' + qy = 0$ 的通解
两个不相等的实根 r_1、r_2	$y = C_1 e^{r_1 x} + C_2 e^{r_2 x}$
两个相等的实根 $r_1 = r_2$	$y = (C_1 + C_2 x)e^{r_1 x}$
一对共轭复根 $r = \alpha \pm \beta i$	$y = e^{\alpha x}(C_1\cos\beta x + C_2\sin\beta x)$

上述求解二阶常系数线性齐次方程的方法称为特征根法,特征根法也适用于求解高阶常系数线性齐次方程(包括一阶方程)。

例 5-4-7 求方程 $y^{(4)} - y = 0$ 的通解。

解 特征方程为 $r^4 - 1 = 0$,

即　$(r^2+1)(r+1)(r-1)=0$，
所以特征方程有两个不相等的实根和两个复根 $r_1=-1$、$r_2=1$、$r_3=\mathrm{i}$、$r_4=-\mathrm{i}$。因此，原方程的通解为 $y=C_1\mathrm{e}^{-x}+C_2\mathrm{e}^{x}+C_3\cos x+C_4\sin x$。

三、二阶线性常系数非齐次微分方程

二阶常系数线性非齐次方程的一般形式为 $y''+P(x)y'+Q(x)y=f(x)$，

其中 p、q 均为常数，自由项 $f(x)$ 是不恒等于零的已知函数。由定理 3 知，方程 $y''+P(x)y'+Q(x)y=f(x)$ 的通解是其对应的齐次方程 $y''+py'+qy=0$ 的通解与其自身一个特解之和。由于常系数齐次线性方程的通解问题已经解决，所以剩下的问题是求出方程的一个特解。

下面仅介绍两种特殊类型函数时的情况。这时可以用简单的方法来求方程的特解，这个方法就是待定系数法。

(1) $f(x)=\mathrm{e}^{\alpha x}(a_0+a_1x+\cdots+a_nx^n)$，其中 α、$a_i(i=0,1,\cdots,n)$ 都是常数，这时方程 $y''+P(x)y'+Q(x)y=f(x)$ 的形状为 $y''+P(x)y'+Q(x)y=\mathrm{e}^{\alpha x}(a_0+a_1x+\cdots+a_nx^n)$。则方程 $y''+P(x)y'+Q(x)y=f(x)$ 的特解可设为 $y^*=\mathrm{e}^{\alpha x}x^k(b_0+b_1x+\cdots+b_nx^n)$，其中 $b_i(i=0,1,\cdots,n)$ 为待定常数。若 α 不是特征方程 $r^2+pr+q=0$ 的根，k 取 0；若 α 是特征方程 $r^2+pr+q=0$ 的单根，k 取 1；若 α 是特征方程 $r^2+pr+q=0$ 的重根，k 取 2。

例 5-4-8　求方程 $y''+3y'+2y=x\mathrm{e}^{-2x}$ 的一个特解与通解。

解　因为 α 是特征方程 $r^2+3r+2=0$ 的单根，k 取 1，所以设 $y^*=\mathrm{e}^{-2x}x(Ax+B)$。

则 $y^{*\prime}=\mathrm{e}^{-2x}[-2Ax^2+2(A-B)x+B]$，$y^{*\prime\prime}=\mathrm{e}^{-2x}[4Ax^2-4(2A-B)x+2(A-2B)]$
代入原方程得 $\mathrm{e}^{-2x}(-2Ax+2A-B)=\mathrm{e}^{-2x}x$。

即 $-2Ax+2A-B=x$，所以 $\begin{cases}-2A=1\\2A-B=0\end{cases}$，解得 $\begin{cases}A=-\dfrac{1}{2}\\B=-1\end{cases}$。

故原方程的特解为 $y^*=e^{-2x}x\left(-\frac{1}{2}x-1\right)$，原方程的通解为

$$y^*=C_1e^{-x}+C_2e^{-2x}+e^{-2x}x\left(-\frac{1}{2}x-1\right)。$$

例 5-4-9 求方程 $3y''+2y'-y=5e^x$ 的一个特解与通解。

解 因为 α 不是特征方程 $3r^2+2r-1=0$ 的单根，k 取 0，所以设 $y^*=Ae^x$。

则 $y^{*\prime}=Ae^x$，$y^{*\prime\prime}=Ae^x$，

代入原方程得 $3Ae^x+2Ae^x-Ae^x=5e^x$，所以 $A=1$。

故原方程的特解为 $y^*=e^x$，原方程的通解为 $y=C_1e^{-x}+C_2e^{\frac{1}{3}x}+e^x$。

例 5-4-10 求方程 $y''+4y'+4y=e^{-2x}$ 的一个特解与通解。

解 $r^2+4r+4=0$，$r_1=r_2=-2$。

因为 $\alpha=-2$ 是特征方程 $r^2+4r+4=0$ 的重根。所以 k 取 2，可设原方程特解为 $y^*=e^{-2x}x^2A$，

$(y^*)'=(2x-2x^2)e^{-2x}A$，

$(y^*)''=(4x^2-8x+2)e^{-2x}A$。

代入原方程，可得

$$(4x^2-8x+2)e^{-2x}A+4(2x-2x^2)e^{-2x}A+4Ax^2e^{-2x}=e^{-2x}。$$

化简，得 $2Ae^{-2x}=e^{-2x}$，$A=\frac{1}{2}$。

故原方程的特解为 $y^*=\frac{1}{2}x^2e^{-2x}$，

通解为 $y=e^{-2x}(C_1+C_2x)+\frac{1}{2}x^2e^{-2x}$。

(2) $f(x)=e^{\alpha x}(A\cos\beta x+B\sin\beta x)$，其中 α、β、A、B 都是常数，这时方程 $y''+P(x)y'+Q(x)y=f(x)$ 的形状为

$$y''+P(x)y'+Q(x)y=f(x)=e^{\alpha x}(A\cos\beta x+B\sin\beta x)。$$

则可设方程 $y''+P(x)y'+Q(x)y=f(x)=e^{\alpha x}(A\cos\beta x+B\sin\beta x)$ 的特解为 $y^*=e^{\alpha x}x^k(a\cos\beta x+b\sin\beta x)$，其中 a、b 为待定常数。若

$\alpha \pm \beta$i 不是特征方程 $r^2+pr+q=0$ 的根,k 取 0;若 $\alpha \pm \beta$i 是特征方程 $r^2+pr+q=0$ 的单根,k 取 1。

例 5-4-11 求方程 $y''+y=2\cos x$ 的一个特解与通解。

解 因为 $\alpha=0$, $\beta=1$, $\alpha \pm \beta = \pm \mathrm{i}$, 是特征方程 $r^2+1=0$ 的根,k 取 1,所以设 $y^* = x(a\cos x + b\sin x)$。

则 $y^{*\prime} = (a+bx)\cos x + (b-ax)\sin x$, $y^{*\prime\prime} = (2b-ax)\cos x - (2a+bx)\sin x$

代入原方程,整理得 $2b\cos x - 2a\sin x = 2\cos x$,

所以 ,解得 $\begin{cases} a=0 \\ b=1 \end{cases}$。

故原方程的特解为 $y^* = x\sin x$,

原方程的通解为 $y^* = C_1\cos x + C_2\sin x + x\sin x$。

例 5-4-12 求方程 $y''-2y'+5y=\mathrm{e}^x\sin 2x$ 的一个特解与通解。

解 因为 $\alpha=1$, $\beta=2$。特征方程为 $r^2-2r+5=0$,

所以特征方程有一对共轭复根 $r_1=1+2\mathrm{i}$、$r_2=1-2\mathrm{i}$。

$\alpha \pm \beta = 1 \pm 2\mathrm{i}$, 是特征方程 $r^2-2r+5=0$ 的根,k 取 1。

所以设 $y^* = x\mathrm{e}^x(a\cos 2x + b\sin 2x)$

则 $y^{*\prime} = (1+x)\mathrm{e}^x(a\cos 2x + b\sin 2x) + x\mathrm{e}^x(-2a\sin 2x + 2b\cos 2x)$,

$y^{*\prime\prime} = (2\mathrm{e}^x + x\mathrm{e}^x)(a\cos 2x + b\sin 2x) - 4x\mathrm{e}^x(a\sin 2x + b\cos 2x) + 4(\mathrm{e}^x + x\mathrm{e}^x)(b\cos 2x - a\sin 2x)$,代入原方程,整理得 $\begin{cases} a=-\dfrac{1}{4} \\ b=0 \end{cases}$。

故原方程的特解为 $y^* = -\dfrac{1}{4}x\mathrm{e}^x\cos 2x$,

原方程的通解为 $y = \mathrm{e}^x(C_1\cos 2x + C_2\sin 2x) - \dfrac{1}{4}x\mathrm{e}^x\cos 2x$。

由上面两个例子,应当注意到,当 $f(x)$ 中只含 $\cos \beta x$(或只含 $\sin \beta x$)的时候,对应的特解完全有可能只含 $\cos \beta x$(或只含 $\sin \beta x$),或是同时含 $\cos \beta x$ 与 $\sin \beta x$。因此,不管自由项 $f(x)$ 是否缺项,所设特解 y^* 必须完整。

习题 5-4

1. 求下列微分方程的通解。

(1) $y''+9y'+20y=0$；　　(2) $y''+11y'+30y=0$；

(3) $y''-11y'+24y=0$；　　(4) $2y''-5y'-3y=0$。

2. 求下列微分方程的一个特解与通解。

(1) $y''+3y'+2y=3e^{-2x}$；　　(2) $y''+3y'-4y=e^{-x}$；

(3) $y''-2y'-3y=3x+1$；　　(4) $y''-6y'+9y=(x+1)e^{3x}$；

(5) $y''+y=\sin x$；　　(6) $y''-y'-2y=10\cos x$；

(7) $y''+3y'+2y=e^{-x}\cos x$；　　(8) $y''+4y=\dfrac{1}{2}\cos 2x$。

第五节　应用举例

一、人口问题

英国学者马尔萨斯(Malthus，1766～1834 年)认为人口的相对增长率为常数,设 t 时刻人口数为 $p(t)$,即人口增长速度$\dfrac{dp}{dt}$与人口总量 $p(t)$成正比,从而建立了马尔萨斯人口模型$\begin{cases}\dfrac{dp}{dt}=ap\\ p|_{t=t_0}=p_0\end{cases}$,$(a>0)$。

初始条件表示 t_0 时刻的人数为 p_0,这是一个可分离变量的微分方程的初值问题,可以解得 $p(t)=p_0e^{a(t-t_0)}$。它表明在假设人口增长速度与人口总量成正比的情况下,人口总数按指数规律增长。当 $t\to+\infty$时,人口数量 $p(t)\to+\infty$。常识告诉我们这是不可能的。事实上人口数量还受环境、地理等各方面因素的约束,不可能无限制地增长。随着人口逐渐趋于饱和,人口数量必定停止增长,即$\dfrac{dp}{dt}\to 0$。因此,1837 年,荷兰生物数学家韦尔侯斯特(Verhulst)对马尔萨斯模型加以修正,得出下述人口阻滞增长模型[逻辑斯蒂(Logistic)模型]

$$\begin{cases}\dfrac{\mathrm{d}p}{\mathrm{d}t}=(a-bp)p \\ p|_{t=t_0}=p_0\end{cases}(a,\ b\text{ 为常数})。$$

上面第一式表示人口的相对增长率 $(a-bp)$ 不再是一个常数，它会随人口总量 p 的增加而减少。当 $p\neq 0$ 或 $p\neq\dfrac{a}{b}$ 时，此初值问题的解为

$p(t)=\dfrac{ap_0\mathrm{e}^{a(t-t_0)}}{a-bp_0+bp_0\mathrm{e}^{a(t-t_0)}}$。西方一些生态学家已经估计出 $a=0.029$。容易求出 $\lim\limits_{t\to+\infty}p(t)=\dfrac{a}{b}$，即极限人口数为$\dfrac{a}{b}$。

例如，用上式分析我国人口总数的变化趋势。1980 年 5 月 1 日我国公布的人口总数表明，1979 年底我国人口为 97 092 万人，当时人口增长率为 1.45%，于是

$$a-b\times 9.709\,2\times 10^8=0.014\,5,$$

从而求得 $b=\dfrac{0.029-0.014\,5}{9.702\,9\times 10^8}=\dfrac{0.014\,5}{9.702\,9\times 10^8}$，

因此 $\dfrac{a}{b}\approx 19.58$(亿)，即我国人口极限约为 19.58 亿人。

二、环境污染问题

例 5-5-1　某厂房容积为 $45\times 15\times 6\ \mathrm{m}^3$。经测定，空气中含有 0.2%的 CO_2，开动通风设备，以 $360(\mathrm{m}^3/\mathrm{s})$的速度输入含有 0.05% 的 CO_2 新鲜空气，同时又排出同等数量的室内空气，问 30 min 后室内所含 CO_2 的百分比。

解　设在时刻 t，厂房内 CO_2 的百分比为 $x(t)\%$，当时间经过 $\mathrm{d}t$ 之后，室内 CO_2 的改变量为 $45\times 15\times 6\mathrm{d}x\%=360\times 0.05\%\mathrm{d}t-360\times x\%\mathrm{d}t$，

于是有关系式 $4\,050\mathrm{d}x=360(0.05-x)\mathrm{d}t$，

或 $\dfrac{\mathrm{d}x}{\mathrm{d}t}=\dfrac{4}{45}(0.05-x)$，分离变量，得$\dfrac{\mathrm{d}x}{0.05-x}=\dfrac{4}{45}\mathrm{d}t$，

两边积分,得 $-\ln(0.05-x)=\frac{4}{45}t+C_1$,

即 $x=0.05+Ce^{-\frac{4}{45}t}$。

由初始条件 $t=0$, $x=0.2$ 解得 $C=0.15$,

所以 $x=0.05+0.15e^{-\frac{4}{45}t}$。

当 $t=30\ \text{min}=1\,800\ \text{s}$,代入得 $x\approx 0.05$,

即开动通风设备 30 min 后,室内 CO_2 的含量接近 0.05%,基本上已是新鲜空气了。

例 5-5-2 某水塘原有 50 000 t 清水(不含有害杂质),从时间 $t=0$ 开始,含有有害杂质 5%的浊水流入该水塘,流入的速度为每分钟 2 t,在塘中充分混合(不考虑沉淀)后又以每分钟 2 t 的速度流出水塘,问经过多长时间后塘中有害物质的浓度达到 4%?

解 设在时刻 t 塘中有害物质的含量为 $Q(t)$,此时塘中有害物质的浓度为$\frac{Q(t)}{50\,000}$,于是有$\frac{dQ}{dt}$=单位时间内有害物质的变化量=(单位时间内流进塘内有害物质的量)-(单位时间内流出塘的有害物质的量)

即 $\frac{dQ}{dt}=\frac{5}{100}\times 2-\frac{Q(t)}{50\,000}\times 2=\frac{1}{10}-\frac{Q(t)}{25\,000}$,上式是可分离变量方程,分离变量并积分得 $Q(t)-2\,500=Ce^{-\frac{1}{25\,000}t}$。

由初始条件 $t=0$ 时,$Q=0$ 得 $C=-2\,500$,故 $Q(t)=2\,500(1-e^{-\frac{1}{25\,000}t})$。

塘中有害物质浓度达到 4%时,应有 $Q=50\,000\times 4\%=2\,000$ (t),这时 t 应满足

$$2\,000=2\,500(1-e^{-\frac{1}{25\,000}t})$$

由此解得 $t\approx 670.6$ min,即经过 670.6 min 后,塘中有害物质浓度达到 4%。

由于 $\lim\limits_{t\to+\infty}Q(t)=2\,500$,

所以求得塘中有害物质的最终浓度为 5%。

三、刑事侦查中死亡时间的鉴定

例 5-5-3　牛顿冷却定律指出，物体在空气中冷却的速度与物体温度和空气温度之差成正比，现将牛顿冷却定律应用于刑事侦察中死亡事件的鉴定。当谋杀发生后，尸体的温度从原来的 37℃按照牛顿冷却定律开始下降，如果两个小时后尸体温度变为 35℃，并且假定周围空气的温度保持 20℃不变，试求出尸体温度 H 随时间 t 的变化规律，又如果尸体被发现时的温度是 30℃，时间是下午 4 点整，那么谋杀是何时发生的？

解　根据条件有 $\begin{cases} \dfrac{\mathrm{d}H}{\mathrm{d}t} = -k(H-20) \\ H|_{t=0} = 37 \end{cases}$，其中 $k>0$ 是常数。

分离变量并求解，得 $H-20=C\mathrm{e}^{-kt}$，
代入初始条件 $H|_{t=0}=37$，求得　$C=17$，
于是得该初值问题的解为 $H=20+17\mathrm{e}^{-kt}$。

为求 k 值，根据两小时后尸体温度为 35℃这一条件，有 $35=20+17\mathrm{e}^{-2k}$，求得 $k\approx 0.063$，于是温度函数为 $H=20+17\mathrm{e}^{-0.063t}$。

将 $H=30$ 代入上式可有 $\dfrac{10}{17}=\mathrm{e}^{-0.063t}$，得 $t\approx 8.4$(小时)。于是，可以判断谋杀大约发生在下午 4 点尸体被发现前的 8.4 小时(即 8 小时 24 分钟)，所以谋杀大约是在上午 7 点 36 分发生的。

四、元素原子数的衰变问题

英国物理学家卢瑟福(E. Rutherford)因对元素衰变的研究荣获 1908 年的诺贝尔(Nobel)化学奖。他发现，在任意时刻 t 物质的放射性与该物质当时的原子数 $f(t)$ 成正比，即 $\dfrac{\mathrm{d}f(t)}{\mathrm{d}t}=-\lambda f(t)$，其中，$\lambda$ 为衰变系数($\lambda>0$)，而 $-\lambda$ 表示物质在衰变过程中原子数是递减的。

上述方程为一个可分离变量的一阶微分方程，分离变量得

$\dfrac{\mathrm{d}f(t)}{f(t)}=-\lambda\mathrm{d}t$，

两边积分得 $\ln f(t) = -\lambda t + C_1$，即 $f(t) = Ce^{-\lambda t}$。

例 5－5－4 放射性元素铀由于不断地有原子放射出微粒子而变成其他元素，铀的含量就不断减少，这种现象叫做**衰变**。由原子物理学知道，铀的衰变速度与当时未衰变的铀原子的含量 M 成正比。已知 $t=0$ 时铀的含量为 M_0，求在衰变过程中铀含量 $M(t)$ 随时间 t 变化的规律。

解 铀的衰变速度就是 $M(t)$ 对时间 t 的导数 $\frac{dM}{dt}$。由于铀的衰变速度与其含量成正比，故得微分方程 $\frac{dM}{dt} = -\lambda M$，

其中 $\lambda(\lambda>0)$ 是常数，叫做衰变系数，λ 前置负号是由于当 t 增加时 M 单调减少，即 $\frac{dM}{dt} < 0$ 的缘故。

按题意，初始条件为 $M|_{t=0} = M_0$。

方程是可分离变量的方程。分离变量后得

$$\frac{dM}{M} = -\lambda dt。$$

两端积分 $\int \frac{dM}{M} = \int (-\lambda) dt$，

以 $\ln C$ 表示任意常数，考虑到 $M>0$，得 $\ln M = -\lambda t + \ln C$，即 $M = Ce^{-\lambda t}$。

这就是方程 $\frac{dM}{dt} = -\lambda M$ 的通解。

以初始条件代入上式，得 $M_0 = Ce^0 = C$，所以 $M = M_0 e^{-\lambda t}$，这就是所求铀的衰变规律。由此可见，铀的含量随时间的增加而按指数规律衰减。

五、经济问题中边际函数与总函数

在经济学中函数的导数就是边际函数，例如总成本函数 $C(Q)$ 的导数就是边际成本函数 $C'(Q)$，总收益函数 $R(Q)$ 的导数 $R'(Q)$ 就是边际收益函数，总利润函数 $L(Q)$ 的导数 $L'(Q)$ 就是边际利润函数

等。利用积分法可以使我们由边际函数求得总函数。例如，

$$C(Q)=\int C'(Q)\mathrm{d}Q;\ R(Q)=\int R'(Q)\mathrm{d}Q;\ L(Q)=\int L'(Q)\mathrm{d}Q。$$

例 5-5-5　生产某产品边际费用 $C'(x)=x^2-4x+50$，其中 x 为产量，已知生产三年时，总费用为 181 万元，试写出总费用 $C(x)$ 的表达式。

解　$C(x)=\int(x^2-4x+50)\mathrm{d}x=\frac{1}{3}x^3-2x^2+50x+C$。

由 $C(3)=181$，得 $\frac{1}{3}\times3^3-2\times3^2+50\times3+C=181$，即固定成本 $C=40$，于是 $C(x)=\frac{1}{3}x^2-4x^2+50x+40$。

例 5-5-6　设边际收益函数为 $R'(Q)=10(10-Q)\mathrm{e}^{-\frac{Q}{10}}$ 试确定总收益函数。

解　总收益函数 $R(Q)=\int R'(Q)\mathrm{d}Q=\int 10(10-Q)\mathrm{e}^{-\frac{Q}{10}}\mathrm{d}Q$

$$=-100\int(10-Q)\mathrm{e}^{-\frac{Q}{10}}\mathrm{d}\left(-\frac{Q}{10}\right)$$

$$=-100\int(10-Q)\mathrm{d}\mathrm{e}^{-\frac{Q}{10}}$$

$$=-100\left[(10-Q)\mathrm{e}^{-\frac{Q}{10}}+\int\mathrm{e}^{-\frac{Q}{10}}\mathrm{d}Q\right]$$

$$=100Q\mathrm{e}^{-\frac{Q}{10}}+C。$$

由于销量 $Q-0$ 时，总收益 $R-0$，从而 $C=0$，因此所求总收益函数为

$$R(Q)=100Q\mathrm{e}^{-\frac{Q}{10}}。$$

例 5-5-7　某商品的需求量 Q 是价格 P 的函数。且最大需求量为 26，已知边际需求为 $-\frac{1}{2}$。求需求量 Q 与价格 P 的函数关系。

解　因为边际需求是需求量对价格的导数，所以需求量是边际需求的原函数。

$$Q = Q(P) = \int\left(-\frac{1}{2}\right)\mathrm{d}P = -\frac{1}{2}P + C,$$

又 $Q|_{P=0} = 26$,所以 $C = 26$,故 $Q = -\frac{1}{2}P + 26$。

六、肿瘤生长问题

例 5-5-8 设 $V(t)$ 是肿瘤体积。免疫系统非常脆弱时,V 呈指数式增长,但 V 长大到一定程度后,因获取的营养不足使其增长受限制。描述 V 的一种数学模型是:

$$\frac{\mathrm{d}V}{\mathrm{d}t} = aV\ln\frac{\overline{V}}{V}, V(0) = V_0 (a > 0)$$

$\overline{V} = V_0 \mathrm{e}^{k/a}$ 是肿瘤可能长到的最大体积,确定肿瘤生长规律。

解 分离变量 $\dfrac{\mathrm{d}V}{V(\ln\overline{V} - \ln V)} = a\mathrm{d}t$,

两边积分 $\displaystyle\int\frac{\mathrm{d}V}{V(\ln\overline{V} - \ln V)} = \int a\mathrm{d}t$, $\ln(\ln\overline{V} - \ln V) = -at + \ln C$,

由初始条件 $V(0) = V_0$,可确定 $C = \ln\dfrac{\overline{V}}{V_0} = \dfrac{k}{a}$,

故特解是 $V = \dfrac{\overline{V}}{\mathrm{e}^{\frac{k}{a}\mathrm{e}^{-at}}}$,即 $V = V_0\mathrm{e}^{k(1-\mathrm{e}^{-at})/a}$。

此为贡柏茨方程(见图 5-1)。

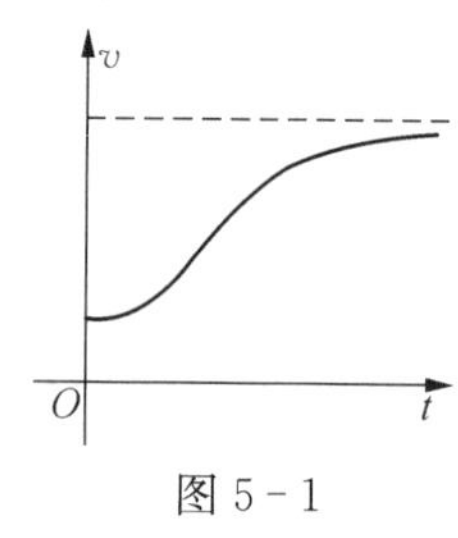

图 5-1

七、运动规律

例 5-5-9 一质量为 m 的质点由静止开始沉入液体,下沉时,液体的反作用力与下沉速度成正比,求此质点的运动规律。

解 设质点的运动规律为 $x = x(t)$。由题意,有

$$\begin{cases} m\dfrac{\mathrm{d}^2x}{\mathrm{d}t^2} = mg - k\dfrac{\mathrm{d}x}{\mathrm{d}t}, \\ x|_{t=0} = 0, \left.\dfrac{\mathrm{d}x}{\mathrm{d}t}\right|_{t=0} = 0 \end{cases} (k > 0 \text{ 为比例系数})。$$

方程可变形为 $\frac{\mathrm{d}^2x}{\mathrm{d}t^2}+\frac{k}{m}\frac{\mathrm{d}x}{\mathrm{d}t}=g$，

对应的齐次方程的特征方程为 $r^2+\frac{k}{m}r=0$，特征根为 $r_1=0$，$r_2=-\frac{k}{m}$。

故原方程所对应的齐次方程通解为 $x_c=C_1+C_2\mathrm{e}^{-\frac{k}{m}t}$。

因 $\lambda=0$ 是特征单根，故可设方程的特解为 $x_p=at$（其中，a 为待定系数）

则 $(x_p)'=a$，$(x_p)''=0$。

将 x_p、$(x_p)'$、$(x_p)''$ 代入原方程，可得 $a=\frac{mg}{k}$，则 $x_p=\frac{mg}{k}t$。

原方程通解为 $x_c=C_1+C_2\mathrm{e}^{-\frac{k}{m}t}+\frac{mg}{k}t$。

由初始条件得 $C_1=-\frac{m^2g}{k^2}$，$C_2=\frac{m^2g}{k^2}$。

因此，质点的运动规律为 $x(t)=\frac{mg}{k}-\frac{m^2g}{k^2}(1-\mathrm{e}^{-\frac{k}{m}t})$。

习题 5－5

1. 已知某曲线经过点(1，1)，它的切线在纵轴上的截距等于切点的横坐标，求它的方程。
2. 设跳伞员和降落伞以及所带物品总质量为 m，下落过程中所受阻力与速度成正比，规定 $t=0$ 时 $v=0$，求速度 $v(t)$（设 k 为比例系数）。
3. 人死亡之后，体内碳 14 的含量就不断减少，已知碳 14 的衰变速度与当时体内碳 14 的含量成正比，试建立任意时刻 t 遗体内碳 14 含量 p 应满足的微分方程。
4. 某池塘养鱼，该池塘最多能养鱼 1 000 条，鱼数 y 是时间 t 的函数 $y=y(t)$，且变化速度与鱼数 y 及 $1\,000-y$ 的乘积成正比。已知在池塘内放养鱼 100 条，三个月后有 250 条，求放养鱼数与时间 t 的关系 $y(t)$，放养 6 个月后有多少条鱼？

5. 已知某种商品的价格 p 对时间 t 的变化率与需求和供给之差成正比,设需求函数为 $f(p)=4p-p^2$,供给函数为 $g(p)=2p+1$,当 $t=0$ 时,$p=2$。试求价格关于时间的函数 $p(t)$。

6. 某工厂生产品一种产品,每天生产 Q t 时的总成本为 $C(Q)$(百元),已知边际成本函数为 $C'(x)=100+6Q-0.6Q^2$,试求:产品从 2 t 增加到 4 t 时的总成本及平均成本(t 表示吨)。

7. 细菌繁殖非理想环境除系统本身的繁殖外有的细菌向系统外迁移,其迁移速率是时间 t 的线性函数,即 $At+B$,系统内繁殖率与细菌的数目成正比,并假定 $t=0$ 时,测得的细菌的数目为 $x(0)$,求系统的细菌繁殖规律。

8. 放射性元素镭的衰变速度与其当时的具有量 M 正比,大量实验测得,镭经过 1 600 年,其质量只为开始时的质量 $M(0)=M_0$ 的一半,试求镭的质量 $M(t)$ 与时间 t 的函数关系,并经过 200 年,所剩余的镭有多少?

自测题 5 - 1

一、选择题:

1. 下列微分方程中,(　　)是线性微分方程。

A. $y''x+2y'\ln x+y^2=0$;　　B. $y''x^2-xy=\mathrm{e}^y$;

C. $y'''\mathrm{e}^x+y\sin x=\ln x$;　　D. $y'y-xy''=\cos x$。

2. 微分方程 $y'+\dfrac{y}{x}=0$ 满足 $y|_{x=2}=1$ 的特解是(　　)。

A. $y=\dfrac{4}{x^2}$;　　B. $y=\dfrac{2}{x}$;

C. $y=\mathrm{e}^{x-2}$;　　D. $y=\log_2 x$。

3. 一曲线在其上任意一点处切线斜率为$-\dfrac{2x}{y}$,则曲线是(　　)。

A. 直线;　　B. 抛物线;　　C. 双曲线;　　D. 椭圆。

4. 方程 $y''=x+\sin x$ 的通解是(　　)。

A. $y=\dfrac{x^3}{6}-\sin x+C_1x+C_2$;　　B. $y=\dfrac{x^3}{6}-\sin x+Cx$;

C. $y=\frac{x^3}{6}+\sin x+C_1x+C_2$；　D. $y=\frac{x^2}{2}-\cos x+C$。

5. 微分方程 $y'=y$ 的通解为(　　)。

A. $y=x$；　B. $y=Cx$；　C. $y=e^x$；　D. $y=Ce^x$。

6. 下列方程是可分离变量方程的是(　　)。

A. $y'=x^2+y$；　B. $x^2(dx+dy)=y(dx-dy)$；

C. $(3x+xy^2)dx=(5y+xy)dy$；D. $(x+y^2)dx=(y+x^2)dy$。

7. 下列方程是齐次微分方程的是(　　)。

A. $(x^2+xy)dx=(y^2+2xy)(dx-dy)$；

B. $(e^{2x}+2y)dx+(ye^x+2x)dy=0$；

C. $y'=2y+x^2\sin y$；

D. $x^2y'-y=\sqrt{x^2-y^2}$。

8. 下列方程是一阶线性微分方程的是(　　)。

A. $y'-x\sin y=10$；　B. $ydx=(x+y^2)dy$；

C. $xdx=(x+y)dy$；　D. $y'=x^3y^2+3$。

9. 微分方程 $y'=y$ 满足初始条件 $y|_{x=0}=2$ 的特解是(　　)。

A. $y=e^x+1$；　B. $y=e^{2x}$；

C. $y=2e^{2x}$；　D. $y=2e^x$。

10. 微分方程 $y'+2y-3=0$ 的通解为(　　)。

A. $y=2(3-Ce^{-2x})$；　B. $y=2(3-Ce^{-\frac{x}{2}})$；

C. $y=\frac{3}{2}+Ce^{-2x}$；　D. $y=\frac{1}{2}(3-Ce^{-\frac{x}{2}})$。

二、填空题：

1. 微分方程 $(y'')^3+xy^{(4)}=y^7\sin x$ 的阶数是________。

2. 方程 $y'+2y=0$ 的通解是________。

3. $y''=2\sin x$ 的通解为________。

4. 方程 $y''+2y'=0$ 的通解是________。

5. 微分方程 $e^{-x}dy+e^{-y}dx=0$ 的通解是________。

6. 以函数 $y=Cx^2+x$（C 为任意常数）为通解的微分方程是________。

7. 微分方程 $y'+y\cos x=0$ 的通解是________。
8. 微分方程 $y^{(4)}=e^x$ 的通解是________。

三、计算题:

1. $(1+e^x)yy'=e^x$;　　2. $y'+2xy=e^{-x^2}$;　　3. $y''-y'=x$。

四、综合题:

1. 设 $\int_0^x f(t)\mathrm{d}t=e^x-1-f(x)$,求 $f(x)$。
2. 求微分方程 $yy''-y'^2=0$ 的通解。
3. 求微分方程初值问题 $yy''=2[(y')^2-y']$, $y|_{x=0}=1$, $y'|_{x=0}=2$ 的解。
4. 设曲线上任意一点 $P(x, y)$ 的切线斜率等于 $-\left(1+\frac{y}{x}\right)$,且通过点(1, 2),求这个曲线方程。
5. 已知曲线 $y=y(x)$ 过原点,且在原点处的切线平行于直线 $x-y+6=0$,又 $y=y(x)$ 满足微分方程 $y''=\sqrt{1-y'^2}$,求此曲线的方程 $y=y(x)$。
6. 已知某种产品的纯利润 L 关于广告费 x 的变化率与常数 C_0 和纯利润 L 之差成正比,设当 $x=0$ 时,$L=L_0$。试求纯利润关于广告费的函数关系式。

自测题 5-2

一、填空题

1. 方程 $y''+4y=0$ 的通解是________。
2. 方程 $y''+9y=0$ 的通解是________。
3. 方程 $y''-16y'+64y=0$ 的通解是________。
4. 方程 $y''+9y'=0$ 的通解是________。

二、选择题

1. 方程 $2y''+y'-y=0$ 的通解是(　　)。

A. $y=C_1e^x+C_2e^{-2x}$;　　B. $y=C_1e^{-x}+C_2e^{\frac{x}{2}}$;

C. $y=C_1e^x+C_2e^{-\frac{x}{2}}$;　　D. $y=C_1e^{-x}+C_2e^{2x}$。

2. 微分方程 $3y''+4y'+y=0$ 的通解为(　　)。

A. $y=C_1e^x+C_2e^{\frac{1}{3}x}$;　　B. $y=C_1e^x+C_2e^{-\frac{x}{3}}$;

C. $y=C_1e^{-x}+C_2e^{-\frac{x}{3}}$;　　D. $y=C_1e^{-x}+C_2e^{\frac{x}{3}}$。

3. 微分方程 $y''+y=\sin x$ 的特解结构是(　　)。

A. $y^*=a\sin x$;　　B. $y^*=a\cos x$;

C. $y^*=a\sin x+b\cos x$;　　D. $y^*=x(a\sin x+b\cos x)$。

4. 微分方程 $y''-y=e^{-x}$ 的特解结构是(　　)。

A. $y^*=ae^{-x}$;　　B. $y^*=axe^{-x}$;

C. $y^*=ax^2e^{-x}$;　　D. $y^*=ax^3e^{-x}$。

三、求下列微分方程的通解

1. $y''-y'-20y=0$;
2. $y''+y'-12y=0$;
3. $y''-8y'+16y=0$;
4. $3y''-5y'-2y=0$;
5. $y''-2y'+3y=0$;
6. $y''+y'+2y=0$。

四、求下列微分方程的一个特解与通解

1. $y''+3y'+2y=3xe^{-x}$;
2. $y''+3y'-4y=e^{-x}$;
3. $y''-2y'-3y=3x+1$;
4. $y''-6y'+9y=xe^{3x}$;
5. $y''+y=\cos x$;
6. $y''-y'-2y=2\cos x$;
7. $y''+3y'+2y=e^{-x}\cos x$;
8. $y''-2y'+5y=e^x\sin 2x$。

附录一　初等数学常用公式

一、代数

1. 绝对值

(1) 定义：$|a| = \begin{cases} a, & a \geqslant 0, \\ -a, & a < 0; \end{cases}$

(2) 性质：$|a| = |-a|$，$|a| \leqslant b(b > 0) \Leftrightarrow -b \leqslant a \leqslant b$。

2. 指数运算

(1) $a^m \cdot a^n = a^{m+n}$；

(2) $(ab)^m = a^m \cdot b^m$；

(3) $\dfrac{a^m}{a^n} = a^{m-n}$；

(4) $a^{\frac{m}{n}} = \sqrt[n]{a^m}(a \geqslant 0)$；

(5) $a^{-m} = \dfrac{1}{a^m}(a \neq 0)$；

(6) $(a^m)^n = a^{mn}$。

3. 对数运算

设 $a > 0$，$a \neq 1$，则

(1) $\log_a xy = \log_a x + \log_a y$；

(2) $\log_a \dfrac{x}{y} = \log_a x - \log_a y$；

(3) $\log_a x^b = b\log_a x$；

(4) $\log_a x = \dfrac{\log_b x}{\log_b a}$；

(5) $a^{\log_a x} = x$；$\log_a 1 = 0$；$\log_a a = 1$；(6) $\log_a a^x = x$。

4. 二项式定理

$$
\begin{aligned}
&(a+b)^n \\
&= C_n^0 a^n + C_n^1 a^{n-1} b + C_n^2 a^{n-2} b^2 + \cdots + C_n^k a^{n-k} b^k + C_n^{n-1} a b^{n-1} + C_n^n b^n \\
&= a^n + na^{n-1} b + \frac{n(n-1)}{2!} a^{n-2} b^2 + \cdots + \frac{n(n-1)\cdots(n-k-1)}{k!} a^{n-k} b^k
\end{aligned}
$$

$+\cdots+b^n$。

5. 乘法与因式分解

(1) $(x+a)(x+b)=x^2+(a+b)x+ab$；

(2) $(a\pm b)^2=a^2\pm 2ab+b^2$；

(3) $(a+b+c)^2=a^2+b^2+c^2+2ab+2ac+2bc$；

(4) $(a\pm b)^3=a^3\pm 3a^2b+3ab^2\pm b^3$；

(5) $a^2-b^2=(a-b)(a+b)$；

(6) $a^3\pm b^3=(a\pm b)(a^2\mp ab+b^2)$；

(7) 当 n 为正整数时，$a^n-b^n=(a-b)(a^{n-1}+a^{n-2}b+\cdots+ab^{n-2}+b^{n-1})$；

(8) 当 n 为奇数时，$a^n+b^n=(a+b)(a^{n-1}-a^{n-2}b+\cdots-ab^{n-2}+b^{n-1})$。

6. 数列的和

(1) $a+aq+aq^2+\cdots+aq^{n-1}=\dfrac{a(1-q^n)}{1-q}$，$|q|\neq 1$；

(2) $1+2+3+\cdots+n=\dfrac{1}{2}n(n+1)$；

(3) $1+3+5+\cdots+(2n-1)=n^2$；

(4) $1^2+2^2+3^2+\cdots+n^2=\dfrac{1}{6}n(n+1)(2n+1)$；

(5) $1^3+2^3+3^3+\cdots+n^3=\left[\dfrac{n\cdot(n+1)}{2}\right]^2$。

7. 一元二次方程 $ax^2+bx+c=0$ 的解

(1) $x_1=\dfrac{-b+\sqrt{b^2-4ac}}{2a}$，$x_2=\dfrac{-b-\sqrt{b^2-4ac}}{2a}$；

(2) 判别式：$b^2-4ac\begin{cases}>0, & \text{方程有两个相异的实根}\\ =0, & \text{方程有两个相同的实根；}\\ <0, & \text{方程有共轭的复数根}\end{cases}$

(3) 韦达定理：$x_1+x_2=-\dfrac{b}{a}$，$x_1\cdot x_2=\dfrac{c}{a}$。

二、几何

1. 圆　周长 $C=2\pi r$，面积 $S=\pi r^2$，r 为半径。

2. 扇形 面积 $S=\frac{1}{2}r^2\alpha$，α 为扇形的圆心角，以弧度为单位，r 为半径。

3. 平行四边形 面积 $S=bh$，b 为底长，h 为高。

4. 梯形 面积 $S=\frac{1}{2}(a+b)h$，a，b 分别为上底与下底的长，h 为高。

5. 棱柱体 体积 $V=Sh$，S 为底面积，h 为高。

6. 圆柱体 体积 $V=\pi r^2 h$，r 为底面半径，h 为高。

7. 棱锥体 体积 $V=\frac{1}{3}Sh$，S 为底面积，h 为高。

8. 圆锥体 体积 $V=\frac{1}{3}\pi r^2 h$，r 为底面半径，h 为高。

9. 棱台 体积 $V=\frac{1}{3}h(S_1+\sqrt{S_1S_2}+S_2)$，$S_1$，$S_2$ 分别为上底与下底的面积，h 为棱台的高。

10. 圆台 体积 $V=\frac{1}{3}\pi h(R^2+Rr+r^2)$，$R$ 与 r 分别为上底与下底的半径，h 为圆台的高。

11. 球 体积 $V=\frac{4}{3}\pi r^3$，表面积 $S=4\pi r^2$，r 为球的半径。

三、三角

1. 度与弧度 1°相当于$\frac{\pi}{180}$(弧度)，1(弧度)相当于$\frac{180^\circ}{\pi}$。

2. 平方关系

$\sin^2 x+\cos^2 x=1$，$1+\tan^2 x=\sec^2 x$，$1+\cot^2 x=\csc^2 x$。

3. 两角和与差的三角函数

$$\sin(x\pm y)=\sin x\cos y\pm\cos x\sin y,$$

$$\cos(x\pm y)=\cos x\cos y\mp\sin x\sin y,$$

$$\tan(x\pm y)=\frac{\tan x\pm\tan y}{1\mp\tan x\cdot\tan y}。$$

4. 倍角公式

$$\sin 2x = 2\sin x \cdot \cos x,$$
$$\cos 2x = \cos^2 x - \sin^2 x = 2\cos^2 x - 1 = 1 - 2\sin^2 x,$$
$$\tan 2x = \frac{2\tan x}{1 - \tan^2 x}。$$

5. 和差化积公式

$$\sin x + \sin y = 2\sin\frac{x+y}{2}\cos\frac{x-y}{2},$$
$$\sin x - \sin y = 2\cos\frac{x+y}{2}\sin\frac{x-y}{2},$$
$$\cos x + \cos y = 2\cos\frac{x+y}{2}\cos\frac{x-y}{2},$$
$$\cos x - \cos y = -2\sin\frac{x+y}{2}\sin\frac{x-y}{2}。$$

6. 积化和差公式

$$2\sin x\cos y = \sin(x+y) + \sin(x-y),$$
$$2\cos x\sin y = \sin(x+y) - \sin(x-y),$$
$$2\cos x\cos y = \cos(x+y) + \cos(x-y),$$
$$2\sin x\sin y = \cos(x-y) - \cos(x+y)。$$

四、平面解析几何

1. 距离与斜率

(1) 两点 $P_1(x_1, y_1)$ 与 $P_2(x_2, y_2)$ 之间的距离 $d = \sqrt{(x_2 - x_1)^2 + (y_2 - y_1)^2}$，

(2) 线段 P_1P_2 的斜率为 $k = \frac{y_2 - y_1}{x_2 - x_1}(x_1 \neq x_2)$。

2. 直线的方程

(1) 点斜式　$y - y_1 = k(x - x_1)$；

(2) 斜截式　$y = kx + b$；

(3) 两点式　$\frac{y - y_1}{y_2 - y_1} = \frac{x - x_1}{x_2 - x_1}$；

(4) 截距式　$\frac{x}{a} + \frac{y}{b} = 1$。

3. 两直线的夹角

设两直线的斜率分别为 k_1 和 k_2,夹角为 θ,则 $\tan\theta=\dfrac{k_2-k_1}{1+k_1k_2}$。

4. 点到直线的距离

点 $P_1(x_1,\ y_1)$ 到直线 $Ax+By+C=0$ 的距离 $d=\dfrac{|Ax_1+By_1+C|}{\sqrt{A^2+B^2}}$。

5. 直角坐标与极坐标之间的关系

$x=\rho\cos\theta,\ y=\rho\sin\theta, \rho=\sqrt{x^2+y^2}, \theta=\arctan\dfrac{y}{x}$。

6. 圆　方程:$(x-a)^2+(y-b)^2=R^2$,圆心为$(a,\ b)$,半径为 R。

7. 抛物线　方程:$y^2=2px$,焦点$\left(\dfrac{p}{2},\ 0\right)$,准线 $x=-\dfrac{p}{2}$。

8. 椭圆　方程:$\dfrac{x^2}{a^2}+\dfrac{y^2}{b^2}=1\ (a,\ b>0)$,

当 $a>b$ 时,焦点在 x 轴上;当 $a<b$ 时,焦点在 y 轴上。

9. 双曲线　方程:$\dfrac{x^2}{a^2}-\dfrac{y^2}{b^2}=1\ (a,\ b>0)$,焦点在 x 轴上;

$\dfrac{y^2}{a^2}-\dfrac{x^2}{b^2}=1\ (a,\ b>0)$,焦点在 y 轴上。

附录二 积分表

(一) 含有 $ax+b$ 的积分

1. $\int \frac{dx}{ax+b} = \frac{1}{a}\ln|ax+b|+C$

2. $\int (ax+b)^{\mu}dx = \frac{1}{a(\mu+1)}(ax+b)^{\mu+1}+C(\mu\neq-1)$

3. $\int \frac{x}{ax+b}dx = \frac{1}{a^2}(ax+b-b\ln|ax+b|)+C$

4. $\int \frac{x^2}{ax+b}dx = \frac{1}{a^3}\left[\frac{1}{2}(ax+b)^2-2b(ax+b)+b^2\ln|ax+b|\right]+C$

5. $\int \frac{dx}{x(ax+b)} = -\frac{1}{b}\ln\left|\frac{ax+b}{x}\right|+C$

6. $\int \frac{dx}{x^2(ax+b)} = -\frac{1}{bx}+\frac{a}{b^2}\ln\left|\frac{ax+b}{x}\right|+C$

7. $\int \frac{x}{(ax+b)^2}dx = \frac{1}{a^2}\left(\ln|ax+b|+\frac{b}{ax+b}\right)+C$

8. $\int \frac{x^2}{(ax+b)^2}dx = \frac{1}{a^3}\left(ax+b-2b\ln|ax+b|-\frac{b^2}{ax+b}\right)+C$

9. $\int \frac{dx}{x(ax+b)^2} = \frac{1}{b(ax+b)}-\frac{1}{b^2}\ln\left|\frac{ax+b}{x}\right|+C$

(二) 含有 $\sqrt{ax+b}$ 的积分

10. $\int \sqrt{ax+b}\,dx = \frac{2}{3a}\sqrt{(ax+b)^3}+C$

11. $\int x\sqrt{ax+b}\,dx = \frac{2}{15a^2}(3ax-2b)\sqrt{(ax+b)^3}+C$

12. $\int x^2\sqrt{ax+b}\,dx=\frac{2}{105a^3}(15a^2x^2-12abx+8b^2)\sqrt{(ax+b)^3}+C$

13. $\int\frac{x}{\sqrt{ax+b}}dx=\frac{2}{3a^2}(ax-2b)\sqrt{ax+b}+C$

14. $\int\frac{x^2}{\sqrt{ax+b}}dx=\frac{2}{15a^3}(3a^2x^2-4abx+8b^2)\sqrt{ax+b}+C$

15. $$\int\frac{dx}{x\sqrt{ax+b}}=\begin{cases}\frac{1}{\sqrt{b}}\ln\left|\frac{\sqrt{ax+b}-\sqrt{b}}{\sqrt{ax+b}+\sqrt{b}}\right|+C\ (b>0)\\ \frac{2}{\sqrt{-b}}\arctan\sqrt{\frac{ax+b}{-b}}+C\ (b<0)\end{cases}$$

16. $\int\frac{dx}{x^2\sqrt{ax+b}}=-\frac{\sqrt{ax+b}}{bx}-\frac{a}{2b}\int\frac{dx}{x\sqrt{ax+b}}$

17. $\int\frac{\sqrt{ax+b}}{x}dx=2\sqrt{ax+b}+b\int\frac{dx}{x\sqrt{ax+b}}$

18. $\int\frac{\sqrt{ax+b}}{x^2}dx=-\frac{\sqrt{ax+b}}{x}+\frac{a}{2}\int\frac{dx}{x\sqrt{ax+b}}$

(三) 含有 $x^2\pm a^2$ 的积分

19. $\int\frac{dx}{x^2+a^2}=\frac{1}{a}\arctan\frac{x}{a}+C$

20. $\int\frac{dx}{(x^2+a^2)^n}=\frac{x}{2(n-1)a^2(x^2+a^2)^{n-1}}+\frac{2n-3}{2(n-1)a^2}\int\frac{dx}{(x^2+a^2)^{n-1}}$

21. $\int\frac{dx}{x^2-a^2}=\frac{1}{2a}\ln\left|\frac{x-a}{x+a}\right|+C$

(四) 含有 $ax^2+b(a>0)$ 的积分

22. $$\int\frac{dx}{ax^2+b}=\begin{cases}\frac{1}{\sqrt{ab}}\arctan\sqrt{\frac{a}{b}}x+C & (b>0)\\ \frac{1}{2\sqrt{-ab}}\ln\left|\frac{\sqrt{a}x-\sqrt{-b}}{\sqrt{a}x+\sqrt{-b}}\right|+C & (b<0)\end{cases}$$

23. $\int \frac{x}{ax^2+b}\mathrm{d}x = \frac{1}{2a}\ln|ax^2+b| + C$

24. $\int \frac{x^2}{ax^2+b}\mathrm{d}x = \frac{x}{a} - \frac{b}{a}\int \frac{\mathrm{d}x}{ax^2+b}$

25. $\int \frac{\mathrm{d}x}{x(ax^2+b)} = \frac{1}{2b}\ln\frac{x^2}{|ax^2+b|} + C$

26. $\int \frac{\mathrm{d}x}{x^2(ax^2+b)} = -\frac{1}{bx} - \frac{a}{b}\int \frac{\mathrm{d}x}{ax^2+b}$

27. $\int \frac{\mathrm{d}x}{x^3(ax^2+b)} = \frac{a}{2b^2}\ln\frac{|ax^2+b|}{x^2} - \frac{1}{2bx^2} + C$

28. $\int \frac{\mathrm{d}x}{(ax^2+b)^2} = \frac{x}{2b(ax^2+b)} + \frac{1}{2b}\int \frac{\mathrm{d}x}{ax^2+b}$

(五) 含有 $ax^2+bx+c(a>0)$ 的积分

29. $$\int \frac{\mathrm{d}x}{ax^2+bx+c} = \begin{cases} \frac{2}{\sqrt{4ac-b^2}}\arctan\frac{2ax+b}{\sqrt{4ac-b^2}} + C & (b^2<4ac) \\ \frac{1}{\sqrt{b^2-4ac}}\ln\left|\frac{2ax+b-\sqrt{b^2-4ac}}{2ax+b+\sqrt{b^2-4ac}}\right| + C & (b^2>4ac) \end{cases}$$

30. $\int \frac{x}{ax^2+bx+c}\mathrm{d}x = \frac{1}{2a}\ln|ax^2+bx+c| - \frac{b}{2a}\int \frac{\mathrm{d}x}{ax^2+bx+c}$

(六) 含有 $\sqrt{x^2+a^2}\,(a>0)$ 的积分

31. $\int \frac{\mathrm{d}x}{\sqrt{x^2+a^2}} = \ln(x+\sqrt{x^2+a^2}) + C$

32. $\int \frac{\mathrm{d}x}{\sqrt{(x^2+a^2)^3}} = \frac{x}{a^2\sqrt{x^2+a^2}} + C$

33. $\int \frac{x}{\sqrt{x^2+a^2}}\mathrm{d}x = \sqrt{x^2+a^2} + C$

34. $\int \frac{x}{\sqrt{(x^2+a^2)^3}}\mathrm{d}x = -\frac{1}{\sqrt{x^2+a^2}} + C$

35. $\int \frac{x^2}{\sqrt{x^2+a^2}}\mathrm{d}x = \frac{x}{2}\sqrt{x^2+a^2} - \frac{a^2}{2}\ln(x+\sqrt{x^2+a^2}) + C$

36. $\int \frac{x^2}{\sqrt{(x^2+a^2)^3}}\mathrm{d}x = -\frac{x}{\sqrt{x^2+a^2}} + \ln(x+\sqrt{x^2+a^2}) + C$

37. $\int \frac{dx}{x\sqrt{x^2+a^2}} = \frac{1}{a}\ln\frac{\sqrt{x^2+a^2}-a}{|x|}+C$

38. $\int \frac{dx}{x^2\sqrt{x^2+a^2}} = -\frac{\sqrt{x^2+a^2}}{a^2x}+C$

39. $\int \sqrt{x^2+a^2}\,dx = \frac{x}{2}\sqrt{x^2+a^2}+\frac{a^2}{2}\ln(x+\sqrt{x^2+a^2})+C$

40. $\int \sqrt{(x^2+a^2)^3}\,dx = \frac{x}{8}(2x^2+5a^2)\sqrt{x^2+a^2}+\frac{3}{8}a^4\ln(x+\sqrt{x^2+a^2})+C$

41. $\int x\sqrt{x^2+a^2}\,dx = \frac{1}{3}\sqrt{(x^2+a^2)^3}+C$

42. $\int x^2\sqrt{x^2+a^2}\,dx = \frac{x}{8}(2x^2+a^2)\sqrt{x^2+a^2}-\frac{a^4}{8}\ln(x+\sqrt{x^2+a^2})+C$

43. $\int \frac{\sqrt{x^2+a^2}}{x}dx = \sqrt{x^2+a^2}+a\ln\frac{\sqrt{x^2+a^2}-a}{|x|}+C$

44. $\int \frac{\sqrt{x^2+a^2}}{x^2}dx = -\frac{\sqrt{x^2+a^2}}{x}+\ln(x+\sqrt{x^2+a^2})+C$

(七) 含有 $\sqrt{x^2-a^2}\ (a>0)$ 的积分

45. $\int \frac{dx}{\sqrt{x^2-a^2}} = \ln|x+\sqrt{x^2-a^2}|+C$

46. $\int \frac{dx}{\sqrt{(x^2-a^2)^3}} = -\frac{x}{a^2\sqrt{x^2-a^2}}+C$

47. $\int \frac{x}{\sqrt{x^2-a^2}}dx = \sqrt{x^2-a^2}+C$

48. $\int \frac{x}{\sqrt{(x^2-a^2)^3}}dx = -\frac{1}{\sqrt{x^2-a^2}}+C$

49. $\int \frac{x^2}{\sqrt{x^2-a^2}}dx = \frac{x}{2}\sqrt{x^2-a^2}+\frac{a^2}{2}\ln\left|x+\sqrt{x^2-a^2}\right|+C$

50. $\int \frac{x^2}{\sqrt{(x^2-a^2)^3}}dx = -\frac{x}{\sqrt{x^2-a^2}}+\ln\left|x+\sqrt{x^2-a^2}\right|+C$

51. $\int \frac{dx}{x\sqrt{x^2-a^2}} \frac{1}{a}\arccos\frac{a}{|x|}+C$

52. $\int \frac{dx}{x^2\sqrt{x^2-a^2}}=\frac{\sqrt{x^2-a^2}}{a^2x}+C$

53. $\int \sqrt{x^2-a^2}\,dx=\frac{x}{2}\sqrt{x^2-a^2}-\frac{a^2}{2}\ln|x+\sqrt{x^2-a^2}|+C$

54. $\int \sqrt{(x^2-a^2)^3}\,dx=\frac{x}{8}(2x^2-5a^2)\sqrt{x^2-a^2}+\frac{3}{8}a^4\ln|x+\sqrt{x^2-a^2}|+C$

55. $\int x\sqrt{x^2-a^2}\,dx=\frac{1}{3}\sqrt{(x^2-a^2)^3}+C$

56. $\int x^2\sqrt{x^2-a^2}\,dx=\frac{x}{8}(2x^2-a^2)\sqrt{x^2-a^2}-\frac{a^4}{8}\ln|x+\sqrt{x^2-a^2}|+C$

57. $\int \frac{\sqrt{x^2-a^2}}{x}dx=\sqrt{x^2-a^2}-a\arccos\frac{a}{|x|}+C$

58. $\int \frac{\sqrt{x^2-a^2}}{x^2}dx=-\frac{\sqrt{x^2-a^2}}{x}+\ln|x+\sqrt{x^2-a^2}|+C$

(八) 含有 $\sqrt{a^2-x^2}\ (a>0)$ 的积分

59. $\int \frac{dx}{\sqrt{a^2-x^2}}=\arcsin\frac{x}{a}+C$

60. $\int \frac{dx}{\sqrt{(a^2-x^2)^3}}=\frac{x}{a^2\sqrt{a^2-x^2}}+C$

61. $\int \frac{x}{\sqrt{a^2-x^2}}dx=-\sqrt{a^2-x^2}+C$

62. $\int \frac{x}{\sqrt{(a^2-x^2)^3}}dx=\frac{1}{\sqrt{a^2-x^2}}+C$

63. $\int \frac{x^2}{\sqrt{a^2-x^2}}dx=-\frac{x}{2}\sqrt{a^2-x^2}+\frac{a^2}{2}\arcsin\frac{x}{a}+C$

64. $\int \frac{x^2}{\sqrt{(a^2-x^2)^3}}dx=\frac{x}{\sqrt{a^2-x^2}}-\arcsin\frac{x}{a}+C$

65. $\int \frac{dx}{x\sqrt{a^2-x^2}}=\frac{1}{a}\ln\frac{a-\sqrt{a^2-x^2}}{|x|}+C$

66. $\int \frac{dx}{x^2\sqrt{a^2-x^2}}=-\frac{\sqrt{a^2-x^2}}{a^2x}+C$

67. $\int \sqrt{a^2-x^2}\,dx=\frac{x}{2}\sqrt{a^2-x^2}+\frac{a^2}{2}\arcsin\frac{x}{a}+C$

68. $\int \sqrt{(a^2-x^2)^3}\,dx=\frac{x}{8}(5a^2-2x^2)\sqrt{a^2-x^2}+\frac{3}{8}a^4\arcsin\frac{x}{a}+C$

69. $\int x\sqrt{a^2-x^2}\,dx=-\frac{1}{3}\sqrt{(a^2-x^2)^3}+C$

70. $\int x^2\sqrt{a^2-x^2}\,dx=\frac{x}{8}(2x^2-a^2)\sqrt{a^2-x^2}+\frac{a^4}{8}\arcsin\frac{x}{a}+C$

71. $\int \frac{\sqrt{a^2-x^2}}{x}dx=\sqrt{a^2-x^2}+a\ln\frac{a-\sqrt{a^2-x^2}}{|x|}+C$

72. $\int \frac{\sqrt{a^2-x^2}}{x^2}dx=-\frac{\sqrt{a^2-x^2}}{x}-\arcsin\frac{x}{a}+C$

(九) 含有 $\sqrt{\pm ax^2+bx+c}\,(a>0)$ 的积分

73. $\int \frac{dx}{\sqrt{ax^2+bx+c}}=\frac{1}{\sqrt{a}}\ln|2ax+b+2\sqrt{a}\sqrt{ax^2+bx+c}|+C$

74. $\int \sqrt{ax^2+bx+c}\,dx=\frac{2ax+b}{4a}\sqrt{ax^2+bx+c}+\frac{4ac-b^2}{8\sqrt{a^3}}$

$\ln|2ax+b+2\sqrt{a}\sqrt{ax^2+bx+c}|+C$

75. $\int \frac{x}{\sqrt{ax^2+bx+c}}dx=\frac{1}{a}\sqrt{ax^2+bx+c}-\frac{b}{2\sqrt{a^3}}\ln|2ax+$

$b+2\sqrt{a}\sqrt{ax^2+bx+c}|+C$

76. $\int \frac{dx}{\sqrt{c+bx-ax^2}}=-\frac{1}{\sqrt{a}}\arcsin\frac{2ax-b}{\sqrt{b^2+4ac}}+C$

77. $\int \sqrt{c+bx-ax^2}\,dx=\frac{2ax-b}{4a}\sqrt{c+bx-ax^2}+\frac{b^2+4ac}{8\sqrt{a^3}}\arcsin$

$\frac{2ax-b}{\sqrt{b^2+4ac}}+C$

78. $\int \frac{x}{\sqrt{c+bx-ax^2}}\mathrm{d}x = -\frac{1}{a}\sqrt{c+bx-ax^2} + \frac{b}{2\sqrt{a^3}}\arcsin \frac{2ax-b}{\sqrt{b^2+4ac}} + C$

(十) 含有$\sqrt{\pm\frac{x-a}{x-b}}$或$\sqrt{(x-a)(b-x)}$的积分

79. $\int \sqrt{\frac{x-a}{x-b}}\mathrm{d}x = (x-b)\sqrt{\frac{x-a}{x-b}} + (b-a)\ln(\sqrt{|x-a|} + \sqrt{|x-b|}) + C$

80. $\int \sqrt{\frac{x-a}{b-x}}\mathrm{d}x = (x-b)\sqrt{\frac{x-a}{b-x}} + (b-a)\arcsin\sqrt{\frac{x-a}{b-a}} + C$

81. $\int \frac{\mathrm{d}x}{\sqrt{(x-a)(b-x)}} = 2\arcsin\sqrt{\frac{x-a}{b-a}} + C(a<b)$

82. $\int \sqrt{(x-a)(b-x)}\mathrm{d}x = \frac{2x-a-b}{4}\sqrt{(x-a)(b-x)} + \frac{(b-a)^2}{4}\arcsin\sqrt{\frac{x-a}{b-a}} + C(a<b)$

(十一) 含有三角函数的积分

83. $\int \sin x\mathrm{d}x = -\cos x + C$

84. $\int \cos x\mathrm{d}x = \sin x + C$

85. $\int \tan x\mathrm{d}x = -\ln|\cos x| + C$

86. $\int \cot x\mathrm{d}x = \ln|\sin x| + C$

87. $\int \sec x\mathrm{d}x = \ln\left|\tan\left(\frac{\pi}{4}+\frac{x}{2}\right)\right| + C = \ln|\sec x + \tan x| + C$

88. $\int \csc x\mathrm{d}x = \ln\left|\tan\frac{x}{2}\right| + C = \ln|\csc x - \cot x| + C$

89. $\int \sec^2 x\mathrm{d}x = \tan x + C$

90. $\int \csc^2 x\mathrm{d}x = -\cot x + C$

91. $\int \sec x\tan x\mathrm{d}x = \sec x + C$

92. $\int \csc x\cot x\mathrm{d}x = -\csc x + C$

93. $\int \sin^2 x\mathrm{d}x = \frac{x}{2} - \frac{1}{4}\sin 2x + C$

94. $\int \cos^2 x\mathrm{d}x = \frac{x}{2} + \frac{1}{4}\sin 2x + C$

95. $\int \sin^n x\mathrm{d}x = -\frac{1}{n}\sin^{n-1}x\cos x + \frac{n-1}{n}\int \sin^{n-2}x\mathrm{d}x$

96. $\int \cos^n x\mathrm{d}x = \frac{1}{n}\cos^{n-1}x\sin x + \frac{n-1}{n}\int \cos^{n-2}x\mathrm{d}x$

97. $\int \frac{\mathrm{d}x}{\sin^n x} = -\frac{1}{n-1}\frac{\cos x}{\sin^{n-1}x} + \frac{n-2}{n-1}\int \frac{\mathrm{d}x}{\sin^{n-2}x}$

98. $\int \frac{\mathrm{d}x}{\cos^n x} = \frac{1}{n-1}\frac{\sin x}{\cos^{n-1}x} + \frac{n-2}{n-1}\int \frac{\mathrm{d}x}{\cos^{n-2}x}$

99. $\int \cos^m x\sin^n x\mathrm{d}x = \frac{1}{m+n}\cos^{m-1}x\sin^{n+1}x + \frac{m-1}{m+n}\int \cos^{m-2}x\sin^n x\mathrm{d}x$

$$= -\frac{1}{m+n}\cos^{m+1}x\sin^{n-1}x + \frac{n-1}{m+n}\int \cos^m x\sin^{n-2}x\mathrm{d}x$$

100. $\int \sin ax\cos bx\mathrm{d}x = -\frac{1}{2(a+b)}\cos(a+b)x - \frac{1}{2(a-b)}\cos(a-b)x + C$

101. $\int \sin ax\sin bx\mathrm{d}x = -\frac{1}{2(a+b)}\sin(a+b)x + \frac{1}{2(a-b)}\sin(a-b)x + C$

102. $\int \cos ax\cos bx\mathrm{d}x = \frac{1}{2(a+b)}\sin(a+b)x + \frac{1}{2(a-b)}\sin(a-b)x + C$

103. $\int \frac{\mathrm{d}x}{a+b\sin x} = \frac{2}{\sqrt{a^2-b^2}}\arctan\frac{a\tan\frac{x}{2}+b}{\sqrt{a^2-b^2}} + C(a^2 > b^2)$

104. $\int \frac{dx}{a+b\sin x} = \frac{1}{\sqrt{b^2-a^2}}\ln\left|\frac{a\tan\frac{x}{2}+b-\sqrt{b^2-a^2}}{a\tan\frac{x}{2}+b+\sqrt{b^2-a^2}}\right| + C(a^2<b^2)$

105. $\int \frac{dx}{a+b\cos x} = \frac{2}{a+b}\sqrt{\frac{a+b}{a-b}}\arctan\left(\sqrt{\frac{a-b}{a+b}}\tan\frac{x}{2}\right)+C\ (a^2>b^2)$

106. $\int \frac{dx}{a+b\cos x} = \frac{1}{a+b}\sqrt{\frac{a+b}{b-a}}\ln\left|\frac{\tan\frac{x}{2}+\sqrt{\frac{a+b}{b-a}}}{\tan\frac{x}{2}-\sqrt{\frac{a+b}{b-a}}}\right|+C\ (a^2<b^2)$

107. $\int \frac{dx}{a^2\cos^2 x+b^2\sin^2 x} = \frac{1}{ab}\arctan\left(\frac{b}{a}\tan x\right)+C$

108. $\int \frac{dx}{a^2\cos^2 x-b^2\sin^2 x} = \frac{1}{2ab}\ln\left|\frac{b\tan x+a}{b\tan x-a}\right|+C$

109. $\int x\sin ax\,dx = \frac{1}{a^2}\sin ax-\frac{1}{a}x\cos ax+C$

110. $\int x^2\sin ax\,dx = -\frac{1}{a}x^2\cos ax+\frac{2}{a^2}x\sin ax+\frac{2}{a^3}\cos ax+C$

111. $\int x\cos ax\,dx = \frac{1}{a^2}\cos ax+\frac{1}{a}x\sin ax+C$

112. $\int x^2\cos ax\,dx = \frac{1}{a}x^2\sin ax+\frac{2}{a^2}x\cos ax-\frac{2}{a^3}\sin ax+C$

(十二) 含有反三角函数的积分(其中($a>0$))

113. $\int \arcsin\frac{x}{a}dx = x\arcsin\frac{x}{a}+\sqrt{a^2-x^2}+C$

114. $\int x\arcsin\frac{x}{a}dx = \left(\frac{x^2}{2}-\frac{a^2}{4}\right)\arcsin\frac{x}{a}+\frac{x}{4}\sqrt{a^2-x^2}+C$

115. $\int x^2\arcsin\frac{x}{a}dx = \frac{x^3}{3}\arcsin\frac{x}{a}+\frac{1}{9}(x^2+2a^2)\sqrt{a^2-x^2}+C$

116. $\int \arccos\frac{x}{a}dx = x\arccos\frac{x}{a}-\sqrt{a^2-x^2}+C$

117. $\int x\arccos\frac{x}{a}\mathrm{d}x=\left(\frac{x^2}{2}-\frac{a^2}{4}\right)\arccos\frac{x}{a}-\frac{x}{4}\sqrt{a^2-x^2}+C$

118. $\int x^2\arccos\frac{x}{a}\mathrm{d}x=\frac{x^3}{3}\arccos\frac{x}{a}-\frac{1}{9}(x^2+2a^2)\sqrt{a^2-x^2}+C$

119. $\int\arctan\frac{x}{a}\mathrm{d}x=x\arctan\frac{x}{a}-\frac{a}{2}\ln(a^2+x^2)+C$

120. $\int x\arctan\frac{x}{a}\mathrm{d}x=\frac{1}{2}(a^2+x^2)\arctan\frac{x}{a}-\frac{a}{2}x+C$

121. $\int x^2\arctan\frac{x}{a}\mathrm{d}x=\frac{x^3}{3}\arctan\frac{x}{a}-\frac{a}{6}x^2+\frac{a^3}{6}\ln(a^2+x^2)+C$

(十三) 含有指数函数的积分

122. $\int a^x\mathrm{d}x=\frac{1}{\ln a}a^x+C$

123. $\int \mathrm{e}^{ax}\mathrm{d}x=\frac{1}{a}\mathrm{e}^{ax}+C$

124. $\int x\mathrm{e}^{ax}\mathrm{d}x=\frac{1}{a^2}(ax-1)\mathrm{e}^{ax}+C$

125. $\int x^n\mathrm{e}^{ax}\mathrm{d}x=\frac{1}{a}x^n\mathrm{e}^{ax}-\frac{n}{a}\int x^{n-1}\mathrm{e}^{ax}\mathrm{d}x$

126. $\int xa^x\mathrm{d}x=\frac{x}{\ln a}a^x-\frac{1}{(\ln a)^2}a^x+C$

127. $\int x^na^x\mathrm{d}x=\frac{1}{\ln a}x^na^x-\frac{n}{\ln a}\int x^{n-1}a^x\mathrm{d}x$

128. $\int \mathrm{e}^{ax}\sin bx\,\mathrm{d}x=\frac{1}{a^2+b^2}\mathrm{e}^{ax}(a\sin bx-b\cos bx)+C$

129. $\int \mathrm{e}^{ax}\cos bx\,\mathrm{d}x=\frac{1}{a^2+b^2}\mathrm{e}^{ax}(b\sin bx+a\cos bx)+C$

130. $\int \mathrm{e}^{ax}\sin^n bx\,\mathrm{d}x=\frac{1}{a^2+b^2n^2}\mathrm{e}^{ax}\sin^{n-1}bx(a\sin bx-nb\cos bx)+$
$\frac{n(n-1)b^2}{a^2+b^2n^2}\int \mathrm{e}^{ax}\sin^{n-2}bx\,\mathrm{d}x$

131. $\int \mathrm{e}^{ax}\cos^n bx\,\mathrm{d}x=\frac{1}{a^2+b^2n^2}\mathrm{e}^{ax}\cos^{n-1}bx(a\cos bx+nb\sin bx)+$
$\frac{n(n-1)b^2}{a^2+b^2n^2}\int \mathrm{e}^{ax}\cos^{n-2}bx\,\mathrm{d}x$

(十四) 含有对数函数的积分

132. $\int \ln x \mathrm{d}x = x\ln x - x + C$

133. $\int \frac{\mathrm{d}x}{x\ln x}\ln \mid \ln x \mid + C$

134. $\int x^n \ln x \mathrm{d}x = \frac{1}{n+1}x^{n+1}\left(\ln x - \frac{1}{n+1}\right) + C$

135. $\int (\ln x)^n \mathrm{d}x = x(\ln x)^n - n\int (\ln x)^{n-1} \mathrm{d}x$

136. $\int x^m (\ln x)^n \mathrm{d}x = \frac{1}{m+1}x^{m+1}(\ln x)^n - \frac{n}{m+1}\int x^m (\ln x)^{n-1} \mathrm{d}x$

(十五) 含有双曲函数的积分

137. $\int \mathrm{sh}\, x \mathrm{d}x = \mathrm{ch}\, x + C$

138. $\int \mathrm{ch}\, x \mathrm{d}x = \mathrm{sh}\, x + C$

139. $\int \mathrm{th}\, x \mathrm{d}x = \ln \mathrm{ch}\, x + C$

140. $\int \mathrm{sh}^2 x \mathrm{d}x = -\frac{x}{2} + \frac{1}{4}\mathrm{sh}\, 2x + C$

141. $\int \mathrm{sh}^2 x \mathrm{d}x = \frac{x}{2} + \frac{1}{4}\mathrm{sh}\, 2x + C$

(十六) 定积分

142. $\int_{-\pi}^{\pi} \cos nx \mathrm{d}x = \int_{-\pi}^{\pi} \sin nx \mathrm{d}x = 0$

143. $\int_{-\pi}^{\pi} \cos mx \sin nx \mathrm{d}x = 0$

144. $\int_{-\pi}^{\pi} \cos mx \cos nx \mathrm{d}x = \begin{cases} 0, & m \neq n \\ \pi, & m = n \end{cases}$

145. $\int_{-\pi}^{\pi} \cos mx \sin nx \mathrm{d}x = \begin{cases} 0, & m \neq n \\ \pi, & m = n \end{cases}$

146. $\int_{0}^{\pi} \sin mx \sin nx \mathrm{d}x = \int_{0}^{\pi} \cos mx \cos nx \mathrm{d}x = \begin{cases} 0, & m \neq n \\ \pi/2, & m = n \end{cases}$

147. $I_n=\int_0^{\frac{\pi}{2}}\sin^n x\,\mathrm{d}x=\int_0^{\frac{\pi}{2}}\cos^n x\,\mathrm{d}x$

$$I_n=\frac{n-1}{n}I_{n-2}$$

$$=\begin{cases}\dfrac{n-1}{n}\dfrac{n-3}{n-2}\cdots\dfrac{4}{5}\dfrac{2}{3} & (n\text{ 为大于 1 的正奇数}),I_1=1\\ \dfrac{n-1}{n}\dfrac{n-3}{n-2}\cdots\dfrac{3}{4}\dfrac{1}{2}\dfrac{\pi}{2} & (n\text{ 为正偶数}),I_0=\dfrac{\pi}{2}\end{cases}$$

附录三　数学建模初步

“一门科学，只有当它成功地运用数学时，才能达到真正完善的地步。”

——马克思

“数学作为一门重要的基础学科和一种精确的科学语言，是以一种极为抽象的形式出现的。这种极为抽象的形式有时会掩盖数学丰富的内涵，并可能对数学的实际应用形成障碍。要用数学方法解决一个实际问题，不论这个问题是来自工程、经济、金融或是社会领域，都必须设法在实际问题与数学之间架设一个桥梁，首先要将这个实际问题化为一个相应的数学问题，然后对这个问题进行分析和计算，最后将所求得的解答回归实际，看能不能有效地回答原先的实际问题。这个全过程，特别是其中的第一步，就称为数学建模，即为所考察的实际问题建立数学模型。

数学建模的教育及数学建模竞赛活动是这些年来规模最大也最成功的一项数学教学改革实践，是对素质教育的重要贡献。”

——中科院院士、CUMCM全国组委会主任李大潜

显而易见，数学建模是数学走向应用的必经之路，在应用数学学科中占有特殊重要的地位。本章，我们将了解和学习用数学的思想去分析和解决实际问题，增强数学应用意识。注重在实践中提高自身的建模能力、临场应变能力和组织协调能力，拓宽视野，掌握知识前沿。

一、数学建模

“数学建模”(Mathematical Modeling)，宏观地讲，是指“用数学来解释自然、改造自然和征服自然的过程”；微观地讲，“数学建模”是

指"通过对实际问题的抽象,简化、确定变量和参数,并应用某些"规律"建立起变量,参数间的确定的数学问题,求解该数学问题,解释、验证所得到的解,从而确定能否用于解决实际问题的多次循环,不断深化的过程"。其中现实与数学之间的桥梁称之为"数学模型"(Mathematical Model)。

数学模型可按照不同问题,不同数学方法、不同的对象等去分类,例如,按不同研究方法,有初等数学模型、微分方程模型、概率统计模型、线性规划模型、图论模型等。

其实数学建模这并非一个新的概念。从古到今,科学家们一直在运用着数学建模的思想和方法,来探索发现自然规律以及解决各种各样的实际问题。比如,欧几里德建立的欧氏空间,就是对现实世界的空间形式所构建的一个数学模型;牛顿的万有引力公式,则是揭示了任何两个物体之间所存在的吸引作用的数学模型;包括我们高等数学的重点内容——微积分,更是一个伟大的数学模型。

只是长期以来,由于计算的速度、精度和可视化手段等原因,导致有了数学模型,但是解不出来,算不出来或不能及时地算出来,更不能形象地展示出来,从而无法验证数学建模全过程的正确性和可用性,数学建模的重要性逐渐被人"淡忘"了。然而,就上个世纪后半叶,计算机技术的飞速发展,数学软件的开发和应用给了数学建模这一技术以极大的推动,不仅重新焕发了数学建模的活力,更是如虎添翼地显示了数学建模的强大威力。而且,通过数学建模也极大地扩大了数学的应用领域。数学模型成了工程、生物、化学、医学、管理、经济、信息、材料、环境、能源等领域的法宝,甚至在社会科学、艺术领域以及日常生活中都要用到数学建模的思想和方法。数学从幕后走到了台前,越来越多的人认识到了数学和数学建模的重要性。学习和初步应用数学建模的思想和方法已经成为当代大学生必须学习的重要内容,参加全国大学生数学建模竞赛活动,也成了大学生热门的话题。

二、全国大学生数学建模竞赛

全国大学生数学建模竞赛(CUMCM)是教育部高等教育司和中

国工业与应用数学学会共同主办的面向全国大学生的群众性科技活动，目的在于激励学生学习数学的积极性，提高学生建立数学模型和运用计算机技术解决实际问题的综合能力，鼓励广大学生踊跃参加课外科技活动，开拓知识面，培养创造精神及合作意识，推动大学数学教学体系、教学内容和方法的改革。

竞赛题目一般来源于工程技术和管理科学等方面经过适当简化加工的实际问题，不要求参赛者预先掌握深入的专门知识，只需要学过高等学校的数学课程。题目有较大的灵活性供参赛者发挥其创造能力。参赛者应根据题目要求，完成一篇包括模型的假设、建立和求解、计算方法的设计和计算机实现、结果的分析和检验、模型的改进等方面的论文(即答卷)。竞赛评奖以假设的合理性、建模的创造性、结果的正确性和文字表述的清晰程度为主要标准。

大学生以队为单位参赛，每队 3 人(须属于同一所学校)，专业不限。赛期三天，其间参赛队员可以使用各种图书资料、计算机和软件，在国际互联网上浏览，但不得与队外任何人(包括在网上)讨论。

由于竞赛试题紧密结合社会热点问题，富有挑战性，吸引着学生关心、投身国家的各项建设事业，培养他们理论联系实际的学风；竞赛让学生面对一个从未接触过的实际问题，运用数学方法和计算机技术加以分析、解决，他们必须开动脑筋、拓宽思路，充分发挥创造力和想象力，从而培养了学生的创新意识及主动学习、独立研究、团结协作的能力。

“一次参赛，终生受益”是许多参赛同学的共同感受。数学建模及其竞赛活动打破了原有数学课程自成体系、自我封闭的局面，为数学和外部世界的联系在教学过程中打开了一条通道，提供了一种有效的方式。同学们通过参加数学建模的实践，亲自参加了将数学应用于实际的尝试，亲自参加了发现和创造的过程，取得了在课堂里和书本上所无法获得的宝贵经验和亲身感受，这必能启迪他们的数学心灵，促使他们更好地应用数学、品味数学、理解数学和热爱数学，在知识、能力及素质三方面迅速的成长。正如竞赛组委会秘书长姜启源教授所说，数学建模竞赛锻炼了大学生从互联网和图书馆查阅文献、收集资料的能力,提高了他们的文字表达水平;培养了他们同舟共济的团队精神和进行协调的组织能力;同学们在竞赛中经历了诚信意识和自律精神的考验,这种品格的锤炼使他们终身受益。

三、数学建模的一般步骤

数学建模的全过程大体上可归纳为以下步骤:

(1) 模型准备:了解问题的实际背景,明确其实际意义,掌握对象的各种信息。用数学语言来描述问题。

(2) 模型假设:根据实际对象的特征和建模的目的,对问题进行必要的简化,并用精确的语言提出一些恰当的假设。

(3) 模型建立:在假设的基础上,利用适当的数学工具来刻划各变量之间的数学关系,建立相应的数学结构。

(4) 模型求解:利用获取的数据资料,对模型的所有参数做出计算。

(5) 模型分析与检验:对所得的结果进行数学上的分析,并将模型分析结果与实际情形进行比较,以此来验证模型的准确性、合理性和适用性。如果模型与实际较吻合,则要对计算结果给出其实际含义,并进行解释。如果模型与实际吻合较差,则应该修改假设,再次重复建模过程。

(6) 模型应用:应用方式因问题的性质和建模的目的而异。

因此,数学建模实质就是上述 6 个步骤的多次重复执行的过程。其中最重要的要素和难点是:怎样从实际情况出发做出合理的假设,从而得到可以执行的合理的数学模型;怎样简明、合理、快捷求解模型中出现的数学问题,它可能是非常困难的问题;怎样验证模型是合理、正确、可行的。

四、数学建模案例

"建模"关键是构造模型,但模型的构造并不是一件容易的事,这种构造能力只有在同学们不断的实践中才能够有所提高,从而培养自身的创造性思维。下面我们通过几个例子,来看看如何构造模型,以及模型构造后,如何对自己创造的模型求解,从而解决实际问题。

案例 1. 洗衣问题

现有一桶水，洗一件衣服，如果我们直接将衣服放入水中就洗；或是将水分成相同的两份，先在其中一份中洗涤，然后在另一份中清一下，哪种洗法效果好？

模型假设　答案不言而喻，但如何从数学角度去解释这个问题呢？为此，我们作这样的假设：衣服上的脏物是可以完全溶解于水，且在水中均匀分布。

模型建立　我们借助于溶液的浓度的概念，把衣服上残留的脏物看成溶质，设那桶水的体积为 x，衣服的体积为 y，而衣服上脏物的体积为 z，当然 z 应非常小。哪种洗法效果好，即比较两种洗法，哪一种使衣服上残留的脏物较少。

模型求解　第一种洗法：衣服上残留的脏物为$\dfrac{zy}{x+y}$；

第二种洗法：第一次洗后衣服上残留的脏物为$\dfrac{yz}{\dfrac{x}{2}+y}$；

第二次洗后衣服上残留的脏物为$\dfrac{y^2 z}{\left(\dfrac{x}{2}+y\right)^2}$；

比较大小，有$\dfrac{y^2 z}{\left(\dfrac{x}{2}+y\right)^2}<\dfrac{yz}{x+y}$，这就证明了第二种洗法效果好一些。

事实上，这个问题可以更引申一步，如果把洗衣过程分为 k 步（k 给定），则将水怎样分才能使洗涤效果最佳？能否无限增多洗涤次数来无限减少衣服上残留的污物？有兴趣的同学可以自己建立相应的数学模型并求解。

案例 2. 路程问题

在一条大街上，有 n 座房子，每座房子里有一个或更多的小孩，问：他们应在什么地方会面，走的路程之和才能尽可能地少？

模型假设　我们不妨设该大街是笔直的，即使大街是弯曲的，也可以在图纸上变换为笔直的大街,且每个小孩从房子里面出来直奔会面的地方,不走弯路。

模型建立 构造数轴,用数轴表示笔直的大街,几座房子分别位于 x_1、x_2、…、x_n,不妨设 $x_1 < x_2 < \cdots < x_n$,又设各座房子中分别有 a_1、a_2、…、a_n 个小孩,则问题就成为求实数 x,使 $f(x) = \sum_{i=1}^{n} a_i \mid x - x_i \mid$ 最小。

模型求解 在具体的数据已知的情况下,可以利用穷举法或借助数学软件求解。

案例 3. 椅子放稳问题

在日常生活中,我们都会碰到放椅子这样平常的问题。如果地面凹凸不平,椅子就难一次放稳(四脚同时着地),因此有人提出如下的问题:在一块不平的地面上,能否找到一个合适的位置而将一把椅子的四脚同时着地?

模型假设 初看起来这个问题与数学毫不相干,怎样才能将它抽象成一个数学问题呢?为此作如下假设:

(1) 椅子中心不动(只做旋转),每条腿的脚视为几何上的点,四点构成平面上的严格正方形(即四条腿等长);

(2) 地面是光滑的,即不会出现凹坑或台阶。

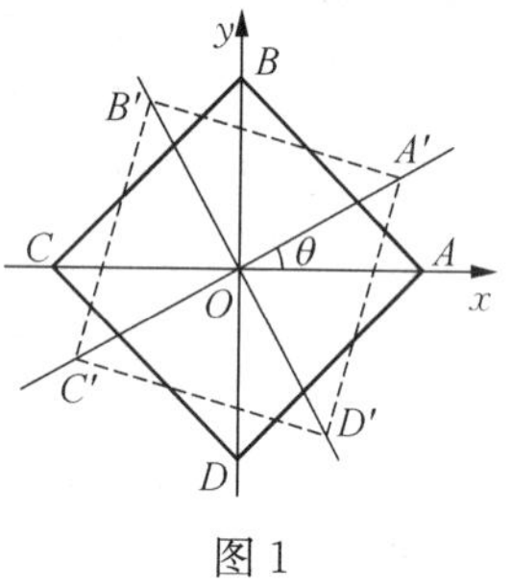

图 1

模型建立 记四个腿脚分别为 A、B、C、D,中心为 O。以 O 为原点,对角线 AC、BD 的连线分别为 x 轴与 y 轴,建立坐标系如图 1 所示。转动椅子后,对角线 AC 与 x 轴的夹角为 θ,A、C 两脚与地面距离之和为 $f(\theta)$,B、D 两脚与地面距离之和为 $g(\theta)$。

由假设(2)可知,$f(\theta)$ 与 $g(\theta)$ 皆为连续函数,又三个脚总能同时着地,所以对任意 θ,总有 $f(\theta)g(\theta) = 0$。不妨设初始位置 $\theta = 0$ 时,有 $g(0) = 0$, $f(0) \geqslant 0$,于是椅子问题就归结为下面的数学问题:

设连续函数 $f(\theta)$ 与 $g(\theta)$ 满足 $g(0) = 0$, $f(0) \geqslant 0$,且对任意 θ,

总有 $f(\theta)g(\theta)=0$,试证存在 θ_0,使得 $f(\theta_0)=g(\theta_0)=0$。

模型求解 (1) 若 $f(0)=0$,则取 $\theta_0=0$ 即可;

(2) 若 $f(0)>0$,记 $h(\theta)=g(\theta)-f(\theta)$,显然有 $h(0)=g(0)-f(0)<0$,将椅子逆时针转动 $\frac{\pi}{2}$,即将 AC、BD 位置互换,则有:

$$g\left(\frac{\pi}{2}\right)=f(0)>0,\ f\left(\frac{\pi}{2}\right)=g(0)=0$$

所以
$$h\left(\frac{\pi}{2}\right)=g\left(\frac{\pi}{2}\right)-f\left(\frac{\pi}{2}\right)>0,$$

由连续函数的介值定理知,存在 $\theta_0\in\left(0,\ \frac{\pi}{2}\right)$,使得 $h(\theta_0)=0$,即 $f(\theta_0)=g(\theta_0)$。

又对任意 θ,总有 $f(\theta)g(\theta)=0$,所以 $f(\theta_0)=g(\theta_0)=0$。

至此椅子问题得到解决:如果地面为光滑曲面,一定存在某个位置,四个脚同时着地,且只需转动即可实现。

案例 4. 绿地喷浇设施的节水构想

城市水资源问题正随着城市现代化的加速变得日益突出,亟待采取措施进行综合治理。缓解缺水状况无外乎两种方式,一是开源,二是节流。开源是一项巨大而又复杂的整体工程,节流则需从小处着眼,汇细流而成大海。公共绿地的浇灌是一个长期而又大量的用水项目,目前有移动水车浇灌和固定喷水龙头旋转喷浇两种方式。移动水车主要用于道路两侧狭长绿地的浇灌,固定喷水龙头主要用于公园、小区、广场等观赏性绿地。观赏性绿地的草根很短,根系寻水性能差,不能蓄水,故喷水龙头的喷浇区域要保证对绿地的全面覆盖。据观察,绿地喷水龙头分布方式和喷射半径的设定具有较大的随意性。本例考虑将龙头的喷射半径设定为可变量,通过各喷头喷射半径的优化设定,可使有效覆盖率更高。

模型假设 假设 1 喷水龙头对喷射半径内的绿地做均匀喷浇。

假设 2 喷射半径可取任意值。

假设3　绿地区域为正方形区域。

模型建立　设正方形边长为$2a$,以正方形的中心为圆心,R为半径作圆,称之为大圆,再分别以四个顶点为圆心,作半径为r的四分之一圆,称之为小圆,使正方形被覆盖(如图2所示)。

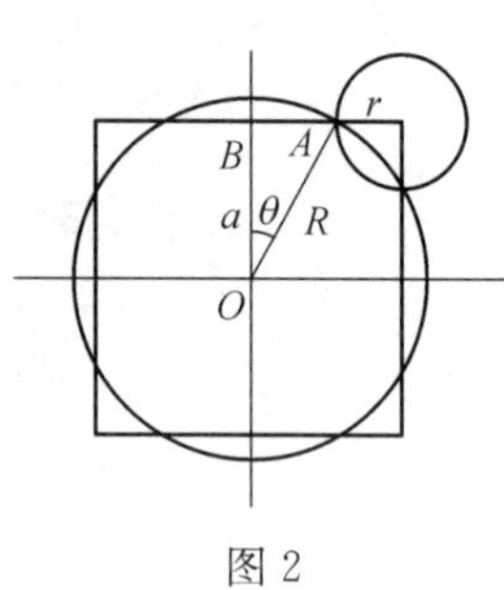

图2

目标函数是绿地面积与受水面积的比达至最大,因此在这个模型中就要选择适当的半径R与r,使大圆与小圆的面积和达到最小。

目标函数:$\min\{\pi(R^2+r^2)\}$

约束条件:$\sqrt{R^2-a^2}+r=a$

即在大圆与小圆交于正方形边界上的条件下,求最优解。

模型求解　设$\angle AOB=\theta$,则$R=\dfrac{a}{\cos\theta}$, $r=a-a\tan\theta$两圆面积之和

$$\begin{aligned}S(\theta)&=\pi(R^2+r^2)=\pi\left[\frac{a^2}{\cos^2\theta}+a^2(1-\tan\theta)^2\right]\\&=2\pi a^2(\tan^2\theta-\tan\theta+1)\end{aligned}$$

当$\tan\theta=\dfrac{1}{2}$时,上式取得最小值$\dfrac{3}{2}\pi a^2$,当$R=\dfrac{\sqrt{5}}{2}a$, $r=\dfrac{1}{2}a$时,达到最佳喷浇效果,有效覆盖率为$\dfrac{4a^2}{\dfrac{3}{2}\pi a^2}=\dfrac{8}{3\pi}\approx 84.88\%$。

案例5.名画伪造案的侦破问题

第二次世界大战比利时解放后,荷兰保安机关开始搜捕纳粹分子的合作者,发现一名三流画家Van Meegren(范·梅格伦)曾将17世纪荷兰著名画家Jan Vermeer(杨·维梅尔)的一批名贵油画盗卖给德寇,于1945年5月29日以通敌罪逮捕了此人。

Van Meegren被捕后宣称他从未出卖过荷兰的利益,所有的油

画都是自己伪造的，为了证实这一切，在狱中开始伪造 Vermeer 的画《耶稣在学者中间》。当他的工作快完成时，又获悉他可能以伪造罪被判刑，于是拒绝将画老化，以免留下罪证。

为了审理这一案件，法庭组织了一个由化学家、物理学家、艺术史学家等参加的国际专门小组，采用了当时最先进的科学方法，动用了 X—光线透视等，对颜料成分进行分析，终于在几幅画中发现了现代物质诸如现代颜料钴蓝的痕迹。

这样，伪造罪成立，Van Meegren 被判一年徒刑。1947 年 11 月 30 日他在狱中心脏病发作而死去。但是，许多人还是不相信其余的名画是伪造的，因为，Van Meegren 在狱中作的画实在是质量太差，所找理由都不能使怀疑者满意。直到 20 年后，1967 年，卡内基梅隆大学的科学家们根据绘画颜料中所含放射性元素铅－210（^{210}Pb）和镭－226（^{226}Ra）的衰变，利用微分方程模型解决了这一问题。

模型假设 为了使问题明确具体，设 $y(t)$ 是颜料（^{210}Pb）的含量，$r(t)$ 是 t 时刻每分钟每克颜料中（^{226}Ra）的衰变数量。

模型建立 利用著名物理学家卢瑟福的原子物理理论，可以建立下列模型

$$\begin{cases} \dfrac{dy}{dt} = -\lambda y + r(t) \\ y(t_0) = y_0 \end{cases} \tag{1}$$

由于 ^{226}Ra 的半衰期约为 1 600 年，而现在仅对 300 年左右的时间感兴趣，因而可设 ^{226}Ra 保持常数 r。

模型求解 很容易求得上式(1)的特解为

$$y(t) = \frac{r}{\lambda}\left[1 - e^{-\lambda(t-t_0)}\right] + y_0 e^{-\lambda(t-t_0)}, \tag{2}$$

$y(t)$ 和 r 可以用仪器直接测量出来，为了求出 $t - t_0$，只需要想办法求出 y_0 与 λ。

下面先计算 λ，令 $N(t)$ 表示放射性元素铅的原子数，则有

$\begin{cases}\dfrac{dN}{dt}=-\lambda N \\ N(t_0)=N_0\end{cases}$,解得 $N(t)=N_0 e^{-\lambda(t-t_0)}$,即$\dfrac{N(t)}{N_0}=e^{-\lambda(t-t_0)}$。

又已知铅的半衰期为 22 年,得 $\lambda=\dfrac{\ln 2}{22}$,

再计算 y_0,由式(2)得:

$$\lambda y_0=\lambda y(t)e^{\lambda(t-t_0)}-r[e^{\lambda(t-t_0)}-1] \tag{3}$$

如果这幅画是真品,应该有 300 年的历史,可以取 $t-t_0=300$,于是,将其代入式(3),

得
$$\lambda y_0=\lambda y(t)e^{300\lambda}-r[e^{300\lambda}-1]$$

如其中一幅《Emmaus 的信徒们》,测得(^{226}Ra) 的衰变率 $r=0.8$,(^{210}Pb) 的衰变率 $y\lambda=8.5$,故 $\lambda y_0=98\,050$,而这与真实情况不符,故该画是赝品。同理可辨别其他名画的真伪。

案例 6. 生产计划问题

某公司拥有 A、B 两个炼油厂,A 厂每天可生产 20 桶汽油和 50 桶燃料油,而 B 厂的产量分别是 40 桶和 20 桶。该公司每年至少约需 3 000 桶汽油和 2 400 桶燃料油。如果开工运转,则 A 厂每天约需 300 元,而 B 厂约需 500 元。试建立为确定 A、B 两厂每年各开工天数以使该公司运转两个炼油厂费用最少的数学模型。

模型建立 假设 A 厂每年开工 x 天,B 厂 y 天,问题是需目标函数——公司运转两炼油厂的支出 $f=300x+500y$ 最小。由题意知两厂每年提供的汽油和燃料油应满足公司的需要,即应有

$$\begin{cases}20x+40y\geqslant 3\,000 \\ 50x+20y\geqslant 2\,400\end{cases},\text{其中 } x\geqslant 0,\ y\geqslant 0。$$

于是该问题的数学模型归结为:

$$\min f=300x+500y,$$
$$s.t.\begin{cases}20x+40y\geqslant 3\,000, \\ 50x+20y\geqslant 2\,400, \\ x,\ y\geqslant 0。\end{cases}$$

该类线性规划问题的求解，可利用数学软件编程求出最优解：当 $x=24$，$y=63$，即 A 厂每年开工 24 天，B 厂 63 天时，公司运转两炼油厂的支出 f 有最小值 38 700。

案例 7. 选课策略

某学校规定，运筹学专业的学生毕业时必须至少学习过 2 门数学课程、3 门运筹学课程和 2 门计算机课程。这些课程的编号、名称、学分、所属类别和先修课程要求如下表所示。那么，毕业时学生最少可以学习这些课程中的哪些课程？

课程编号	课程名称	学分	所属类别	先修课要求
1	微积分	5	数学	
2	线性代数	4	数学	
3	最优化方法	4	数学;运筹学	微积分;线性代数
4	数据结构	3	数学;计算机	计算机编程
5	应用统计	4	数学;运筹学	微积分;线性代数
6	计算机模拟	3	计算机;运筹学	计算机编程
7	计算机编程	2	计算机	
8	预测理论	2	运筹学	应用统计
9	数学试验	3	运筹学;计算机	微积分;线性代数

模型建立与分析 用 $x_i=1$ 表示表中按编号顺序的 9 门课程（$x_i=0$ 表示不选；$i=1, 2, \cdots, 9$）。问题的目标为选修的课程总数最少，即 $\min Z=\sum_{i=1}^{9} x_i$。

约束包括两个方面：

第一，每人要学习 2 门数学课程、3 门运筹学课程和 2 门计算机课程。根据表中对每门课程所述类别的划分，这一约束可以表示为

$$x_1+x_2+x_3+x_4+x_5 \geqslant 2$$
$$x_3+x_5+x_6+x_8+x_9 \geqslant 3。$$
$$x_4+x_6+x_7+x_9 \geqslant 2。$$

第二,某些课程有先修课程的要求。例如“数据结构”的先修课程是“计算机编程”,这意味着如果 $x_4=1$,必须 $x_7=1$,这个条件可以表示为 $x_4 \leqslant x_7$。“最优化方法”的先修课程是“微积分”和“线性代数”的条件可表示为 $x_3 \leqslant x_1$, $x_3 \leqslant x_2$,而这两个不等式可用一个约束表示为 $2x_3-x_1-x_2 \leqslant 0$。这样,所有课程的先修课要求可表示为如下的约束:

$$2x_3-x_1-x_2 \leqslant 0$$
$$x_4-x_7 \leqslant 0$$
$$2x_5-x_1-x_2 \leqslant 0$$
$$x_6-x_7 \leqslant 0$$
$$x_8-x_5 \leqslant 0$$
$$2x_9-x_1-x_2 \leqslant 0$$

由以上目标函数与约束条件,得到 0~1 规划模型。利用数学软件求解,可得结果为 $x_1=x_2=x_3=x_6=x_7=x_9=1$,其它变量为 0,即选修微积分、线性代数、最优化方法、计算机模型、计算机编程、数学试验共 6 门课程,总学分为 21。当然,这个解并不是唯一的,还可以找到与以上不完全相同的 6 门课程,也满足所给的约束。

2000~2011 年高教社杯全国大学生数学建模竞赛题目

2000 年

(A) DNA 序列分类问题　　(B) 钢管订购和运输问题

(C) 飞越北极问题　　(D) 空洞探测问题

2001 年

(A) 血管的三维重建问题　　(B) 公交车调度问题

(C) 基金使用计划问题　　(D) 公交车调度问题

2002 年

(A) 车灯线光源的优化设计问题　　(B) 彩票中的数学问题

(C) 车灯线光源的优化设计问题　　(D) 赛程安排问题

2003 年

(A) SARS 的传播问题

(B) 露天矿生产的车辆安排问题

(C) SARS 的传播问题

(D) 抢渡长江问题

2004 年

(A) 奥运会临时超市网点设计问题

(B) 电力市场的输电阻塞管理问题

(C) 酒后开车问题

(D) 招聘公务员问题

2005 年

(A) 长江水质的评价和预测问题

(B) DVD 在线租赁问题

(C) 雨量预报方法的评价问题

(D) DVD 在线租赁问题

2006 年

(A) 出版社的资源配置问题

(B) 艾滋病疗法的评价及疗效的预测问题

(C) 易拉罐的优化设计问题

(D) 煤矿瓦斯和煤尘的监测与控制问题

2007 年

(A) 中国人口增长预测问题

(B) 乘公交看奥运问题

(C) 手机“套餐”优惠几何问题

(D) 体能测试时间安排问题

2008 年

(A) 数码相机定位

(B) 高等教育学费标准探讨

(C) 地面搜索

(D) NBA 赛程的分析与评价

2009 年

(A) 制动器试验台的控制方法分析

(B) 眼科病床的合理安排

(C) 卫星和飞船的跟踪测控

(D) 会议筹备

2010 年

(A) 储油罐的变位识别与罐容表标定

(B) 2010 年上海世博会影响力的定量评估

(C) 输油管的布置

(D) 对学生宿舍设计方案的评价

2011 年

(A) 城市表层土壤重金属污染分析

(B) 交巡警服务平台的设置与调度

(C) 企业退休职工养老金制度的改革

(D) 天然肠衣搭配问题

附录四　Mathematica 软件应用

英国哲学家培根曾说过："数学是打开科学大门的钥匙"。"高技术本质上是一种数学技术"更是一语道破了数学科学的重要性。

20 世纪杰出的数学家冯·诺伊曼，凭借自身雄厚的数学知识和能力，加入了计算机 ENIAC 研制者的行列，开拓了计算机时代。被后人称之为"计算机之父"。从中我们可以清晰地看到数学应用到其他领域的强大力量，并且令人可喜的是，计算机的发展也为数学的发展注入了新鲜的血液，即数学软件的迅速发展，它不仅解决了数学中繁琐的计算等问题，也使抽象的数学变得生动活跃起来，从而令数学的应用越来越广泛而有效。

一、数学软件简介

数学软件是指用于处理数学问题的软件。由于计算机时代日新月异的发展，已产生过数以百计的数学软件包。经过优胜劣汰，目前常用的软件有 Mathematica、MATLAB、Maple、SAS、LINGO 等。

其中 Mathematica 是美国 Wolfram 研究公司开发的一种数学分析型软件，以符号计算见长，并具有高精度的数值计算功能、强大的图形功能和编程功能。

MATLAB 是矩阵实验室(Matrix Laboratory)的简称，由美国 MathWorks 公司出品，用于数值分析、矩阵计算、科学数据可视化以及非线性动态系统的建模和仿真等。

Maple 除了具有精确的数值处理功能和无与伦比的符号计算功能，还提供了 2 000 余种数学函数，涉及范围包括：初等数学、高等数学、线性代数、数论、离散数学、图形学等。

SAS是专业的统计分析软件。功能包括数据访问、数据储存及管理、应用开发、图形处理、数据分析、报告编制、运筹学方法、计量经济学与预测等。

LINGO是用于解线性以及非线性规划的软件。它提供了建立最优化模型的语言，编程简洁，计算速度快，在解决生产规划、运输、财务金融、投资分配、资本预算、混合排程、库存管理、资源配置等领域中有着广泛的应用。

另外，EXCEL可以进行简单数据处理；C、C++等程序语言也可用于解决数学问题。

本章主要介绍Mathematica软件的使用方法。

二、Mathematica软件概况

Wolfram Research 是高科技计算机运算（Technical computong）的先趋，由复杂理论的发明者Stephen Wolfram成立于1987年，在1988年推出高科技计算机运算软件Mathematica，是一个足以媲美诺贝尔奖的天才产品。Mathematica是一套整合数字以及符号运算的数学工具软件，目前已在学术界、电机、机械、化学、土木、信息工程、财务金融、医学、物理、统计、教育出版、OEM等领域广泛使用。

Mathematica软件有很多的优点，不但可以做业界最精确的数值计算，还提供最优秀的可设计的符号运算，丰富的数学函数库可以快速地解答微积分、线性代数、微分方程及数学各个分支中的问题。

Mathematica可以绘制各专业领域专业函数图形，提供丰富的图形表示方法，能方便地画出各种美观的曲线和曲面。

Mathematica的语法规则简单，语句精练，用较少的语句就可完成复杂的运算和公式推导等任务。还可与AC、C++、Fortran、Perl、Visual Basic、以及Java结合，提供强大高级语言接口功能，使得程序开发更方便。

Mathematica提供互动且丰富的帮助功能，让使用者现学现用。

强大的功能、简单的操作，使得Mathematica成为我们学好高等数学和编写程序的好帮手。

三、安装与运行

Mathematica 软件有各种各样的版本,以适应不同的硬、软件环境,不同版本启动方式略有不同。这里我们为大家介绍 Mathematica 7.0 的使用方法。

假设在 Windows 环境下已安装好 Mathematica 7.0,启动 Windows 后,在"开始"菜单的"程序"中单击 Mathematica 7.0,则在屏幕上显示如图 1 所示的 Notebook 窗口,系统暂时取名 Untitled - 1,直到用户保存时重新命名为止。

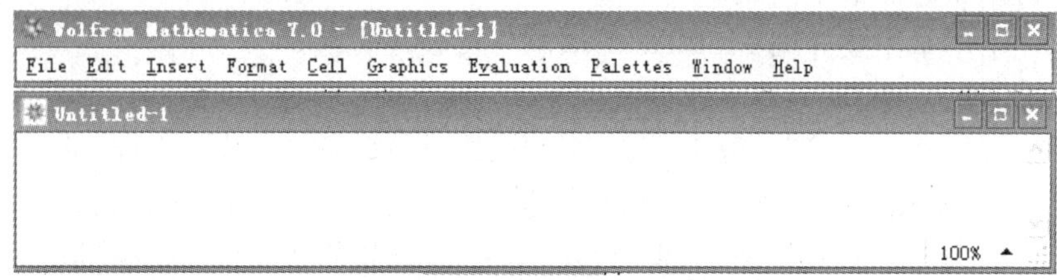

图 1

计算表达式的命令方式有:

(1) 按 Shift+Enter 键。

(2) 按数字小键盘的 Enter 键。

(3) 系统菜单中的"Kernel"—>"Evaluation"—>"Evalute Cell"。

如输入 1+1,按上述计算命令,则系统会得出结果:

In[2]:=1+1

Out[2]:=2

如运行出现死循环或计算时间过长,需中止计算,可按"Alt+"或按菜单中的"Kernel"—>"Inerrupt Evaluation"。

四、基本输入、表达及运算

1. 数的表示及计算

我们常用的基本的数值类型有三种:整数,有理数和实数。用 Mathematica 做算术,由于"对话"式的界面,会显得尤为简便,更人性化。且只要你的储存空间足够，Mathematica 可以处理任意大、任意小及任意位精度的数值。

用“+”代表加，“-”代表减，“/”代表除，“!”表示阶乘；“^”代表幂，“空格”或者“ * ”表示乘号，但需注意的是符号与数之间的空格没有意义。如：

In[2]:=(5^2+9)/2

Out[2]:=17

In[3]:=2 3 4

Out[3]:=24

In[4]:=378/123

Out[4]:=126/41

In[5]:=46!

Out[5]:=5502622159812088949850305428800254892961651752960000000000

从上述的计算中，我们可以发现，Mathematica 总会以绝对精确的形式输出结果。另外，Mathematica 中还定义了一些常见的数学常数，如 π、e 等，这些数学常数也都是精确数。

如果想得到近似解，则应输入

In[6]:=N[378/123]

Out[6]:=3.07317

系统将自动为你输出一个近似值，另外 Mathematica 还可以自动设定精度，如：

In[7]:=N[378/123, 8]

Out[7]:=3.0731707

In[8]:=N[π, 16]

Out[8]:=3.141592653589793

除了上述的表示外，也可从 FILE 菜单中激活 Plaettes—>Basic Input 工具栏(见图 2)输入，使用工具栏可输入更复杂的数学表达式，且更为直观。

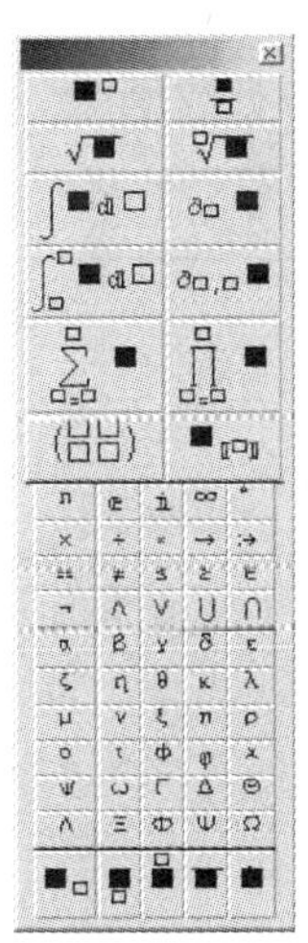

图 2

2. 变量、代数式、%、赋值与替换

Mathematica 中的变量一般是以小写字母开始，后跟数字和字母的组合,长度不限,例如:a, x1, y2, name。另外在 Mathematica 中的变量区分大小写,如 name 与 nAME 是不一样的变量名。变量不仅可以存放一个数值,还可以存放表达式或复杂的算式。

有了变量,就可以写出一般的代数式了,如 x/2+y。且在任何一个表达式中,都可以加入"%"表示上一次计算的结果,"%%"表示倒数第二次的计算结果,"%n"表示第 n 次计算的结果。"%/."可以把代数式里的变量用数值替换,则可以得到一个数值,如果用其他表达式替换,则可以生成新的代数式。如:

```
 In[9]:=x/2+y
Out[9]:=x/2+y
 In[10]:=%/.(y→z)
Out[10]:=x/2+z
 In[11]:=%/.{x→2.0, z→3.0}
Out[11]:=4
```

3. 常用数学函数

Mathematica 系统内核提供了大量的数学函数可以直接调用,如对数函数、指数函数、三角函数、反三角函数和其他一些特殊函数:

命　　令	意　　义
Exp[x]	以 e 为底的指数函数
Log[x]	以 e 为底的对数函数
Log[b, x]	以 b 为底的对数函数
Sin[x], Cos[x], Tan[x], Csc[x], Sec[x], Cot[x]	三角函数
ArcSin[x], ArcCos[x], ArcTan[x], ArcCot[x] ArcSec[x], ArcCsc[x]	反三角函数
Abs[x]	x 的绝对值

(续表)

命 令	意 义
Sign[x]	符号函数
Sqrt[x]	x 的平方根
Max[x1, x2, …]	取 x1, x2, …中的最大值
Min[x1, x2, …]	取 x1, x2, …中的最小值

如：In[12]:=N[Log[2]+Exp[2]]　　(* 计算 $\ln 2+e^2$ *)

Out[12]:=8.0822

In[13]:=N[Sin[1]+ArcCos[1]]　(* 计算 $\sin 1+\arccos 1$ *)

Out[13]:=0.841471

In[14]:=Max[10, 387/110, Exp[5], Sin[π/2]]

Out[14]:= e^5　　(* 取 10, $\frac{387}{110}$, e^5, $\sin\frac{\pi}{2}$中最大的值 *)

除了系统自带的函数,我们还可以自定义函数。

格式：　f[x_]:=表达式

或　f[x_]=表达式

取消 f[x_]的定义：　f[x_]:=.

或　Clear[f]

五. 作图

Mathematica 的图形函数十分丰富,用寥寥几句就可以画出复杂的图形,而且可以通过变量和文件存储和显示图形,具有极大的灵活性。

图形函数中最有代表性的函数为 Plot[表达式,{变量,下限,上限},可选项],其中表达式还可以是一个"表达式表",这样可以在一个图里画多个函数;变量为自变量;上限和下限确定了作图的范围;可选项表示作图的具体要求,若不写系统会按默认值作图。

例如 Plot[Sin[x], {x, 0, 2 * Pi}, AspectRatio－1]表示在 0<x<2Pi 的范围内作函数 Sin[x]的图象，AspectRatio 为可选项，表示图的 x 向 y 向比例，AspectRatio－1 表示比例为 1∶1，如果不写此项，系统默认比例为 1∶GodenRatio，即黄金分割比。

Plot 还有很多可选项，如 PlotRange 表示作图的值域，PlotPoIn 表示画图中取样点的个数，越大则图越精细，PlotStyle 用来确定所画图形的线宽、线型、颜色等特性，AxesLabel 表示在坐标轴上作标记等。

1. 二维一元函数作图

Plot[函数 f,{x, xmin, xmax},选项]，表示按选项要求在区间{x, xmin, xmax}上画出函数 f 的图形。

Plot[{函数 1,函数 2},{x, xmin, xmax},选项]，表示按选项要求在区间{x, xmin, xmax}上画出几个函数的图形。

例 1 用 Plot 生成 $y = x\sin\frac{1}{x}$ 的图形(见图 3)。

解 In[15]:＝Plot[x * Sin[1/x], {x, －0.1, 0.1}]

Out[15]:＝

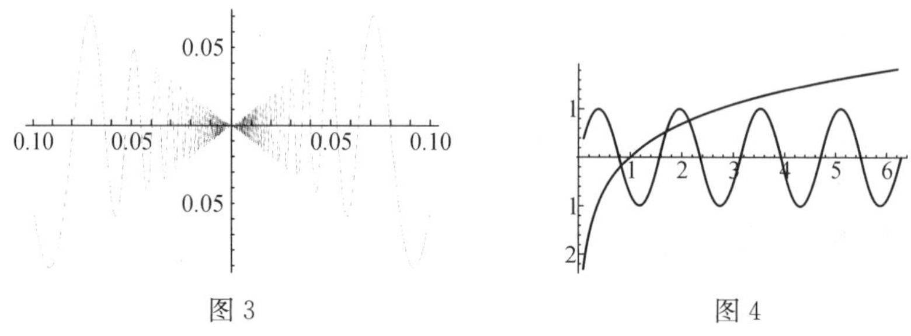

图 3　　图 4

例 2 用 Plot 生成 $y = \sin 4x$ 与 $y = \ln x$ 的图形(见图 4)，共有几个交点?

解 In[16]:＝Plot[{Sin[4x], Log[x]}, {x, 0.1, 2π}]

Out[16]:＝

由图 3 可知，共有 3 个交点。

2. 二维参数方程作图

ParametricPlot[{x[t], y[t]}, {t, t0, t1},选项],表示按选项要求画一个 X、Y 轴坐标为{x[t], y[t]},参变量 t 在[t0, t1]中的参数曲线。

例 3 用 ParametricPlot 生成$\begin{cases} x = \sin t \\ y = \sin 2t \end{cases}$的图形。

解 In[17]:=ParametricPlot[{Sin[t], Sin[2t]}, {t, 0, 2π}]

Out[17]:=

如图 5 所示。

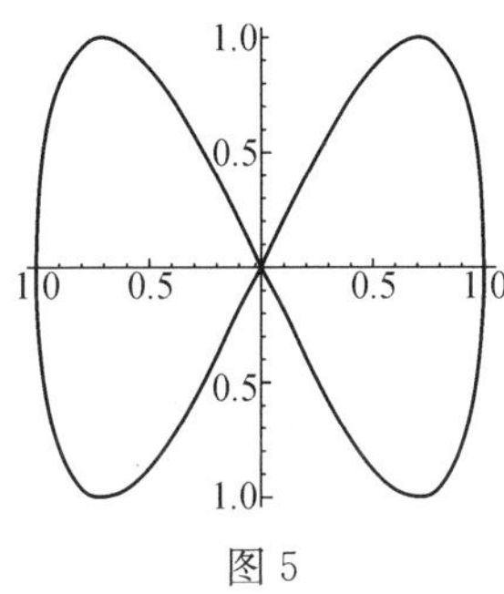

图 5

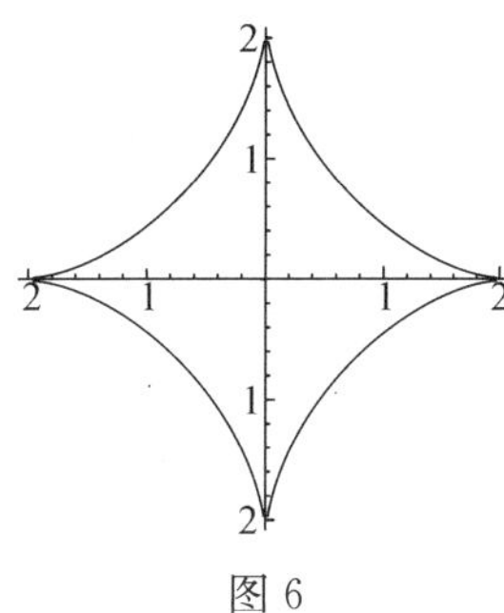

图 6

例 4 用 ParametricPlot 生成星形线$\begin{cases} x = 2\cos^3 t \\ y = 2\sin^3 t \end{cases}$。

解 In[18]:=ParametricPlot[{2Cos[t]^3, 2Sin[t]^3}, {t, 0, 2π}]

Out[18]:=

如图 6 所示。

例 5 用 ParametricPlot 生成摆线$\begin{cases} x = 2(t - \sin t) \\ y = 2(1 - \cos t) \end{cases}$。

In[19]:=ParametricPlot[{2(t−Sin[t]), 2(1−Cos[t])}, {t, 0, 4π}]

Out[19]:=

如图 7 所示。

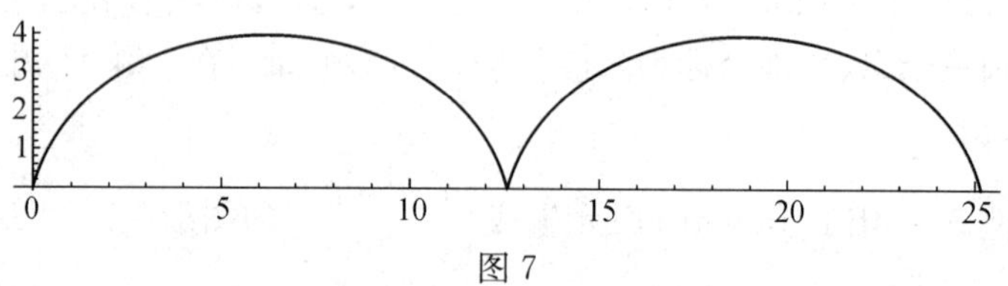

图 7

例 6 用 ParametricPlot 生成三叶玫瑰线$\begin{cases} x = 2\cos 3t\cos t \\ y = 2\cos 3t\sin t \end{cases}$。

In[20]:= ParametricPlot[{2Cos[3t]Cos[t], 2Cos[3t]Sin[t]}, {t, 0, 2π}]

Out[20]:=

如图 8 所示。

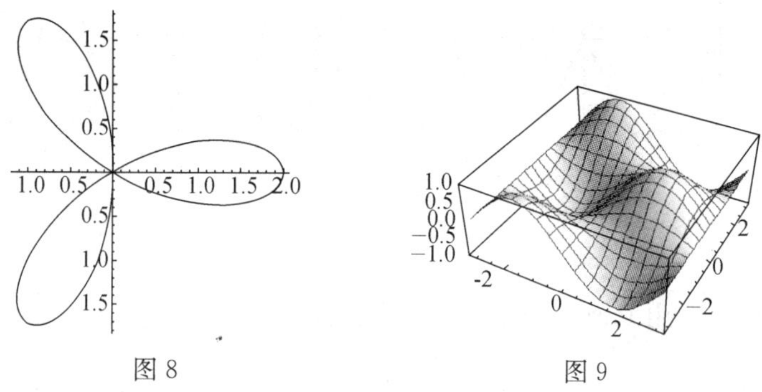

图 8　　图 9

3. 二元函数作图(三维)

Plot3D[f[x, y], {x, x0, x1}, {y, y0, y1},选项],表示按选项要求在区域{x, x0, x1}和{y, y0, y1}上画出空间曲面 f[x, y]。

例 7 用 Plot3D 生成 $z = \sin x \cdot \cos y$ 的三维图形。

解　In[21]:= Plot3D[Sin[x] * Cos[y], {x, −π, π}, {y, −π, π}]

Out[21]:=

如图 9 所示。

若扩大 x 与 y 的取值范围，如：

In[22]：= Plot3D [Sin [x] * Cos [y]，{ x， − 2π， 2π }，{y，−2π，2π}]

Out[22]：=

如图 10 所示。

4. 参数方程作图(三维)

ParametricPlot3D[{x(u，v)，y(u，v)，z(u，v)}，{u，u0，u1}，{v，v0，v1}，选项]，表示按选项要求画一个 X、Y 和 Z 轴坐标为{x(u，v)，y(u，v)，z(u，v)}，参变量 u、v 分别在{u0，u1}和{v0，v1}中的空间参数曲面。

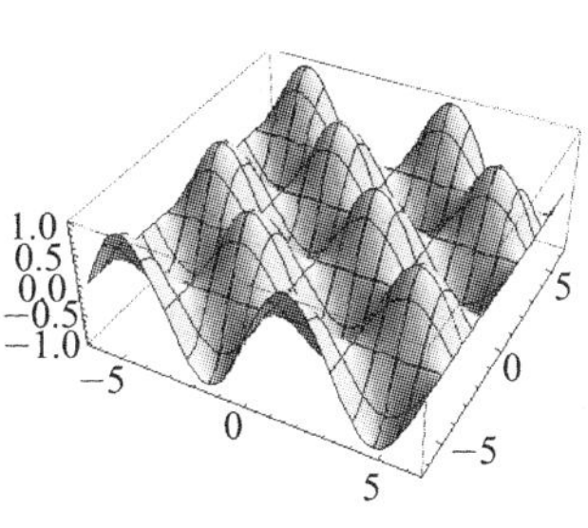

图 10

例 8 画一个莫比乌斯带，其参数表达为：

$$\begin{cases} x = r(t,\ v)\cos t \\ y = r(t,\ v)\sin t \\ z = bv\sin\dfrac{t}{2} \end{cases} \quad r(t,\ v) = a + bv\cos\frac{t}{2}，这里\ a,\ b\ 是常量，$$

$t \in [0,\ 2\pi]$，$v \in [-1,\ 1]$。

解 In[23]：=Clear[r，x，y,z]

```
a=1.0;b=0.5;
r[t_, v_]:=a+b*v*Cos[t/2]
x[t_, v_]:=r[t, v]Cos[t]
y[t_, v_]:=r[t, v]Sin[t]
z[t_, v_]:=b*v*Sin[t/2]
```

ParametricPlot3D[{x[t，v]，y[t，v]，z[t，v]}，{t，0，2π}，{v，−1，1}]

Out[23]：=

如图 11 所示。

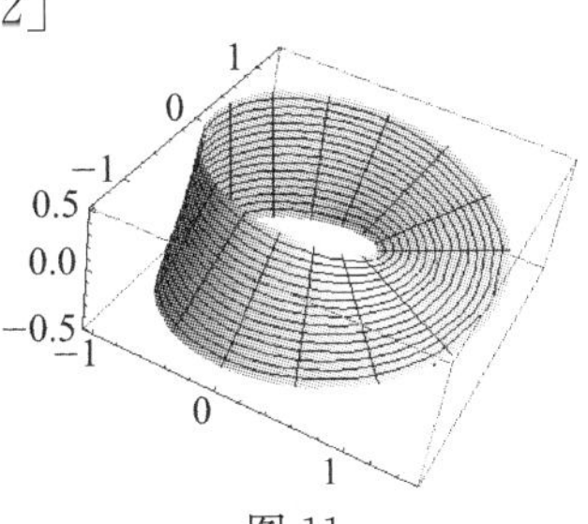

图 11

另外，Mathematica 还可以生成动画，以演示某些动态的现象。如：

In[24]:=ListAnimate[Table[Plot[Sin[n x], {x, 0, 10}],{n, 5}]]

Out[24]:=

如图 12 所示。

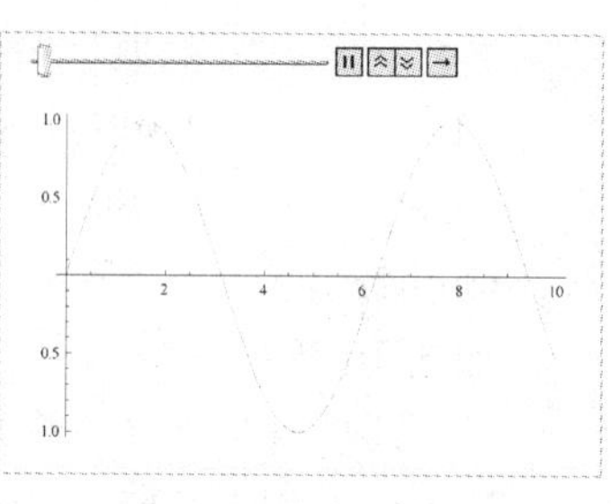

图 12

六、符号运算

符号运算是 Mathematica 软件最大的特点之一,Mathematica 提供的丰富的数学计算函数,包括了极限、微分、积分、最值、极值、统计、规划等数学的各个领域,使复杂的数学问题简化为对函数的调用,极大地提高了解决问题的效率。

1. 极限

计算函数极限的一般输入形式是:

命　令	意　义
Limit[f[x], x—>x0]	计算 x—>x0 时函数极限
Limit[f[x], x—>x0,Direction—>—1]	计算 x—>x0 时函数的左极限
Limit[f[x], x—>x0,Direction—>1]	计算 x—>x0 时函数的右极限

例 9　求$\lim\limits_{x\to 0}\dfrac{\sin^2 x}{x^2}$。

解　In[25]:=Limit[Sin[x]^2/x², x→0]

Out[25]:=1

例 10　求$\lim\limits_{x\to\infty}\dfrac{\sqrt{x^2+2}}{3x-6}$。

解　In[26]:=Limit[Sqrt[x^2+2]/(3x—6), x→∞]

Out[26]:=1/3

2. 微分

在 Mathematica 中,能方便地计算出任意函数的各阶微商(导数),包括显函数、隐函数以及参数方程。

命 令	意 义
D[f[x], x]或 f′[x]	计算一元函数的导数
D[f, {x, n}]	计算一元函数的 n 阶导数
Solve[D[f, x]==0, y′[x]]	计算隐函数所确定函数的一阶导数
D[y, t]/D[x, t]	计算参数方程所确定函数的一阶导数

例 11 (1) 求$(x^2+1)\sin 2x$ 的导数。

解 In[27]:=D[Sin[2x] * (x²+1), x]

Out[27]:=2(1+x²)Cos[2x]+2xSin[2x]

(2) 求 $\ln(x^2+1)$ 的三阶导数。

解 In[28]:=D[Log[x²+1], {x, 3}]

Out[28]:=(16x³)/(1+x^2)³−(12x)/(1+x^2)²

例 12 求隐函数 $x^2-4y-4+\sin y=0$ 的一阶导数。

解 In[29]:=Solve[D[x²−4y[x]−4+Sin[y[x]], x]==0, y′[x]]

Out[29]:=y′[x]→−((2x)/(−4+Cos[y[x]]))

3. 积分

在 Mathematica 中,能用标准函数求出的积分,Mathematica 都会计算。但应当注意,不是所有的不定积分都能求出来。例如求$\int$ Sin[Sin[x]]dx,Mathematica 就无能为力。积分函数 Integrate 主要计算只含有“简单函数”的被积函数,一般形式如下:

命 令	意 义
Integrate[f, x]	计算不定积分$\int f(x)\mathrm{d}x$
Integrate[f, {x, a, b}]	计算定积分$\int_a^b f(x)\mathrm{d}x$ 的准确值
NIntegrate[f, {x, a, b}]	计算定积分$\int_a^b f(x)\mathrm{d}x$ 的近似值

例 13 求$\int \frac{1}{x^2-1}\mathrm{d}x$。

解　In[30]:=Integrate[1/x^2−1, x]

Out[30]:=Log[−1+x]/2−Log[1+x]/2

例 14　求$\int_0^1(\cos^2 x+\sin^3 x)\mathrm{d}x$。

解　In[31]:=Integrate[Cos[x]^2+Sin[x]^3, {x, 0, 1}]

Out[31]:=7/6−3Cos[1]/4+Cos[3]/12+Sin[2]/4

In[32]:=NIntegrate[Cos[x]^2+Sin[x]^3, {x, 0, 1}]

Out[32]:=0.906265

4. 微分方程

求微分方程的一般输入形式如下：

命　令	意　义
DSolve[eqns, y[x], x]	求微分方程 eqns 的通解,其中 y[x]为 x 的函数
DSolve[{eqns, y[x0]==y0}, y[x], x]	求微分方程 eqns 满足 y[x0]=y0 的特解
NDSolve[{eqns, y[x0]==y0}, y, {x, x0, x1}]	求微分方程 eqns 满足初始条件并在指定范围的数值解

说明:(1) 未知函数总带有自变量,例如 y′[x],不能只键入 y;

(2) 导数用 y′[x]、y″[x]等来表示;

(3) 函数 DSolve[eqns, y[x], x]算出的是一个函数形式,不是函数表达式,不能参加运算;

(4) 利用 Mathematica 输入微分方程时,其等式由“==”组成。

例 15　求下列微分方程的通解：

(1) $e^t\left(s-\frac{\mathrm{d}s}{\mathrm{d}t}\right)=1$；　(2) $y''-y'=x^2$；

(3) $y'''+3y''+3y'+y=(x-5)e^{-x}$。

解　(1)　In[33]:=DSolve[E^t(s[t]−s′[t])==1, s[t], t]

Out[33]:={{s[t]→ $\frac{e^{-t}}{2}+e^{t}$C[1]}}

(2)　In[34]:=DSolve[y″[x]−y′[x]==x^2, y[x], x]

Out[34]:={{y[x]→ $-2x-x^2-\frac{x^3}{3}+e^{x}$C[1]+C[2]}}

(3)　In[35]:=DSolve[y'''[x]+3y''[x]+3y'[x]+y[x]==(x−5)E^(−x), y[x], x]

Out[35]:={{y[x]→$\frac{1}{24}e^{-x}(-20+x)x^3+e^{-x}C[1]+e^{-x}xC[2]+e^{-x}x^2C[3]$}}

七、编程

Mathematica除了强大的数值运算,符号运算和作图功能外,还具有编程功能,用以编写具有专门用途的程序或者软件包。

程序赏析:分形图

```
list={{0, 0}};
last={{0}, {0}};
For[i=0, i < 50000, i++, r=Random[];
    If[r < 0.85, last={{0.83, 0.03}, {-0.03, 0.86}}.last+{{0}, {1.5}},
      If[r < 0.91, last={{0.2,-0.25}, {0.21, 0.23}}.last+{{0}, {1.5}},
        If[r < 0.99, last={{-0.15, 0.27}, {0.25, 0.26}}.last+{{0}, {0.45}},
            last={{0, 0}, {0, 0.17}}.last+{{0}, {0}}]]];
    list=Append[list, First[Transpose[last]]];
  ]
ListPlot[list, PlotStyle->PoInSize[0.002]]
```

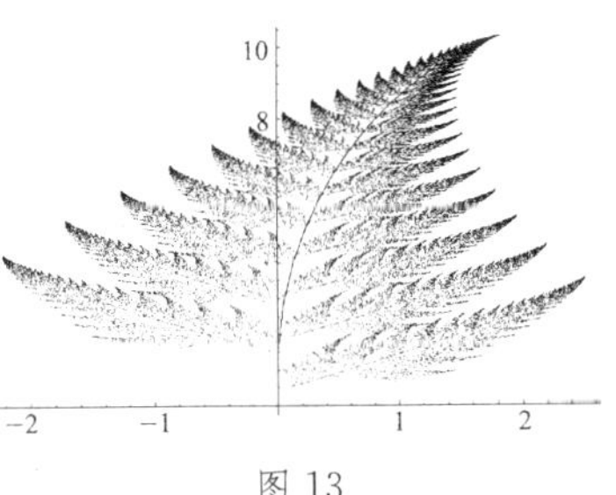

图 13

运行结果如图13所示。

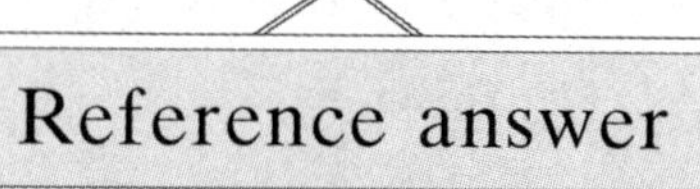

参考答案

习题 1 - 1

1. (1) $\left[-\frac{2}{3}, +\infty\right)$； (2) $(-\infty, -1) \cup (-1, 1) \cup (1, +\infty)$； (3) $[-1, 0) \cup (0, 1]$； (4) $(-2, 2)$； (5) $[0, +\infty)$； (6) $\left\{x \middle| x \neq k\pi + \frac{\pi}{2} - 1, k \in \mathbf{Z}\right\}$； (7) $[2, 4]$； (8) $(-\infty, 0) \cup (0, 3]$。

2. (1) 不相同； (2) 不相同； (3) 相同； (4) 不相同。

3. $x^2 + 3x + 1$。

4. (1) $y = u^{12}$, $u = 3x - 7$； (2) $y = u^2$, $u = \sin v$, $v = 2x$； (3) $y = u^2$, $u = \arccos v$, $v = \sqrt{x}$； (4) $y = e^u$, $u = -v$, $v = \sqrt[3]{w}$, $w = x^2 - 1$； (5) $y = \sqrt{u}$, $u = 1 + \sin v$, $v = w^2$, $w = x + 1$； (6) $y = \ln u$, $u = v^2$, $v = \tan w$, $w = 1 + x^2$。

5. (1) 偶函数； (2) 既非偶函数又非奇函数； (3) 偶函数； (4) 奇函数； (5) 既非偶函数又非奇函数； (6) 偶函数。

6. 略。

7. (1) 周期函数,周期 2π； (2) 周期函数,周期$\frac{\pi}{2}$； (3) 周期函数,周期 2； (4) 不是周期函数； (5) 周期函数,周期 π； (6) 周期函数,周期是$\frac{\pi}{2}$。

习题 1 - 2

1. (1) $\frac{1}{2}$； (2) $\frac{5}{2}$； (3) $-\frac{243}{32}$； (4) $\frac{1}{9}$； (5) 0； (6) $\frac{2}{3}$； (7) $\frac{1}{4}$； (8) 6； (9) $\frac{7}{9}$； (10) $-\frac{15}{82}$； (11) 0； (12) $-\frac{1}{2}$。

2. $a=-7$, $b=6$。

3. $a=3$。

4. $\lim\limits_{x\to 0}f(x)=0$, $\lim\limits_{x\to 1}f(x)=1$, $\lim\limits_{x\to 2}f(x)$ 不存在。

习题 1-3

1. (1) $\dfrac{1}{2}$； (2) -3； (3) $\dfrac{1}{2}$； (4) 1； (5) e^{-2}； (6) $\dfrac{1}{\sqrt{e}}$； (7) e；

(8) $\dfrac{1}{e}$； (9) e； (10) 1。

2. $c=\ln 2$。

习题 1-4

1. (1) 无穷小； (2) 无穷大； (3) 无穷小； (4) 无穷大。

2. x^2-x^3 是比 $2x-x^2$ 高阶的无穷小。

3. (1) 同阶,不等价； (2) 等价无穷小。

4. (1) 0； (2) 0； (3) $\dfrac{3}{2}$； (4) (n, m 为正整数)$0(m<n)$, $1(m=n)$,

$\infty(m>n)$； (5) $\dfrac{1}{2}$； (6) -3。

5. $\lim\limits_{x\to\infty}2xf(x)=2$。

6. $a=2$。

习题 1-5

1. (1) 3； (2) $\dfrac{3}{4}$； (3) 2； (4) $\cos\alpha$； (5) 0； (6) e^6。

2. (1) $(-\infty, 1)\cup(1, 4)\cup(4, +\infty)$;$x=1$ 是第一类间断点,且是可去间断点;$x=4$ 是第二类间断点,且是无穷间断点。 (2) $(-\infty, -1)\cup(-1, +\infty)$;$x=-1$ 是第二类间断点,且是无穷间断点。 (3) $(-\infty, 0)\cup(0, +\infty)$;$x=0$ 是第一类间断点,且是跳跃间断点。 (4) 略。

3. 函数 $f(x)$ 在 $x=1$ 处连续;在 $x=-1$ 处间断,连续区间为$(-\infty, -1)\cup(-1, +\infty)$。

4. $a=1$。

5. 略。

习题 1-6

1. $P=3x^2+\dfrac{4V}{x}$, $x\in(0, +\infty)$,其中 P 为总造价,x 为底边边长。

2. $S=\dfrac{1}{2}(x+2R)\sqrt{R^2-\dfrac{x^2}{4}}$, $x\in(0, 2R)$。

3. $V=\pi x^2(p-x)$, $x\in(0, p)$。

自测题 1

一、**1.** D； **2.** C； **3.** D； **4.** C； **5.** C； **6.** B； **7.** C。

二、**1.** $\frac{1}{x^2}-\frac{1}{x}$； **2.** 2π； **3.** e^{-3}； **4.** $x=1$，跳跃间断点； **5.** 2。

三、**1.** 2； **2.** -3； **3.** -2； **4.** 0； **5.** $\frac{3}{2}$； **6.** $\frac{\sqrt{2}}{2}$； **7.** -3； **8.** e^3；

9. 1； **10.** $e^{-\frac{3}{2}}$； **11.** -1； **12.** 1；

四、间断点为 $x=k\pi$，$k\in\mathbf{Z}$；当 $k=0$ 时，$x=0$ 是第一类间断点，且是可去间断点；当 $k\neq 0$ 时，$x=k\pi$ 为第二类间断点，且是无穷间断点。

五、$P=1$、$Q=1$。

六、$a=2$、$b=-1$。

七、有两个实根，分别在(1, 2)与(2, 3)内。

八、提示：设 $g(x)=f(x)-f(x+a)$。

习题 2-1

1. (1) $2f'(x_0)$； (2) $f'(x_0)$。

2. (1) $\cos x$； (2) $\frac{1}{x\ln a}$。

3. (1) $y=x+1$； (2) $y=x-1$。

4. $a=2$，$b=-1$。

5. 连续但不可导。

习题 2-2

1. (1) $3x^2\cos x-x^3\sin x$； (2) $\frac{2}{(x+1)^2}$； (3) $\frac{2+\sin x}{\cos^2 x}$； (4) $10(2x+1)^4$；

(5) $-4xe^{-2x^2}$； (6) $3x^2\sec^2 x^3$； (7) $2x\sin\frac{1}{x}-\cos\frac{1}{x}$； (8) $-(2x+3)e^{x^2+3x-2}\sin(e^{x^2+3x-2})$； (9) $-3\csc^3 x\cot x$； (10) $e^{\arcsin x^2}\frac{2x}{\sqrt{1-x^4}}$；

(11) $(1-x)e^{-\frac{(x-1)^2}{2}}$； (12) $-e^{-x}\cot(3-x)+e^{-x}\csc^2(3-x)$；

(13) $\frac{2x}{1+(1+x^2)^2}\sec 2x+2\arctan(x^2+1)\sec 2x\tan 2x$； (14) $\frac{2}{x-1}$；

(15) $-\frac{3(\arccos x)^2}{\sqrt{1-x^2}}$； (16) $-2e^{1-2x}\operatorname{arccot} 4x-\frac{4e^{1-2x}}{1+16x^2}$；

(17) $\frac{-6x}{(1-3x^2)\ln 10}$； (18) $\frac{-x\sin x-\cos x}{x^2}\sec^2\frac{\cos x}{x}$； (19) $y'=\frac{-x\sin x^2}{\sqrt{\cos x^2}}$； (20) $-\frac{2^{\arctan\frac{1}{x}}\ln 2}{x^2+1}$。

2. (1) $-\dfrac{\sin x+ye^{xy}+\dfrac{y}{x}}{xe^{xy}+\ln x}$； (2) $\dfrac{1}{2+(x-y)^2}$； (3) $-\dfrac{y\cos x+\sin(x+y)}{\sin(x+y)+\sin x}$；

(4) $\dfrac{\ln y-\dfrac{y}{x}}{\ln x-\dfrac{x}{y}}$； (5) $\dfrac{y[1+\ln(xy^2)]}{y-2x}$； (6) $\dfrac{y^2-4xy}{2x^2-2xy+3y^2}$；

(7) $\dfrac{e^{x+y^2}-y}{x-2ye^{x+y^2}}$； (8) $\dfrac{x+y}{x-y}$。

3. $x+2y-2=0$。

4. $2^x(\ln 2)^n$。

习题 2 - 3

1. $(3x^2-1)dx$；$2dx$；0.02；0.020 301。

2. (1) $-e^{-x}(\cos x+\sin x)dx$； (2) $\dfrac{1}{(x^2+1)^{\frac{3}{2}}}dx$； (3) $(2xe^{-x^2}-2x^3e^{-x^2})dx$；

(4) $\dfrac{e^x}{1+e^{2x}}dx$； (5) $\dfrac{x}{|x|\sqrt{1-x^2}}dx$； (6) $\dfrac{3[\ln(1-x)]^2}{x-1}dx$；

(7) $\dfrac{-2x}{\sqrt{1-x^4}}5^{\arccos x^2}\ln 5dx$； (8) $-6x\cot^2(1+x^2)\csc^2(1+x^2)dx$；

(9) $-\dfrac{\operatorname{arccot}\sqrt{x}}{(1+x)\sqrt{x}}dx$； (10) $(x^2\sec x^2 2^x\ln 2+x2^{x+1}\sec x^2+2^{x+1}x^3\sec x^2$ $\tan x^2)dx$。

3. (1) $\ln|x+2|+C$； (2) $\dfrac{1}{2}\tan 2x+C$； (3) $-\dfrac{1}{2}e^{-2x}+C$； (4) $2\sqrt{x}+C$；

(5) $\dfrac{1}{3}\tan 3x+C$； (6) $\dfrac{\ln(2x+1)}{2}+C$； (7) $\dfrac{3}{2}(x+2)^{\frac{2}{3}}+C$； (8) $\dfrac{1}{5}\sin 5x+$ C； (9) $\dfrac{x}{\sqrt{x^2+1}}+C$； (10) $3^{\sin^2 x}\ln 3\sin 2x$。

4. (1) $-\dfrac{t}{t+1}$； (2) $\dfrac{t}{2}$； (3) $\tan t$； (4) $\dfrac{1}{t}$； (5) $-\cot^4 t$；

(6) $-\dfrac{1}{4\theta(1+\theta^2)^2}$。

5. (1) 0.795 4； (2) 0.515 1； (3) 10.006 7； (4) 2.745 5。

习题 2 - 4

1. 7 956.25 元；106.08 元/件；97.5 元；

2. 2 400；6；2；

3. 1 100；0；

4. $\frac{2}{3}$；

5. $12t-5$；12；

6. $\sqrt{5}$。

自测题 2

一、1. B； 2. A； 3. A； 4. B； 5. B。

二、1. 0； 2. $\frac{2}{2x-3}$； 3. $x-\frac{1}{3}x^3(0\leqslant x\leqslant 1)$； 4. $\frac{y^3}{2-3xy^2}$； 5. $\frac{1}{x}+C$，$-\frac{1}{3}\cot 3x+C$； 6. $3\sqrt{3}x+6y-3-\sqrt{3}\pi=0$，$12x-6\sqrt{3}y-4\pi+3\sqrt{3}=0$；

7. $n(x+a)^{n-1}f'(x+a)^n$； 8. $\frac{3\ln^2 x}{x}$，$\frac{3\ln^2 x}{x}\mathrm{d}x$； 9. $-\sin x$； 10. 49!。

三、1. $y'=3x^2+3^x\ln 3$ 2. $y'=-2\mathrm{e}^{-2x}\sec 2x(1+\tan 2x)$； 3. $y'=-12(3-2x)^5$； 4. $y'=\frac{1}{x^2+1}$； 5. $y'=-\frac{2x}{x^4-1}$； 6. $y'=\arcsin\frac{x}{2}$。

四、连续且可导。

五、$2t$。

六、$-\mathrm{e}$。

七、$(-1)(-2)(-3)\cdots[-(n-1)]x^{-n}$。

八、$a=1$，$b=1$。

九、$y=-\frac{1}{2}x+2$，$y=2x-3$。

十、$\varphi(a)$。

十一、略。

十二、1 775；1.97；1.5。

十三、12。

十四、$0<a<1.5$。

习题 3－1

1. (1) $\xi=\pm\frac{\sqrt{3}}{3}$； (2) $\xi=\sqrt{\frac{4}{\pi}-1}$； (3) $\xi=\frac{9}{4}$。

2. 略。

3. 略。

习题 3－2

1. (1) y 在$(-\infty, 0]$上单调递增，y 在$[0, +\infty)$上单调递减； (2) y 在$[-2, -\sqrt{2}]$，$(\sqrt{2}, 2)$上单调递减，在$[-\sqrt{2}, \sqrt{2}]$上单调递增； (3) y 在$\left(-\infty, \frac{1}{2}\right)$上单调递减，在$\left[\frac{1}{2}, \infty\right)$上单调递增； (4) y 在$(-\infty, 0)$，$(0,$

1]上单调递减，在[1, +∞)上单调递增。

2. (1) $f(x)$在$(-\infty, +\infty)$上单调递减； (2) $f(x)$在$[0, 2\pi]$上单调递增。

3. (1) 提示：令 $f(x)=x-\ln(1+x)$； (2) 提示：令 $f(x)=2^x-x^2$。

4. (1) 极大值 $y(0)=0$，极小值 $y(1)=-1$； (2) 极小值 $y(e^{-1})=-e^{-1}$；

(3) 极小值 $y\left(-\frac{1}{2}\ln 2\right)=2\sqrt{2}$； (4) 极大值 $y(1)=2$。

5. $a=2$，极大值为 $f\left(\frac{\pi}{3}\right)=\sqrt{3}$。

6. (1) y在$(-\infty, 0]$上是凸的，y在$(0, +\infty)$上是凹的； (2) y在$(-\infty, +\infty)$上是凸的； (3) y在$(-\infty, 0]$，$[1, +\infty)$上是凹的，在$[0, 1]$上是凸的； (4) y在$(-\infty, 1]$上是凸的，在$[1, +\infty)$上是凹的。

7. (1) y在$\left(-\infty, \frac{5}{3}\right]$上是凸的，在$\left[\frac{5}{3}, +\infty\right)$上是凹的，拐点为$\left(\frac{5}{3}, \frac{20}{27}\right)$；

(2) y在$(-\infty, -1]$，$[1, +\infty)$上是凸的，在$[-1, 1]$上是凹的，拐点为$(\pm 1, \ln 2)$； (3) y在$\left(-\infty, \frac{1}{2}\right]$上是凹的，在$\left[\frac{1}{2}, +\infty\right)$上是凸的，拐点为$\left(\frac{1}{2}, e^{\arctan\frac{1}{2}}\right)$； (4) y在$(-\infty, 2]$上是凸的，在$[2, +\infty)$上是凹的，拐点为$(2, 0)$。

习题 3－3

1. (1) $y=0$是水平渐近线； (2) $x=-2$是垂直渐近线，$y=0$是水平渐近线； (3) $x=0$是垂直渐近线，$y=1$是水平渐近线； (4) $y=0$是水平渐近线。

2. 略

3. 单调递增区间$(0, e)$，单调递减区间$(e, +\infty)$，极大值 $y(e)=\frac{1}{e}$；凸区间为$(e^{\frac{3}{2}}, +\infty)$，凹区间为$(e^{\frac{3}{2}}, +\infty)$，拐点$\left(e^{\frac{3}{2}}, \frac{3}{2}e^{-\frac{3}{2}}\right)$；$y=0$，$x=0$；图略。

习题 3－4

1. (1) 最大值为 20，最小值为 0； (2) 最大值为 10，最小值为 6； (3) 最大值为$\frac{\pi}{2}$，最小值为$-\frac{\pi}{2}$； (4) 最大值为 1.25，最小值为$-5+\sqrt{6}$。

2. 宽为 5 m，长为 10 m，面积最大。

3. 底约 4.2 m，高约 2.1 m。

4. 正方形边长为 6 m，高为 3 m 时，最省材料。

5. $r=\sqrt[3]{\frac{150}{\pi}}$ m，高 $h=2\sqrt[3]{\frac{150}{\pi}}$ m，造价最低。

习题 3－5

1. (1) $\frac{6}{7}$； (2) $-\frac{3}{2}$； (3) 2； (4) 2； (5) $+\infty$； (6) 2； (7) 1；
(8) 1。

2. (1) -1； (2) $\frac{1}{2}$； (3) $-\frac{1}{2}$； (4) k。

3. (1) 是； (2) 0，1，1； (3) 不能,原因略。

习题 3－6

1. 应销售 2 500 本书,售价为 17.5 元。
2. 当 D 距 B15 km 时,运费最省。
3. 当观众距离银幕 $\sqrt{b(a+b)}$ 时图像最清楚。

自测题 3

一、1. C； 2. B； 3. D； 4. A； 5. C； 6. B； 7. B； 8. B。

二、1. $\frac{\sqrt{3}}{3}$； 2. $(-1, 0)$； 3. $-\frac{3}{2}, -\frac{1}{6}$； 4. $y=0, x=0$；
5. $\left(-\frac{\sqrt{2}}{2}, \frac{\sqrt{2}}{2}\right)$； 6. $-\frac{3}{2}, \frac{9}{2}$； 7. $f(a)$。

三、1. $\frac{1}{2}$； 2. 2； 3. 0； 4. $\frac{1}{2}$。

四、1. $x=1$ 时,y 有极大值$\frac{1}{3}$;拐点$\left(0, \frac{1}{4}\right)$,$\left(2, \frac{1}{4}\right)$。 2. 最大值为$\frac{1}{3}$,最小值为 0;最大值点为 0,最小值点为 1。

五、1. 长为 18 m,宽为 12 m 时,最省材料。 2. 当变压器装置在距 A 垂足 1.2 km 处,所用电线最省。 3. $x=\frac{\sqrt{3}}{3}$ 时,最大面积为 $S=\frac{4}{9}\sqrt{3}$。 4. 当腰所对的中心角为$\frac{\pi}{3}$时,梯形面积最大。

六、1. 提示:令 $f(x)=2\sqrt{x}+\frac{1}{x}-3$； 2. 提示:令 $f(x)=\tan x-x-\frac{1}{3}x^3$。

习题 4－1

1. (1) $\arcsin\sqrt{x}+C$； (2) $2xe^{2x}(1+x)$； (3) $2x-\frac{2}{3}x^2+C$；
(4) $-\sin x+C_1x+C_2$。

2. (1) $\frac{2}{3}x^{\frac{3}{2}}+2\sqrt{x}+C$； (2) $\ln|x|+e^x-\cos x+C$； (3) $\frac{2^x e^x}{\ln 2e}+C$；
(4) $\frac{8}{15}x^{\frac{15}{8}}+C$； (5) $-x-\cot x+C$； (6) $\frac{x}{2}-\frac{\sin x}{2}+C$； (7) $2x-$

$5\dfrac{2^x}{3^x(\ln 2-\ln 3)}+C$； (8) $\dfrac{x^2}{2}+\dfrac{2}{3}x^{\frac{3}{2}}+x+C$； (9) $x^3+\arctan x+C$；
(10) $\dfrac{x^3}{3}-x+\arctan x+C$； (11) $\dfrac{1}{2}\tan x+\dfrac{1}{2}x+C$； (12) $\sin x+\cos x+C$。

习题 4－2

1. (1) $\dfrac{(ax+b)^{101}}{101a}+C$； (2) $-\dfrac{1}{4}\ln|3-4x|+C$； (3) $-\dfrac{2}{27}(4-3x^3)^{\frac{3}{2}}+C$；
(4) $-\dfrac{1}{8}(3-x^2)^4+C$； (5) $\arctan\ln x+C$； (6) $\dfrac{1}{6}e^{3x^2}+C$； (7) $-\cos e^x+C$； (8) $\dfrac{1}{2}\arcsin\dfrac{2}{3}x+C$； (9) $-\dfrac{1}{x\ln x}+C$； (10) $\ln|1+\sin x|+C$；
(11) $\dfrac{1}{2}\arctan\dfrac{x}{2}+C$； (12) $-\dfrac{1}{x}-\arctan x+C$； (13) $\dfrac{1}{4}\ln\left|\dfrac{x-1}{x+3}\right|+C$；
(14) $\arctan e^x+C$； (15) $\dfrac{1}{2}e^{2x}+e^x+x+C$； (16) $e^{\arcsin x}+C$。

2. (1) $-2\cos\sqrt{x}+C$； (2) $2\sqrt{x+1}-2\ln|1+\sqrt{x+1}|+C$；
(3) $-6\left[\dfrac{\sqrt[3]{x}}{2}+\sqrt[6]{x}+\ln|\sqrt[6]{x}-1|\right]+C$； (4) $2\sqrt{x}e^{\sqrt{x}}-2e^{\sqrt{x}}+C$；
(5) $\ln\left|\dfrac{\sqrt{1+e^x}-1}{\sqrt{1+e^x}+1}\right|+C$； (6) $\ln\left|\dfrac{1}{x}-\dfrac{\sqrt{1-x^2}}{x}\right|+C$；
(7) $\dfrac{x}{\sqrt{1-x^2}}+C$； (8) $\dfrac{x}{\sqrt{1+x^2}}+C$。

3. (1) $-\dfrac{x}{2}\cos 2x+\dfrac{1}{4}\sin 2x+C$； (2) $\dfrac{1}{2}x^2\sin 2x+\dfrac{x}{2}\cos 2x-\dfrac{1}{4}\sin 2x+C$；
(3) $-xe^{-x}-e^{-x}+C$； (4) $\dfrac{1}{2}x^2e^{x^2}-\dfrac{1}{2}e^{x^2}+C$； (5) $-\dfrac{1}{x}\ln x-\dfrac{1}{x}+C$；
(6) $x\ln^2 x-2x\ln x+2x+C$； (7) $\dfrac{1}{3}x^3\ln x-\dfrac{1}{9}x^3+C$； (8) $\dfrac{x^2}{2}\arctan x-\dfrac{1}{2}[x-\arctan x]+C$； (9) $-\sqrt{1-x^2}\arcsin x+x+C$； (10) $x\arcsin^2 x+2\sqrt{1-x^2}\arcsin x-2x+C$； (11) $\dfrac{e^{ax}}{a^2+b^2}(a\cos bx+b\sin bx)+C$；
(12) $\dfrac{x}{2}(\cos\ln x+\sin\ln x)+C$。

习题 4－3

1. $\dfrac{b^2-a^2}{2}$。

2. 略。

3. 略。

4. (1) $<$； (2) $>$； (3) $>$； (4) $>$。

5. 略。

6. (1) $6<\int_1^4(x^2+1)\mathrm{d}x<51$； (2) $\frac{\pi}{9}<\int_{\frac{1}{\sqrt{3}}}^{\sqrt{3}}x\arctan x\mathrm{d}x<\frac{2}{3}\pi$。

习题 4－4

1. (1) $\ln(x^2+1)$； (2) $-\arctan x$； (3) $4x\sin(2x+1)$； (4) $\frac{\sqrt{\ln x}\,\mathrm{e}^{\ln x}}{x}-\sqrt{x}\mathrm{e}^x$。

2. (1) $\frac{1}{3}$； (2) $\frac{1}{10}$。

3. (1) $\frac{4}{5}[4\sqrt{2}-1]$； (2) $\frac{17}{6}$； (3) $\frac{a^2}{6}$； (4) $1+\frac{\pi}{4}-\arctan 2$； (5) $\frac{\pi}{3}$；
(6) $1-\frac{\pi}{2}$； (7) $\frac{\pi}{2}$； (8) $\frac{4}{3}-\frac{\pi}{4}+\arctan 2$； (9) 50； (10) 4。

4. (1) $\frac{\pi}{6}$； (2) $a(\sqrt{2}-1)$； (3) $\mathrm{e}-\sqrt{\mathrm{e}}$； (4) $\frac{7}{2}$； (5) 2； (6) $\frac{19}{3}$；
(7) $-\frac{\pi}{4}+\arctan \mathrm{e}$； (8) $\frac{2}{3}$； (9) $\frac{1}{4}$； (10) 0。

5. $\frac{43}{15}$。

习题 4－5

1. (1) 0； (2) 1； (3) $\frac{6}{5}$； (4) 0。

2. (1) $2+2\ln\frac{2}{3}$； (2) $7+2\ln 2$； (3) $\frac{22}{3}$； (4) 2π； (5) $\frac{\sqrt{2}}{2}$；
(6) $1-2\ln 2$。

3. 略。

4. 略。

5. (1) $\frac{1}{4}(1+\mathrm{e}^2)$； (2) 1； (3) $-4+8\ln 2$； (4) $\pi-2$； (5) $\frac{\sqrt{3}-2}{2}+\frac{\pi}{12}$；
(6) $\frac{1}{2}(1+\mathrm{e}^{\frac{\pi}{2}})$； (7) 0； (8) $2-\frac{2}{\mathrm{e}}$； (9) $6-2\mathrm{e}$； (10) $-\frac{1}{4}+\frac{\pi^2}{16}$。

习题 4－6

1. (1) $\frac{1}{2}$； (2) $\frac{\pi}{2}$； (3) -1； (4) $\frac{1}{2}$； (5) π； (6) $\frac{8}{3}$； (7) $\frac{\pi}{2}$；

(8) $3(\sqrt[3]{2}+\sqrt[3]{3})$。

2. 当 $q<1$ 时，广义积分收敛于 $\frac{(b-a)^{1-q}}{q-1}$；当 $q=1$ 时，广义积分收敛于 $\frac{1-(b-a)^{1-q}}{1-q}$；当 $q>1$ 时，广义积分发散。

习题 4－7

1. $4-\ln 3$；

2. $2+\frac{\pi}{3}-\sqrt{3}$；

3. $\frac{8}{3}$；

4. $\frac{7a^2\pi^3}{384}$；

5. $\frac{\pi}{4}+\frac{1}{2}$；

6. $\frac{32\pi}{5}$，8π；

7. $24\pi^2$；

8. $\frac{3\pi}{10}$；$\frac{3\pi}{10}$。

习题 4－8

1. 0.05 J；

2. 3 462 KJ；

3. (1) 9 987.5 元； (2) 19 850 元；

4. (1) 4 百台； (2) 0.5 万元。

自测题 4

一、**1.** B； **2.** C； **3.** B； **4.** A； **5.** B。

二、**1.** $\frac{-2}{(x-1)^2}$； **2.** $F(\mathrm{e}^x)+C$； **3.** $-\frac{2}{3}$； **4.** $\frac{2\sin x^2}{x}$； **5.** 0； **6.** $\frac{1}{2}$；

7. $\frac{3\pi}{4}$； **8.** $\frac{1}{2}\tan^2 x+C$； **9.** $-\frac{1}{2}\cot^2 x+C$； **10.** $\ln|\ln x|+C$；

三、**1.** $\frac{1}{2}\tan x+C$； **2.** $\frac{1}{\ln 2}\arctan 2^x+C$； **3.** $\sqrt{2x-1}\,\mathrm{e}^{\sqrt{2x-1}}-\mathrm{e}^{\sqrt{2x-1}}+C$；

4. $-\frac{1}{2}x\cos 2x+\frac{1}{4}\sin 2x+C$； **5.** $\frac{1}{3}x^3\ln x-\frac{1}{9}x^3+C$； **6.** $-x\mathrm{e}^{-x}-\mathrm{e}^{-x}+C$； **7.** $-\frac{1}{3}x^2\cos 3x+\frac{2}{9}x\sin 3x+\frac{2}{27}\cos 3x+C$； **8.** $\frac{\mathrm{e}^{-x}}{5}(2\sin 2x-$

$\cos 2x)+C$； **9.** $-\frac{2}{\pi^2}$； **10.** $\frac{8}{3}$； **11.** 1； **12.** 1； **13.** $2(e^2+1)$；

14. $2-\frac{2}{e}$； **15.** $\frac{\sqrt{3}\pi}{3}-\frac{\pi}{4}+\frac{1}{2}\ln\frac{3}{2}$； **16.** $\frac{\pi^3}{6}-\frac{\pi}{4}$。

四、$\frac{25}{3}+e^6$。

五、略。

六、略。

七、(1) $\frac{\pi}{6}$； (2) 发散； (3) $\frac{1}{2e}$； (4) $1-\cos 1$。

八、**1.** $\frac{125}{6}$； **2.** 8； **3.** (1) 36， (2) $\frac{1\,944\pi}{5}$, $\frac{81\pi}{2}$； **4.** 92 316 J； **5.** $C(x)=0.2x^2+2x+20$，$L(x)=-0.2x^2+16x-20$，每天生产 40 单位时获得最大利润 300 元。

习题 5－1

1. (1) 一阶线性； (2) 二阶非线性； (3) 二阶非线性； (4) 二阶线性； (5) 一阶非线性； (6) 二阶非线性。

2. (1) 通解； (2) 特解； (3) 通解； (4) 通解。

习题 5－2

1. (1) $y^2=x^2+C$； (2) $y=Cx$； (3) $1+y^2=C(x^2-1)$； (4) $e^x+e^{-y}=C$； (5) $y=e^{Cx}$； (6) $\sin x\sin y=C$； (7) $\tan x\tan y=C$； (8) $(e^x+1)(e^y-1)=C$。

2. (1) $\sin\frac{y}{x}=Cx$； (2) $\sqrt{x^2+y^2}=Ce^{-\arctan\frac{y}{x}}$； (3) $y^2=x^2(2\ln|x|+C)$； (4) $x^2=y^2(\ln|x|+C)$。

3. (1) $y=Ce^{-x}$； (2) $y=e^{-x}(x+C)$； (3) $y=\frac{x}{3}+\frac{C}{x^2}$； (4) $x=\frac{1}{y}\left(\frac{y^4}{4}+C\right)$。

4. (1) $y+3=4\cos x$； (2) $\ln y=e^{-\cot x}$； (3) $1+e^x=2\sqrt{2}\cos y$； (4) $y^2=2x^2(\ln|x|+2)$； (5) $y=\frac{2}{3}(4-e^{-3x})$。

习题 5－3

1. (1) $y=\frac{1}{8}e^{2x}+\sin x+C_1x^2+C_2x+C_3$； (2) $y=\frac{1}{6}x^3-\sin x+C_1x+C_2$；

(3) $y=C_1\ln|x|+C_2$； (4) $y=-C_1x-\frac{1}{2}x^2-C_1^2\ln|C_1-x|+C_2$；

(5) $y=\arcsin(C_2e^x)+C_1$； (6) $y=(C_1x+C_2)^{\frac{2}{3}}$。

2. (1) $y=e^x-\frac{e}{2}(x^2+1)$； (2) $y^2=2x-x^2$； (3) $y=\left(\frac{1}{2}x+1\right)^4$。

习题 5-4

1. (1) $y=C_1e^{-4x}+C_2e^{-5x}$； (2) $y=C_1e^{-6x}+C_2e^{-5x}$； (3) $y=C_1e^{3x}+C_2e^{8x}$；

(4) $y=C_1e^{-\frac{1}{2}x}+C_2e^{3x}$。

2. (1) $y^*=-3xe^{-2x}$；$y=C_1e^{-x}+C_2e^{-2x}-3xe^{-2x}$；

(2) $y^*=-\frac{1}{6}e^{-x}$；$y=C_1e^x+C_2e^{-4x}-\frac{1}{6}e^{-x}$；

(3) $y^*=-x+\frac{1}{3}$；$y=C_1e^{3x}+C_2e^{-x}-x+\frac{1}{3}$；

(4) $y^*=e^{3x}\left(\frac{1}{6}x^3+\frac{1}{2}x^2\right)$；$y=(C_1+C_2x)e^{3x}+e^{3x}\left(\frac{1}{6}x^3+\frac{1}{2}x^2\right)$；

(5) $y^*=\frac{x}{2}\cos x$；$y=C_1\cos x+C_2\sin x-\frac{x}{2}\cos x$；

(6) $y^*=-3\cos x-\sin x$；$y=C_1e^{-x}+C_2e^{2x}-3\cos x-\sin x$；

(7) $y^*=\frac{1}{2}e^{-x}(\sin x-\cos x)$；$y=C_1e^{-x}+C_2e^{-2x}+\frac{1}{2}e^{-x}(\sin x-\cos x)$；

(8) $y^*=\frac{x}{8}\sin 2x$；$y=C_1\cos 2x+C_2\sin 2x+\frac{x}{8}\sin 2x$。

习题 5-5

1. $y=x(1-\ln x)$。

2. $v=\frac{mg}{k}(1-e^{-\frac{k}{m}t})$。

3. $\frac{dp}{dt}=-kp$，($k>0$，k 为常数)。

4. $y(t)=\frac{1\,000}{9+3^{\frac{t}{3}}}3^{\frac{t}{3}}$，500 条。

5. $p(t)=\frac{1}{kt+1}+1$。

6. 224.8 百元，112.4 百元。

7. $x(t)=\left(x_0+\frac{B}{K}+\frac{A}{K^2}\right)e^{kt}-\frac{At+B}{K}-\frac{A}{K^2}$($K$ 为比例系数)。

8. $M(t)=M_0e^{-\frac{\ln 2}{1\,600}t}$；$\frac{M_0}{\sqrt[8]{2}}\approx 0.917M_0$。

自测题 5-1

一、**1.** C； **2.** B； **3.** D； **4.** A； **5.** D； **6.** C； **7.** A； **8.** B； **9.** D；

10. C。

二、**1.** 四； **2.** $y=Ce^{-2x}$； **3.** $-2\sin x+C_1x+C_2$； **4.** $y=C_1+C_2e^{-2x}$；

5. $e^x+e^y=C$； **6.** $y'-\frac{2y}{x}+1=0$； **7.** $y=Ce^{-\sin x}$； **8.** $y=e^x+C_1x^3+C_2x^2+C_3x+C_4$。

三、**1.** $y^2=2\ln(1+e^x)+C$； **2.** $y=e^{-x^2}(x+C)$； **3.** $y=C_1e^x-\frac{1}{2}x^2-x+C_2$。

四、**1.** $f(x)=\frac{1}{2}(e^x-e^{-x})$。 **2.** $y=C_2e^{C_1x}$。 **3.** $\arctan y=x+\frac{\pi}{4}$。 **4.** $y=\frac{4}{x}-\frac{x}{2}$。 **5.** $y=\sin x$。 **6.** $L=C_0-(C_0-L_0)e^{-kx}$。

自测题 5 - 2

一、**1.** $y=C_1\cos 2x+C_2\sin 2x$； **2.** $y=C_1\cos 3x+C_2\sin 3x$； **3.** $y=(C_1+C_2x)e^{8x}$； **4.** $y=C_1+C_2e^{-9x}$。

二、**1.** B； **2.** C； **3.** D； **4.** B。

三、**1.** $y=C_1e^{-4x}+C_2e^{5x}$； **2.** $y=C_1e^{-4x}+C_2e^{3x}$； **3.** $y=(C_1+C_2x)e^{4x}$；

4. $y=C_1e^{-\frac{1}{3}x}+C_2e^{2x}$； **5.** $y=(C_1\cos\sqrt{2}x+C_2\sin\sqrt{2}x)e^x$； **6.** $y=\left(C_1\cos\frac{\sqrt{7}}{2}x+C_2\sin\frac{\sqrt{7}}{2}x\right)e^{-\frac{1}{2}x}$。

四、**1.** $y^*=\left(\frac{3}{2}x^2-3x\right)e^{-x}$；$y=C_1e^{-x}+C_2e^{-2x}+\left(\frac{3}{2}x^2-3x\right)e^{-x}$；

2. $y^*=-\frac{1}{6}e^{-2x}$；$y=C_1e^x+C_2e^{-4x}-\frac{1}{6}e^{-2x}$；

3. $y^*=-x+\frac{1}{3}$；$y=C_1e^{-4x}+C_2e^x-x+\frac{1}{3}$；

4. $y^*=\frac{1}{6}x^3e^{3x}$；$y=(C_1+C_2x)e^{3x}+\frac{1}{6}x^3e^{3x}$；

5. $y^*=\frac{x}{2}\sin x$；$y=C_1\cos x+C_2\sin x+\frac{x}{2}\sin x$；

6. $y^*=-\frac{3}{5}\cos x-\frac{1}{5}\sin x$；$y=C_1e^{-x}+C_2e^{2x}-\frac{3}{5}\cos x-\frac{1}{5}\sin x$；

7. $y^*=\frac{1}{2}e^{-x}(\sin x-\cos x)$；$y=C_1e^{-x}+C_2e^{-2x}+\frac{1}{2}e^{-x}(\sin x-\cos x)$；

8. $y^*=-\frac{x}{4}e^x\cos 2x$；$y=e^x(C_1\cos 2x+C_2\sin 2x)-\frac{x}{4}e^x\cos 2x$。